CHOUSHUI XUNENG DIANZHAN SHEBEI SHESHI
DIANXING GUZHANG ANLI FENXI

抽水蓄能电站设备设施典型故障案例分析

水力机械分册

国网新源控股有限公司　组编

内容提要

本书为《抽水蓄能电站设备设施典型故障案例分析　水力机械分册》，选取抽水蓄能电站水力机械部分典型故障案例，重现故障发生全过程与现场处置流程，并深入剖析故障发生原因，总结故障规避与措施。

本书内容主要包括抽水蓄能电站水泵水轮机、发电电动机、主进水阀设备、辅助系统以及金属结构的典型故障事件经过及处理、原因分析、防治对策和案例点评。

本书适用于抽水蓄能电站水力机械运维人员技术培训，适用于常规水电厂运维人员学习与参考，也可作为抽水蓄能设计制造、施工安装、调试及生产运维的参考资料。

图书在版编目（CIP）数据

抽水蓄能电站设备设施典型故障案例分析．水力机械分册/国网新源控股有限公司组编．—北京：中国电力出版社，2020.9

ISBN 978-7-5198-4719-7

Ⅰ.①抽…　Ⅱ.①国…　Ⅲ.①抽水蓄能水电站—设备故障—案例　②水力机械—设备故障—案例　Ⅳ.①TV743　②TK7

中国版本图书馆 CIP 数据核字（2020）第 101387 号

出版发行：中国电力出版社
地　　址：北京市东城区北京站西街 19 号（邮政编码 100005）
网　　址：http：//www. cepp. sgcc. com. cn
责任编辑：杨伟国　安小丹　（010-63412367）　柳　璐
责任校对：黄　蓓　朱丽芳
装帧设计：赵姗姗
责任印制：吴　迪

印　　刷：北京瑞禾彩色印刷有限公司
版　　次：2020 年 9 月第一版
印　　次：2020 年 9 月北京第一次印刷
开　　本：787 毫米×1092 毫米　16 开本
印　　张：15
字　　数：309 千字
印　　数：0001—2000 册
定　　价：120.00 元

《抽水蓄能电站设备设施典型故障案例分析》

序

在建设资源节约型、环境友好型社会的大环境下，加快抽水蓄能电站建设是我国能源结构转型的需要。抽水蓄能电站在功率和储能容量上可以满足储能规模大、运行时间长的要求，与风电、太阳能发电、大型火电、水电、核电相配合，可以加大对新能源的消纳，减少大型火电、核电低效率运行时间，减少污染物排放及其治理成本，成为提供优质电力的“稳定器”和最佳保障，在电网安全稳定、电力工业节能、电力系统经济运行及能源利用可持续发展中发挥不可或缺的作用。但是，电网越大，保证电网安全稳定运行的难度越大。一旦发生事故，造成的损失也越大。因此，抽水蓄能电站的安全和快速反应特性等一系列动态功能，是电网排除重大事故和确保安全稳定运行的保障。

抽水蓄能机组安全稳定运行涉及水力、机械、电气、结构等诸多方面，是多场耦合的复杂非线性系统。抽水蓄能电站电气、水力机械设备和水工建筑物设施的安全状况直接影响电站效益的发挥和电网安全稳定运行。我国抽水蓄能发展经历了学习和消化吸收、技术引进、自主创新等阶段，20 世纪 90 年代以来，电力体制改革推动抽水蓄能建设步入快速发展阶段。国家电网范围内国网新源控股有限公司陆续投产了北京十三陵、浙江天荒坪、安徽响洪甸、河南回龙、山东泰安、浙江桐柏、安徽琅琊山、江苏宜兴、河北张河湾、山西西龙池、河南宝泉、湖北白莲河、湖南黑麋峰、安徽响水涧、辽宁蒲石河、福建仙游、江西洪屏、浙江仙居、安徽绩溪等近 20 座大中型抽水蓄能电站，成为目前世界上最大的抽水蓄能电站运营公司。

当前，抽水蓄能机组正在向大型化、复杂化的方向发展，在如何高效进行运行检修和故障处理方面仍然存在诸多问题。国网新源控股有限公司组织编制了《抽水蓄能电站设备设施典型故障案例分析》丛书，结合代表性案例社会化公开程度，对公司系统各生产单位电气、水力机械设备和水工建筑物设施缺陷隐患处理实例进行分析，按照故障部位进行分类，深入剖析缺陷隐患产生原因，总结相关的处理工艺和方案，这对从事抽水蓄能电站技术研究和运维检修人员加深认识和了解十分有益。

设备设施的本质安全是企业安全生产的基础。对抽水蓄能电站在生产过程中出现的设备故障进行汇总分析，可以为今后抽水蓄能电站的建设和安全运行提供有价值的参考和借鉴。希望此丛书能为抽水蓄能电站设计、制造、施工、安装调试及生产运维等相关人员提供一些帮助，以促进我国抽水蓄能事业又好又快地发展。

中国水力发电工程学会常务副秘书长

2020年6月

前　言

当前抽水蓄能电站的建设与管理正朝着标准化、精细化、专业化方向快速发展，电站基建和生产管理水平不断提高，设备设施运行更加稳定，尤其是设备生产初期各类故障发生概率相较于20世纪90年代我国抽水蓄能电站运行初期大大减小。在当前条件下，电站工作人员普遍缺乏处理各类故障的经验，导致其故障识别和故障消除能力相对较弱，且短时间内无法得到很大提高。然而，当前投运的抽水蓄能电站设备设施受到自然环境、人为因素等影响，随着时间的推移，水力机械设备老化、损坏等问题不断出现。这些缺陷或隐患若不能及时发现并采取有效的预防措施，将会影响电站的安全运行。为了提高电站安全生产水平，促进电站水力机械设备缺陷及隐患处理的经验分享和交流，在国网新源控股有限公司（简称“新源公司”）各级领导的高度重视下，特组织编写了《抽水蓄能电站设备设施典型故障案例分析　水力机械分册》。

本书主要以近些年间新源公司所属抽水蓄能电站运行发生的水力机械设备故障报告为基础，融合了部分兄弟单位故障案例，在其中挑选典型故障案例，并组织大量具有丰富经验的工程师，以抽水蓄能电站故障处理实践为基础，对故障处理全过程进行深入解析。案例涵盖了国网新源控股有限公司管理范围内生产单位水力机械设备缺陷及隐患66例，其中包含了水泵水轮机故障16例、发电电动机故障12例、主进水阀设备故障13例、辅助系统故障14例和金属结构故障11例，具有较强的针对性、实用性和全面性。

本书将工程技术知识与具体案例分析相结合，对抽水蓄能电站水力机械设备缺陷发生和隐患处理分不同系统不同故障部位进行剖析与处理，最后进行总结与点评，故障案例具有非常强的警示借鉴作用，既可作为抽水蓄能电站和常规水电站在建设、运行过程中防范设备事故发生和处理的参考，也可作为设计、制造等行业在项目规划设计、设备选型、制造安装的参考资料，希望此书对使用者有所裨益。

2010年以来，新源公司多批次开展了抽水蓄能电站设备设施典型故障汇编工作，为本书编制提供了部分基础素材。黄祖光、倪晋兵、吴耀富、邢继宏、张衡、王霆、朱兴兵、周军、樊玉林、张永会、毕扬、张鑫等专家，并不限于以上专家参加过本丛书基础素材的编审工作，在此一并表示感谢。

鉴于编者的水平和有限的时间，编写过程中难免有疏漏、不妥或错误之处，恳请广大读者批评指正。

编　者

2020年1月

CONTENTS

目 录

第五章 金属结构

第一章 水泵水轮机

案例 1-1 某抽水蓄能电站机组过流部件损坏*

一、事件经过及处理

2015 年 12 月 10 日，某电站 6 号机组 B 级检修后在完成 25%、50%、75%甩负荷试验后进行 100%甩负荷，在试验过程中发现水车室大量窜水。压力水十几秒内将水车室淹没，并通过水车室门向水轮机层漫延。经紧急停机，关闭蝶阀、落尾水检修闸门，通过渗漏排水泵将厂房内积水全部排出，然后对 6 号机组进行结构检查，发现 6 号机组剪断销全部断裂，导叶限位块脱落 18 块，导叶臂与导叶摩擦轴衬相对位置已超出最大运行限位，与顶盖安装充气压水排气管、上止漏环冷却水管及顶盖均压管等管路发生磕碰，各管路出现不同程度破裂，导致尾水压力水外泄。开蜗壳及尾水管进人门进行进一步检查，发现活动导叶、转轮进水边存在不同程度的损坏，如图 1-1-1～图 1-1-6 所示。蜗壳、尾水道未见异常，20 个固定导叶未见明显损伤，蝶阀密封良好。

图 1-1-1　损坏的活动导叶

图 1-1-2　损坏的蜗壳均压管

* 案例采集及起草人：王家泽、杨猛（白山发电厂）。

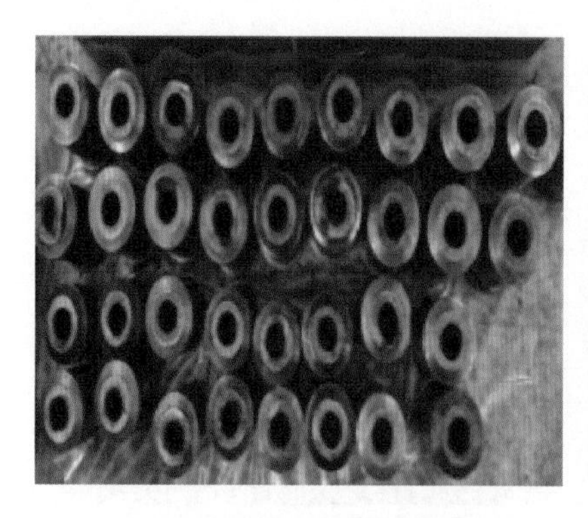

图 1-1-3　机组断裂的剪断销

图 1-1-4　机组破损的转轮叶片

图 1-1-5　机组导叶臂发生相对位移

图 1-1-6　导叶保护装置限位块脱落

进行以下处理：

（1）使用碳弧气刨或机加方法将转轮叶片进水边叶片端部断裂、破损、变形部分彻底清除，并制备焊接坡口。

（2）填补块重新下料，采用数控加工的方式制作转轮叶片进水端部片型及焊接坡口。

（3）考虑到转轮各加工面的尺寸精度，暂定转轮焊接修复后不进行退火处理，填补块与上冠、下环、叶片间坡口初步按清根焊透，焊后 UT 探伤。

（4）坡口焊接完成后按图纸要求进行 UT 及 PT 探伤，探伤合格后进行叶片填补块与上冠、下环间圆角焊缝焊接。焊后铲磨叶片圆根部位。

（5）重新确定截面线，截面线处采用叶型样板检测，相邻处光滑过渡。

（6）补焊位置全面进行探伤检查。

（7）上机床复检与主轴把合平面及把合孔的形位公差。

（8）重新进行转轮静平衡（根据平衡结果配重）。

（9）更换剪断销及限位块，对导叶限位块重新定位焊接，并在限位块两侧增加补强块，以增加限位块强度，焊接过程按照厂家技术要求严格施工工艺和质量验收。

（10）对导叶摩擦装置按照厂家技术要求采取预紧力及背部拉紧螺杆伸长量双重标准进行检查和紧固，同时对新更换剪断销进行第三方探伤检测。

二、原因分析

电站导叶保护装置由三部分组成，分别为导叶摩擦装置、剪断销及限位块（全开、全关），前两者为运行中保护，后者为最后保护。经现场检查、试验数据分析、导叶摩擦装置工厂试验及相关计算分析，导叶保护装置失效主要原因如下：

（1）剪断销剪断。在进行甩100%负荷试验时，大于稳态工况下的水力矩推动导叶快速向关闭方向转动，由于设备公差、力矩分配不均等原因造成剪断销与剪断销之间实际受力比例的差异较大，导致某一个或多个导叶剪断销发生剪断。

（2）导叶摩擦装置动作。摩擦装置的摩擦力矩设计值为70000N·m，此数值是基于机组在稳态工况条件运行的设计计算，在甩负荷工况时，导叶与转轮处水流流态复杂，此时产生的水力矩可能大于稳态工况下的最大计算水力矩，在剪断销发生断裂后，过大的水力矩克服了导叶摩擦装置的摩擦力矩，使得摩擦装置产生滑动，从而导致导叶关闭的不同步，引发水力不平衡，使得部分导叶的水力矩继续增大，水力矩推动导叶快速旋转。

（3）限位块脱落。在水力矩推动导叶快速关闭情况下，使得导叶臂撞击全关限位块，由于限位块与顶盖焊接的焊角为10mm左右，低于设计要求的20mm，且焊接质量较差，未能达到设计的强度要求，导致其在导叶臂的撞击下脱落，造成导叶旋转角度过大，导叶与转轮叶片发生撞击。拐臂限位块脱落如图1-1-7所示。

图1-1-7　机组拐臂限位块脱落

通过现场调查和专家分析论证，确定本次事故的原因为导叶保护装置失效，其中限位块保护功能失效导致导叶与转轮撞击是本次事故的主要原因。在机组安装阶段，导叶臂限位块未按照设计要求施焊，导致焊缝强度大大降低，限位块在导叶臂转动时未能有效保护。

导叶摩擦装置在导叶剪断销剪断后发生滑动是导致本次事故的次要原因。在设计方面，由于过渡过程中的暂态水力矩难以计算精确，厂家在设计时对暂态水力矩估算不足，摩擦装置无法承受甩负荷时的瞬时水力矩从而发生滑动。

三、防治对策

（1）导叶摩擦衬位于连接板与导叶臂中间位置，固定于导叶臂上，通过连接板背部把合螺栓预紧，使连接板与摩擦衬产生摩擦力矩，从而起到在剪断销剪断后防止导叶左右摆动的作用。因此，在安装过程中，采取拉伸值与拉伸力矩同步记录，分 2～3 次进行拉伸，两者中低值符合给定值后方可停止拉伸，以保证导叶保护装置摩擦力矩值。

（2）针对剪断销经长时间运行可能产生疲劳裂纹的问题，采取在机组 C 级检修过程中拔出剪断销，对其做 PT 探伤、超声波检测、A/B 级检修进行全部更换的措施。

（3）由于限位块存在原始安装焊接质量问题，将机组全开、全关限位块焊接处全部清除，将限位块本体焊接部位、顶盖焊接部位进行打磨处理，并在限位块焊接部位开坡口，增大二者的焊接面积。同时，采取加大设计焊角（由原 20mm 加至 25mm）、采用二氧化碳气体保护焊减少焊接气孔等方式，提高其焊接强度，对初次焊接及机组 A/B 级检修进行探伤检查。限位块焊接实物如图 1-1-8 所示。

图 1-1-8　限位块焊接实物

（4）同时，对其他机组水轮机过流部件同类问题进行排查，查出原因的及时列入整改计划，并按计划完成，确保机组健康。

四、案例点评

由本案例可见，设备设计计算十分关键。由设计缺陷导致的故障，通过日常运维往往无法预判，且后果一般较为严重。在本案例中，应在设计时明确剪断销使用寿命、更换周期及导叶保护装置安装要求，在设计阶段宜将导叶拐臂与限位块整体铸造；施工安装阶段质量验收要严格把控、落实到位，确保限位块焊接质量、焊角满足设计要求，并将限位块焊接及导叶保护装置力矩纳入三级验收，安装阶段产生的质量问题，在电站进入运行阶段后，通过机组检修消缺难度大；另外，电站应将剪断销、限位块等导叶保护装置的无损检测依据金属监督标准纳入检修项目，严格执行，确保导叶保护装置处于可靠状态。

增加运行人员巡检力度，在定检以上的检修中，对过流部件的健康状态进行检查，必要的数据应有计划地抽检或重新校核，是减少该类故障发生概率的有效方法。

案例1-2　某抽水蓄能电站机组转轮叶片裂纹（一）*

一、事件经过及处理

2014年3月20日，某抽水蓄能电站1号机组C修过程中进行金属监督着色（PT）探伤时，发现1号叶片工作面进水边与下环焊缝根部有一处表面裂纹，该裂纹长约40mm，如图1-2-1和图1-2-2所示。

图1-2-1　表面裂纹位置

图1-2-2　表面裂纹

对表面裂纹进行打磨，打磨深度至5mm时，发现裂纹上有气孔出现，如图1-2-3所示。

继续进行打磨，打磨深度至10mm，长度约100mm时，发现裂纹仍有扩大趋势，无法判断裂纹深度及长度，如图1-2-4所示。

随后对此裂纹进行超声检测（UT）探伤，初步测定结果：该缺陷为线状裂纹，为焊缝内部缺陷，暂未扩展到转轮过流表面，沿焊缝长度方向裂纹长700mm（不连续），距转轮过流表面平均深度27.1mm，裂纹本身深度1.9～15.7mm不等。

* 案例采集及起草人：任青旭（辽宁蒲石河抽水蓄能有限公司）。

图 1-2-3　打磨过程发现气孔

图 1-2-4　裂纹延长

随后该电站积极与主机制造厂家沟通，派出焊工工艺人员到达现场，编制转轮裂纹处理方案，使用碳弧气刨的方式将裂纹彻底去除干净，如图 1-2-5 所示。

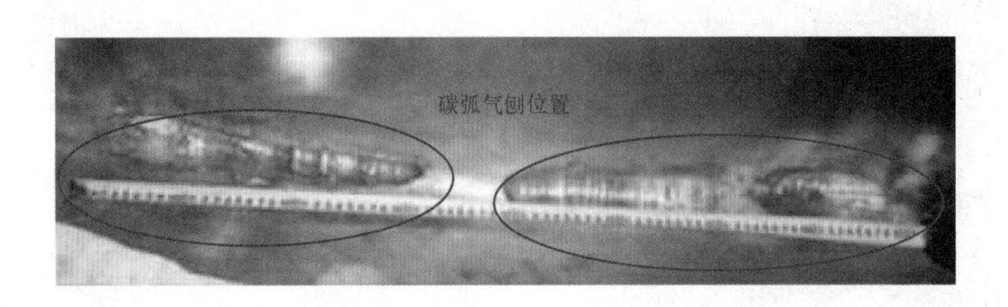

图 1-2-5　裂纹表面气刨后

着色（PT）探伤确认裂纹缺陷被完全清除后，做单面 V 形焊接坡口，且需打磨出金属表面光泽。

将坡口面及坡口两侧 30mm 以内母材表面的熔渣、油污等所有影响焊接质量的异物清理干净。

使用石棉布铺垫、涂焊接防飞溅剂等方式对近返修区域机组过水表面进行保护，防止焊接飞溅对机组造成影响。

按照厂家工艺方案进行焊接补修。为控制质量，对各层熔敷金属做着色（PT）探伤检查，检查结果均正常。

坡口焊满后（见图 1-2-6），分别进行着色（PT）和超声检测（UT）探伤检查，全部检查结果正常。

检查合格后，进行铲磨流道、清理打磨、精磨、抛光等流程（见图 1-2-7）。

二、原因分析

因转轮叶片无击伤、碰伤痕迹，其他位置无同样裂纹并且气孔存在于表面裂纹之下，由此判断在转轮制造过程中，由于焊接质量控制不严，导致转轮叶片进水边与下环焊缝根部存在气孔，运行过程中气孔部位应力集中，产生裂纹。此外，设备出厂验收存在盲点，验收等工作不够细致、到位，没有通过超声探伤等方式提前发现缺陷。

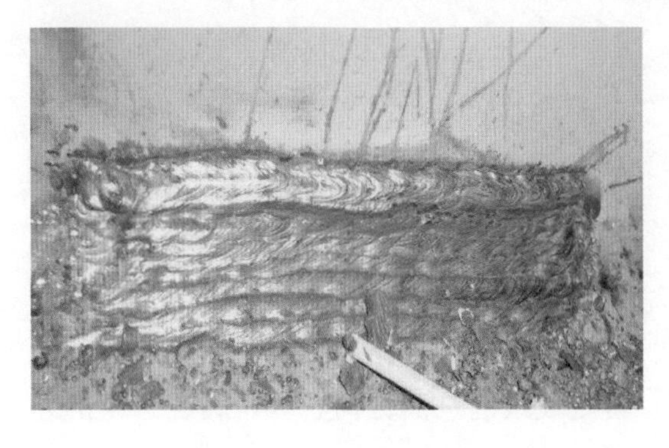

图 1-2-6 坡口满焊后

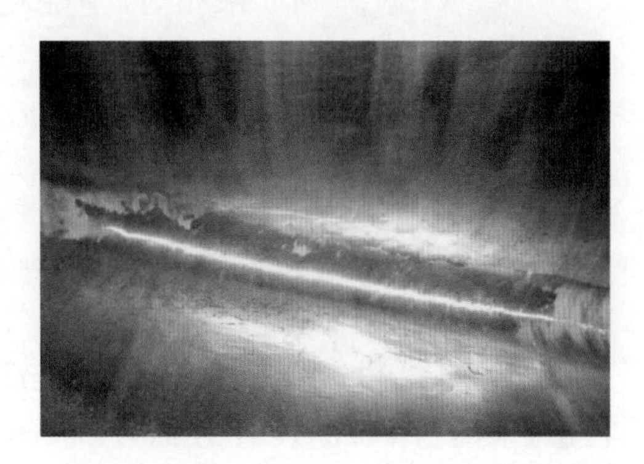

图 1-2-7 打磨、抛光后

三、防治对策

（1）对该转轮其他叶片进行着色（PT）探伤，对转轮叶片焊缝进行超声检测（UT）探伤，发现问题及时处理。

（2）严格执行金属监督相关规程规定，结合机组检修落实执行。

（3）加强设备监造监理的选用和管理，加强设备制造过程管控。

（4）在设备出厂验收方面，需要进一步提高质量把控水平，对各节点逐条验收。

（5）焊接工艺需进一步提升，从坡口的角度、外形到焊材的选择再到焊接电流的控制、起弧收弧的工艺、运条方式等需要加强过程管控，也可将上述节点列入验收环节。

四、案例点评

由本案例可见，技术监督对于抽水蓄能机组过流部件是重要的监督管控手段，通过技术监督手段，能够提前发现设备是否存在薄弱环节，并将设备缺陷遏制在初期阶段，避免重大事故发生。本案例也反映出设备在制造和验收阶段存在的问题：厂家在工艺把控、探伤复检等方面存在不足；电站在出厂验收环节重视程度不够；委托的第三方监督检测工作不到位等。

设备制造阶段设备厂家在制造工艺上应加强多个节点控制，每个重要步骤都应做好检验复查工作。出厂验收中，电站应提高认识，验收工作应以检验设备主要零部件是否按照合同要求制造、各项技术监督指标是否满足设备参数性能为前提，同时加强主要设备关键部件制造的厂内监造过程，做好探伤、检测等工作并留存相关检验、检测报告。

案例 1-3　某抽水蓄能电站机组转轮叶片裂纹（二）*

一、事件经过及处理

某抽水蓄能电站 2018 年 3 月 3 号机组 C 修、8 月 4 号机组 D 修期间对转轮进行探伤检查，探伤过程中发现转轮多条裂纹，以 3 号机组为例，裂纹的特征如下：

转轮 1、2、3、4、8、9 号叶片与上冠、下环焊缝处共有 13 条显示缺陷，转轮裂纹的长度较短，表面裂纹总长度约为 400mm；转轮裂纹的扩展方向各异；转轮裂纹的外部形态呈“蚯蚓状”；转轮裂纹出现在焊缝位置。

具体如图 1-3-1～图 1-3-6 所示（裂纹示意图左侧为水轮机工况进水边，右侧为水轮机工况出水边）。

（1）1 号叶片正面与上冠焊缝距进水边约 60mm 处有 1 条 20mm 缺陷，如图 1-3-1 所示。

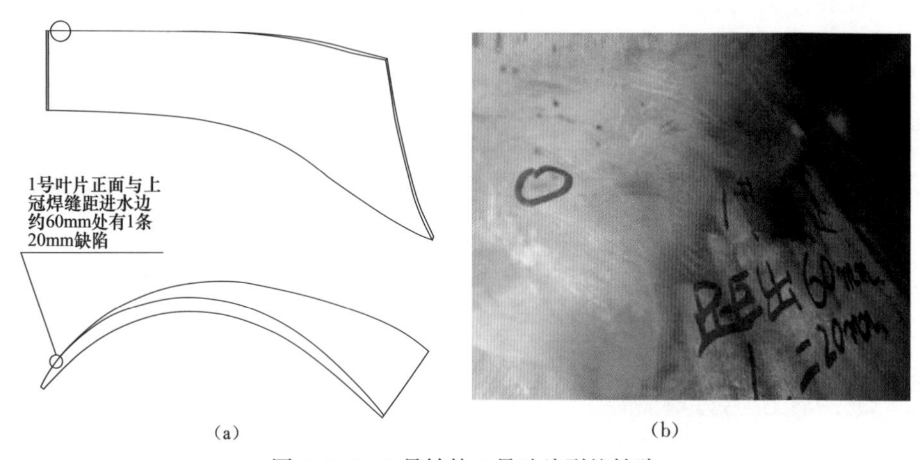

图 1-3-1　3 号转轮 1 号叶片裂纹缺陷

(a) 3 号转轮 1 号叶片裂纹位置示意；(b) 3 号转轮 1 号叶片裂纹 PT 探伤

（2）2 号叶片正面与下环焊缝距进水边约 1450mm 处有 1 条 20mm 缺陷，如图 1-3-2 所示。

（3）3 号叶片背面与上冠焊缝距进水边 960mm 处有 1 条 20mm 缺陷，如图 1-3-3 所示。

（4）4 号叶片正面与上冠焊缝距出水边为 180、240、330mm 处分别有 1 条长为 5、30、20mm 的缺陷；背面与上冠焊缝距出水边 140、240mm 处有各一条 10、25mm 的缺陷，如图 1-3-4 所示。

---

* 案例采集及起草人：王伟、王君（湖南黑麋峰抽水蓄能有限公司）。

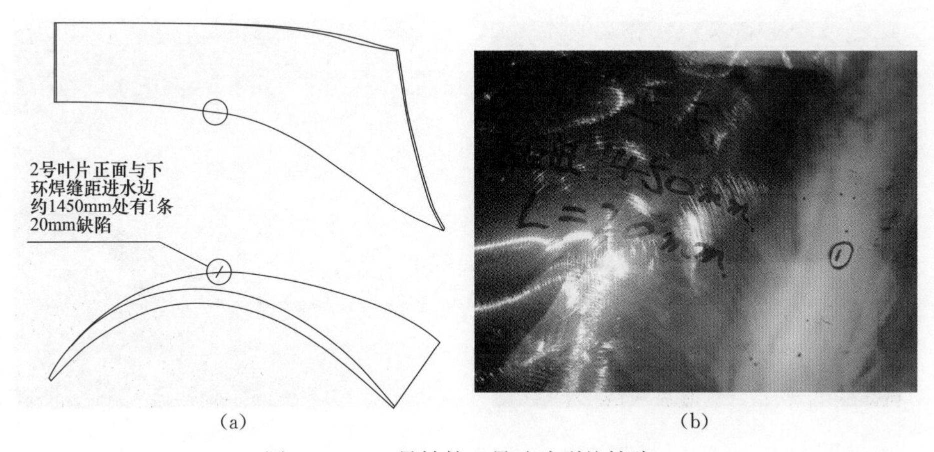

图 1-3-2　3 号转轮 2 号叶片裂纹缺陷

(a) 3 号转轮 2 号叶片裂纹位置示意；(b) 3 号转轮 2 号叶片裂纹 PT 探伤

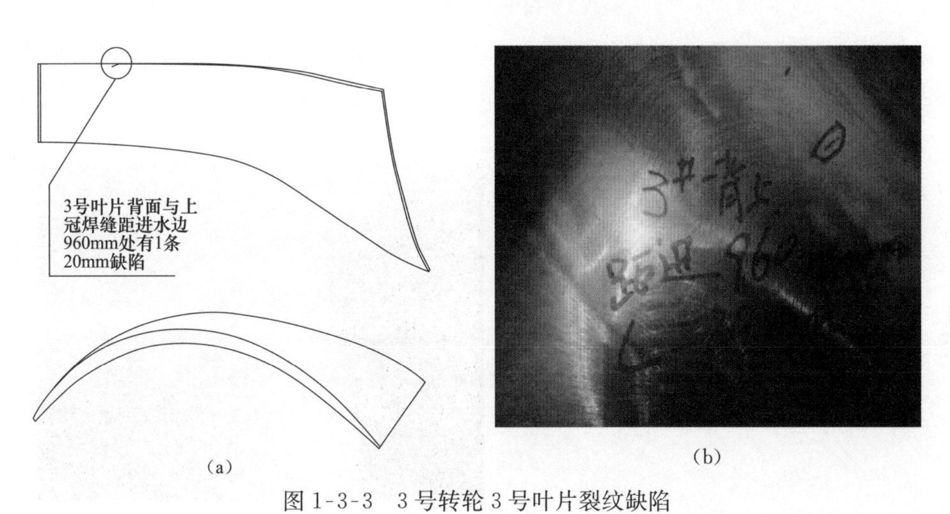

图 1-3-3　3 号转轮 3 号叶片裂纹缺陷

(a) 3 号转轮 3 号叶片裂纹位置示意；(b) 3 号转轮 3 号叶片裂纹 PT 探伤

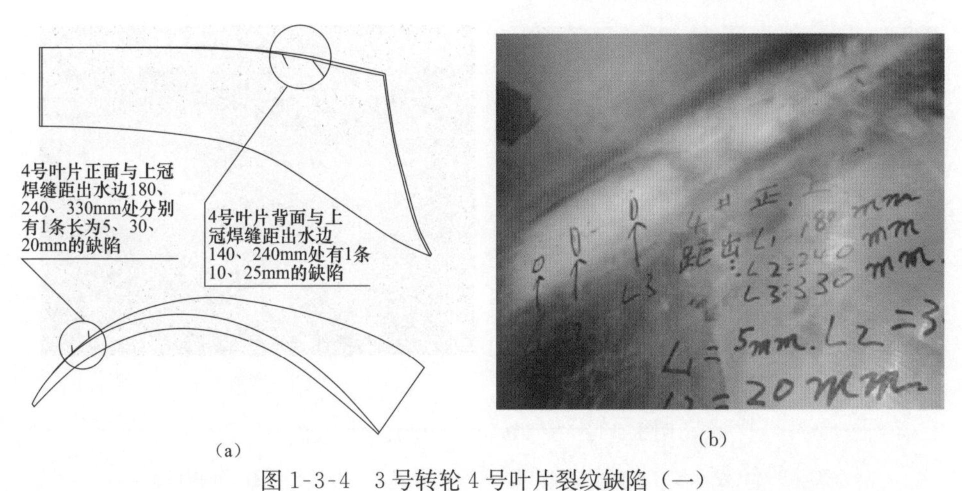

图 1-3-4　3 号转轮 4 号叶片裂纹缺陷（一）

(a) 3 号转轮 4 号叶片裂纹位置示意；(b) 3 号转轮 4 号叶片裂纹 PT 探伤 1

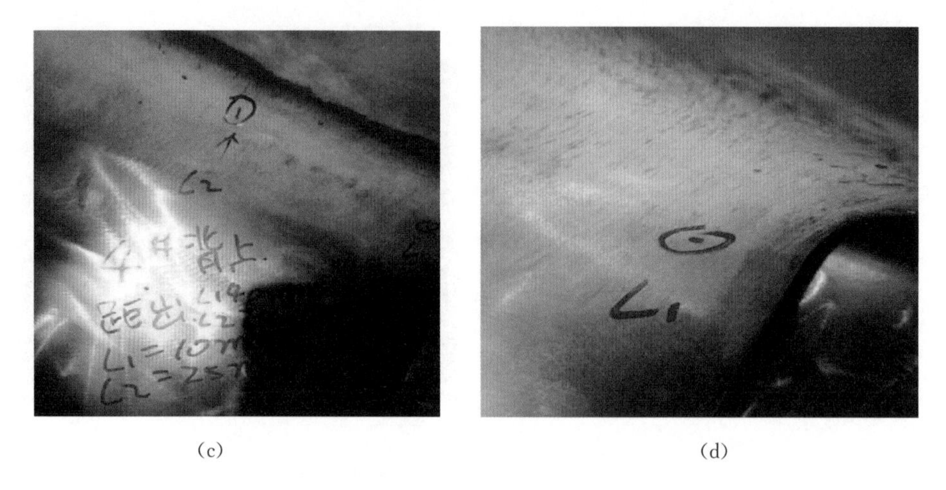

(c)　　　　　　　　　　　　(d)

图 1-3-4　3 号转轮 4 号叶片裂纹缺陷（二）

(c) 3 号转轮 4 号叶片裂纹 PT 探伤 2；(d) 3 号转轮 4 号叶片裂纹 PT 探伤 3

(5) 8 号叶片进水边与上冠焊缝处有 1 条 30mm 缺陷；进水边与下环焊缝处有 1 条 8mm 缺陷；背面与上冠焊缝距出水边 380mm 处有 1 条 10mm 缺陷，如图 1-3-5 所示。

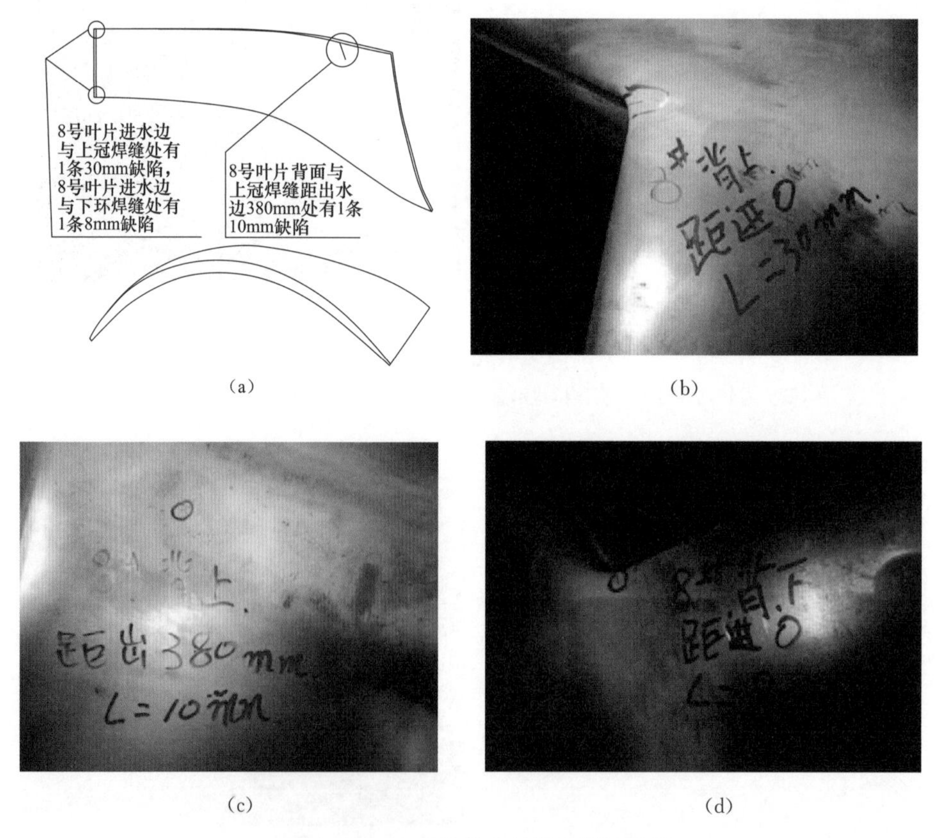

(a)　　　　　　　　　　　　(b)

(c)　　　　　　　　　　　　(d)

图 1-3-5　3 号转轮 8 号叶片裂纹缺陷

(a) 3 号转轮 8 号叶片裂纹位置示意；(b) 3 号转轮 8 号叶片裂纹 PT 探伤 1；

(c) 3 号转轮 8 号叶片裂纹 PT 探伤 2；(d) 3 号转轮 8 号叶片裂纹 PT 探伤 3

(6) 9 号叶片背面与下环焊缝距出水边 1850mm 处有 1 条 18mm 缺陷，正面与上冠焊缝距出水边 20mm 处有 1 条 8mm 缺陷，如图 1-3-6 所示。

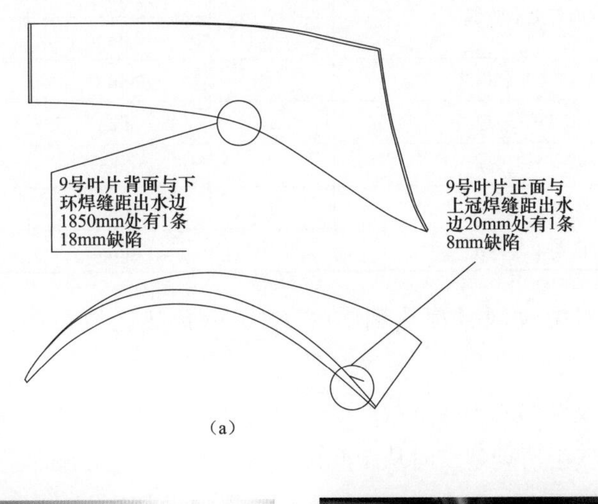

(a)

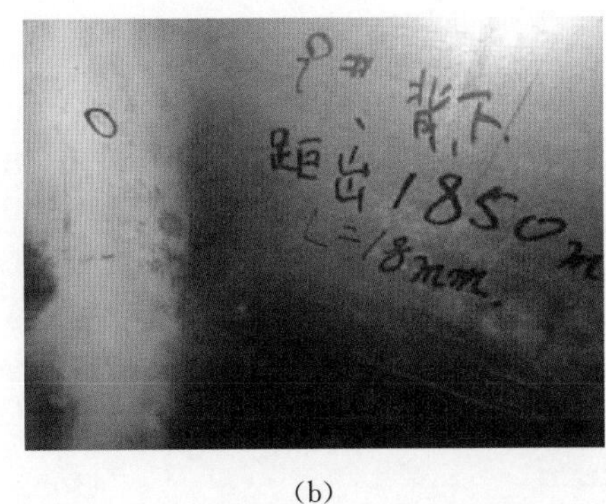

(b)

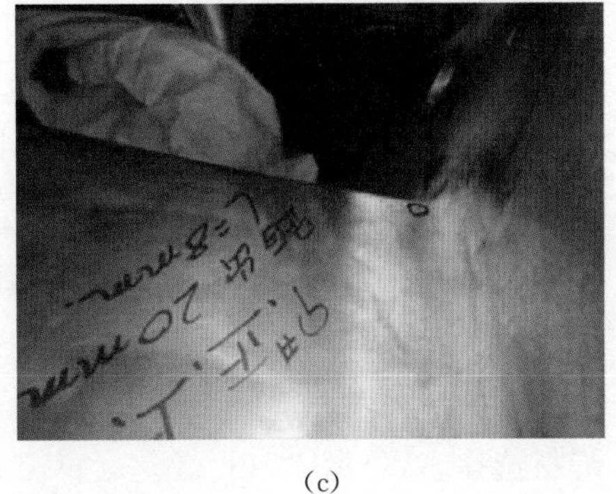

(c)

图 1-3-6　3 号转轮 9 号叶片裂纹缺陷

(a) 3 号转轮 9 号叶片裂纹位置示意；(b) 3 号转轮 9 号叶片裂纹 PT 探伤 1；
(c) 3 号转轮 9 号叶片裂纹 PT 探伤 2

具体处理过程如下：

(1) 借助放大镜目检 VT、根据对转轮焊缝和叶片出水边部位进行全面的 PT、UT 探伤检查，对缺陷的性质进行确认和记录，见表 1-3-1。

表 1-3-1　　3 号转轮裂纹特征统计表

具　体　位　置	条数	长度	至焊缝距离
1 号叶片正面与上冠焊缝	1	20mm	距进水边 60mm
2 号叶片正面与下环焊缝	1	20mm	距进水边 1450mm
3 号叶片背面与上冠焊缝	1	20mm	距进水边 960mm
4 号叶片正面与上冠焊缝	3	5mm	距出水边 180mm
		30mm	距出水边 240mm
		20mm	距出水边 330mm

续表

具 体 位 置	条数	长度	至焊缝距离
4 号叶片背面与上冠焊缝	2	10mm	距出水边 140mm
		25mm	距出水边 240mm
8 号叶片进水边与上冠焊缝	1	30mm	进水边
8 号叶片进水边与下环焊缝	1	8mm	进水边
8 号叶片背面与上冠焊缝	1	10mm	距出水边 380mm
9 号叶片正面与上冠焊缝	1	8mm	距出水边 20mm
9 号叶片背面与下环焊缝	1	18mm	距出水边 1850mm

(2) 气刨前，对裂纹区域预热到 70～110℃，预热区域扩展到裂纹周围 100mm 以上。

(3) 在距离裂纹尾部约 10mm 处打 $\phi 3$ 止裂孔以防止裂纹扩展，并预制焊接坡口。

(4) 采用电弧气刨清理裂纹时从距开裂处约 10mm 的地方反向进行，以避免裂纹扩展，并将渗碳层打磨干净，要求露出金属本色，焊接面光滑。

(5) 借助放大镜目检 VT 对清理部位进行检查，以确认裂纹完全清除。

(6) 焊接前将焊缝裂纹周围 50mm 范围内的油漆、污渍、水、探伤液等杂质清理干净。

(7) 用电加热板预热待焊区及邻近区域，预热温度 80℃，层间温度 200℃，在焊接全过程中保持温度 80～200℃。

(8) 焊接时采用熔化极气体保护焊方式，转轮叶片材质为铸钢 ASTM A 743 CrA6-NM，焊材选择 AWS ER316L 焊丝（直径 1.2mm）。

(9) 采用多层多道焊接方法，起弧与收弧部位错开，焊接过程中严格控制焊接电流 140～300A，焊接速度 6～15cm/min（且线能量小于等于 38kJ/cm），层间温度小于等于 200℃。

(10) 焊接过程中除打底和盖面焊道外均层层锤击，以消除焊接应力，锤击力度以焊道有明显塑性变形为准。

(11) 焊接完成后，采用保温毯覆盖缓冷。

(12) 对所有焊疤和搭焊位置进行补焊，对焊缝表面进行打磨，打磨完毕后用样板检查，保证其叶形和叶片与上冠的 *R* 圆角，流道型线及表面粗糙度按图纸要求。

(13) 补焊完成后对转轮焊缝进行 100%PT、常规 UT 探伤合格。

二、原因分析

1. 设计静应力分析

叶片根部沿着焊缝的静应力水平（考虑网格不连续引起的应力集中及应力水平偏

高）远低于材料的需用应力（151/366MPa）；若考虑叶片根部过渡圆角，应力水平会更低，并且裂纹集中产生的位置并不是应力相对最高的区域，启停机引起的静应力载荷循环次数也比较低；初步排除设计的静应力引起裂纹的可能性。

2. 设计动应力分析

关于动应力分析，根据断裂力学理论和工程经验，高幅值动应力引起材料裂纹的临界载荷周期数约为 10^8，动静干涉产生的高频动应力引起材料裂纹所需小时为 278h，尾水管涡带产生的低频动应力引起材料裂纹需要 18516h，高应力区通常出现在进水边叶片根部靠近上冠/下环的位置，结合转轮裂纹的形态以及出现的时间和位置，基本上排除设计动应力引起的裂纹可能性。但不排除焊接接头的残余应力比较高，残余应力牺牲掉一部分安全裕度的情况。

3. 裂纹硬度分析

现场转轮硬度测试具体数值见表 1-3-2 和表 1-3-3。

表 1-3-2　　3 号转轮叶片母材硬度检测数据

3 号叶片	HB261	HB270	HB272	HB276
4 号叶片	HB244	HB253	HB258	HB245
8 号叶片	HB262	HB276	HB276	HB252

表 1-3-3　　3 号转轮裂纹位置硬度检测数据

8 号叶片	HB301	HB296	HB308
9 号叶片	HB304	HB285	HB307

3 号机转轮采用 ASTM A743 CA-6NM 马氏体不锈钢制造，该转轮母材经正火＋两次回火后其正常组织为回火马氏体＋逆变奥氏体＋δ 铁素体，组织表面硬度正常值为 HB221-HB286，转轮焊缝处经焊后去应力退火后，其硬度应在 HB300 以下，硬度值可以反映材料的组织形态。从表 1-3-2 和表 1-3-3 可以看出，转轮裂纹位置的硬度值为 HB285-HB308，母材的正常硬度值为 HB220-HB280，即转轮裂纹位置的硬度值高于母材的标准值或处于其上限值。

4. 水力分析

2015 年 5 月委托进行机组状态评估工作，包括 4 台机组运行状态评估，1/2 号流道一管双机甩负荷试验、动水关主进水阀试验等，论证电站 2 号流道蜗壳压力比主进水阀前压力大，在试验工况下，单机甩负荷和双机同时甩负荷蜗壳压力均在 530m H_2O 以内，转速值在 150％以内，尾水管进口压力在 0mH_2O 以上，4 号机在下水库 77.8m（死水位 65m）完成了高水头单机甩 100％负荷试验，尾水管进口压力距离 0m H_2O 有一定裕度。

由于电站运行工况点位于 S 区的上方，一甩负荷就进入 S 不稳定区，导致流量变化剧烈，引起的压力变化和压力脉动比较大，计算值主要是断面的均值压力，不包括压力脉动，无法准确判断压力的极值，因此甩负荷试验计算数据分析存在局限性。并且电站机组在开机过程中需要投入非同步导叶，过渡工况不稳定，试验发现无论哪个水头并网，机组压力脉动都是比较大的。结合 3 号机转轮 4、5 号叶片及 4 号机组转轮 5 号叶片进水边的 V 形裂纹特征，现场专家认为该裂纹属于疲劳原因引起，不排除机组过渡工况水力因素诱发产生转轮裂纹。

5. 结果分析

根据以上试验结果分析 3 号机的 4、5 号叶片及 4 号机的 5 号叶片进水边裂纹为疲劳裂纹，其余部位的裂纹存在硬度偏高现象，为加工制造工艺缺陷。

三、防治对策

（1）根据技术监督导则开展全厂机组转轮焊缝 100%PT、100%UT 探伤检查，频次不少于每年两次。

（2）机组运行过程中根据水头变化及现场振摆情况，及时调整机组出力。

（3）加强机组运行时顶盖及尾水管处振摆、水压脉动情况检查和分析，并纳入月度设备健康分析报告。

四、案例点评

由本案例可见，开展对通流部件空蚀和裂纹、连接焊缝进行 100%无损检测是一项重要工作。对转轮等重要部件裂纹的处理工艺过程应完备可靠，同时在水轮机转轮在结构设计中应考虑运行过程中尽量避免进入 S 不稳定区，并做好安全性能分析。

此外，在机组运行过程中应根据多年运行积累的压力脉动、振动、摆度数据，分析机组稳定与不稳定运行特性，据此划分机组可长期运行区、允许短时运行区、避振运行区等运行范围，制定安全运行区域图，尽可能在接近水轮机最优工况运行。

案例 1-4　某抽水蓄能电站机组内顶盖螺栓断裂*

一、事件经过及处理

2019 年 1 月 13 日，某抽水蓄能电站运维班组设备主管在对水车室内重要位置螺栓

* 案例采集及起草人：杨林生（山东泰山抽水蓄能电站有限责任公司）。

进行例行检查过程中，通过敲击法发现机组水车室内+Y方向一颗内顶盖与外顶盖把合螺栓断裂，断裂部分可以自由取出，底丝部分断裂残留至底孔内。

螺栓断裂位置位于机组转轮回水排气管路正下方，如图1-4-1所示。

断裂螺栓情况：M42×230双头螺栓，材质C3-80，配双螺母锁固，总长度为230mm，断裂部分长度为65mm，断裂部位为有丝段和无丝段过渡位置，如图1-4-2所示。

图1-4-1　螺栓断裂具体位置

图1-4-2　螺栓断裂部位

该螺栓作为内外顶盖把合螺栓，共48颗，若不及时处理将导致内外顶盖密封不严、内顶盖把合螺栓受力不均或者其他把合螺栓断裂等问题，极端情况下甚至存在水淹厂房风险，严重威胁电站人身、设备安全。

运维人员采取以下处理措施：

（1）通过操作机组压水进气液压阀将机组尾水管水位降至转轮以下。

（2）超声探伤检查其他47颗螺栓未发现裂纹。

（3）用吸水机将断裂螺栓孔水迹清理干净。

（4）使用M20不锈钢螺栓作为操作杆，焊接至原残留断裂螺栓上。

（5）使用铜锤轻微多次振动焊接螺栓，使残留断裂螺栓松动。

（6）使用扳手转动焊接螺栓，缓慢旋出残留断裂螺栓。

（7）对螺孔和螺栓以及配合面进行清理，确保螺栓和螺孔表面无毛刺、无污物。

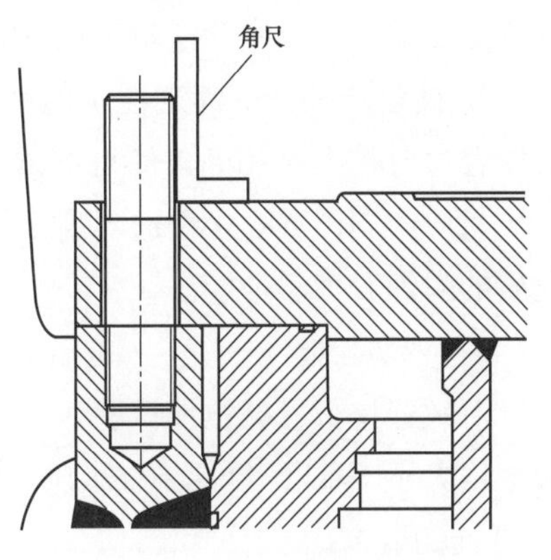

图1-4-3　螺栓的垂直度检查

（8）对备品螺栓进行渗透和超声波探伤合格，更换新螺栓，控制螺栓沉入孔深度50mm，避免螺栓过渡螺牙与孔接触，并防止螺栓底部与螺孔螺纹末端限位。用直角尺检查螺栓的垂直度，每个螺栓均匀地检查4个位置，如图1-4-3所示。

（9）按米字形顺序采用液压扭矩扳手预紧螺栓，按50%预紧力、100%预紧力两次预紧，所有螺栓预紧扭矩误差宜控制在±5%之内。

（10）拧紧新螺栓，锁紧备母。

二、原因分析

对机组内外顶盖把合螺栓取样，取用机组采用的M42×230双头螺栓，材质为C3-80，分别进行化学成分、力学性能和金相组织分析，试验结果如下。

1. 化学成分

对螺栓进行光谱检测，化学成分见表1-4-1。

表1-4-1　化　学　成　分　（单位：%，质量百分比）

元素	C	Si	Mn	P	S	Cr	Mo	Ni
螺栓	0.14	0.44	0.53	0.02	0.007	15.59	0.30	3.82
GB/T 3098.6要求	0.17～0.25	≤1	≤1	≤0.04	≤0.03	16～18	—	1.5～2.5

螺栓化学成分存在以下问题：

（1）Cr含量低于标准值。

（2）标准中未要求添加Mo，实际检测中含有Mo。

（3）Ni含量超过标准值。

铬是不锈钢获得耐蚀性能的主要合金元素，也是很强的铁素体形成元素，当铬含量对于12.5%时，形成完全封闭的γ区域，铁铬合金完全变成单相组织。一般将含Cr超过12.5%的钢称为不锈钢，Cr和其他元素配合形成牌号不同的不锈钢。就内顶盖螺栓而言，最主要的性能要求是不锈以及抗拉强度达到800MPa，但从不锈的角度来说，检测报告中的Cr含量接近标准要求的下限，可能不会对螺栓的性能有影响。

Mo的添加能够很好地改善马氏体不锈钢的淬透性并抑制或降低回火脆性，是有益的添加元素。螺栓中含量较低的Mo可能对螺栓的最终性能无不利影响。

Ni能够增加钢的淬透性，但由于其是扩大γ相区的元素，含量要严格控制，否则可能会过分扩大γ相区，使得不锈钢形成较大的奥氏体区，无法淬火。

材质中Ni、Mo含量适当高于规定标准不影响使用，Ni、Mo属于有益元素能提高材质的耐蚀和力学性能。

2. 力学性能

对螺栓进行机械拉伸试验，检测报告中的力学性能结果显示，螺栓的强度和断后伸长率均大于GB/T 3098.6—2014《紧固件机械性能 不锈钢螺栓、螺钉和螺柱》中C3-80螺栓的要求。

3. 组织分析

对螺栓进行金相检验，检测报告显示金相组织主要为回火马氏体、δ铁素体、索氏体，均属于 1Cr17Ni2 钢正常组织。

4. 微观形貌检测

利用扫描电镜对螺栓断口进行分析，从结构分析看，第一道螺纹根部是应力集中程度最高的区域，在不稳定变应力的作用下，起源于第一道螺纹根部的疲劳裂纹由表面向内疲劳扩展，在不同平面间的连接处形成台阶。在由表面向内疲劳扩展较短的距离后，停滞了较长的时间，而后在较大的应力作用下发生快速的失稳断裂；近疲劳源区的疲劳弧线较细密，裂纹扩展较慢，远疲劳源区疲劳弧线较稀疏，裂纹扩展较快。

分析机组运行期间顶盖振动情况，未发现明显异常情况，对比数据发现顶盖振动情况良好，未发现明显增大现象。

原因分析：

（1）螺栓质量问题是引起螺栓断裂的直接原因。该位置螺栓采用 C3-80 双头螺栓理论上是可行的，但应采用细杆形式。问题螺栓为粗杆螺栓，螺栓 R 角加工工艺难以控制，易导致应力集中。另外，重要螺栓应采用滚压形式加工螺纹而不应采用车丝。

（2）安装工艺不当是引起螺栓断裂的间接原因。

1）经勘查，断裂螺栓总长度为 230mm，断裂部分为与顶盖连接的螺纹，断口距底部约 65mm。螺孔加工的理论深度为 60mm，在螺栓旋入过程中可能导致螺栓的无效螺纹与孔口挤压，导致螺栓挤压区域应力集中，在螺栓预紧过程中会不可避免地导致螺栓旋转或者产生旋转趋势，可能导致螺栓螺牙过渡区域产生损伤，在拉伸力的作用下导致螺栓脆性或疲劳断裂。

2）安装过程中，在螺栓拧到孔底，轴向限位的情况下，预紧过程中螺栓会承受更大的扭矩，在此扭矩和轴向拉伸力的双重作用下会加重螺栓脆性或疲劳断裂。

3）螺栓预紧过程采用大锤锤击方式，锤击力不均匀也会导致螺栓受力不均匀，个别螺栓过载导致螺栓脆性或疲劳断裂。

三、防治对策

（1）重要部位双头螺栓拉伸段直径应小于螺纹最小直径。

（2）对重要部位螺栓进行全面检查，编制重要螺栓台账，对有预紧力要求的重要螺栓其预紧力不应小于各工况下螺栓最大工作载荷的 2 倍，应制定检修安装工艺、工序，螺栓紧固宜采用扭矩（拉伸力）与伸长量相互校核，对不符合要求的螺栓尽快安排整改。

（3）重要部位的螺栓应做好原始位置状态标记并制定防松动措施，定期进行检查和记录。

（4）重要部位螺栓更换宜采用原厂家同型号同材质产品，厂家须提供螺栓材质、无损检测、力学性能等出厂试验报告。若采用新型螺栓，厂家应提供设计报告，使用单位应对全部更换螺栓进行无损检测，特殊情况可委托第三方进行力学性能等抽检。

（5）对运行人员进行螺栓使用年限的认知等培训，规范螺栓紧固步骤、程序，在螺栓安装过程中管理人员做好监督和指导。

（6）严格执行金属监督规定，结合检修对重要位置螺栓进行无损检测。

四、案例点评

本案例暴露了由于螺栓设计、加工质量和安装工艺问题造成的重大隐患，反映出在反水淹厂房专项反事故措施落实上存在的漏洞和不足，应引起警惕。为避免重要位置螺栓出现类似缺陷，应做到以下几点：

（1）把好螺栓质量关，要求厂家提供螺栓设计报告、螺栓材质、无损检测、力学性能等出厂试验报告，使用单位应对全部更换螺栓进行无损检测，必要时委托第三方抽检。

（2）把好安装工艺关，严格按照厂家给出的安装工艺和预紧力要求紧固螺栓，不得采用锤击等方法。

（3）把好巡检监督关，重要螺栓应进行位置状态标记并定期检查，定期检查除目视检查外，应进行敲击检查等，结合机组检修进行螺栓无损探伤，宜同时进行超声波和磁粉检测。

案例 1-5　某抽水蓄能电站机组顶盖螺栓断裂*

一、事件经过及处理

2016 年 9 月 7 日，某抽水蓄能电站 1 号机组在发电工况运行过程中电气跳闸，甩负荷（56.3MW），值班员通过工业电视发现母线层冒水，判断发生跑水，立即按下 1 号机组紧急停机按钮，水淹厂房保护动作。电站值班领导立即下令启动水淹厂房应急预案，组织清点现场人员，封闭交通洞口，并安排现场运行人员落上下水库闸门及查看自流排水情况。

现场检查后发现 1 号机顶盖局部有磕碰伤，连接管路全部变形、断裂；顶盖与座环连接的 50 颗螺栓中 49 颗断裂，另外 1 颗螺母脱开；由此可以判断出 1 号机组在甩负荷过程中顶盖连接螺栓断裂，顶盖在水压力作用下被抬起，高压水从顶盖涌出。螺栓断裂情况如图 1-5-1 和图 1-5-2 所示。

---

* 案例采集及起草人：王宁宁、卢海鹏（国网新源控股有限公司回龙分公司）。

图 1-5-1　顶盖把合螺栓断裂

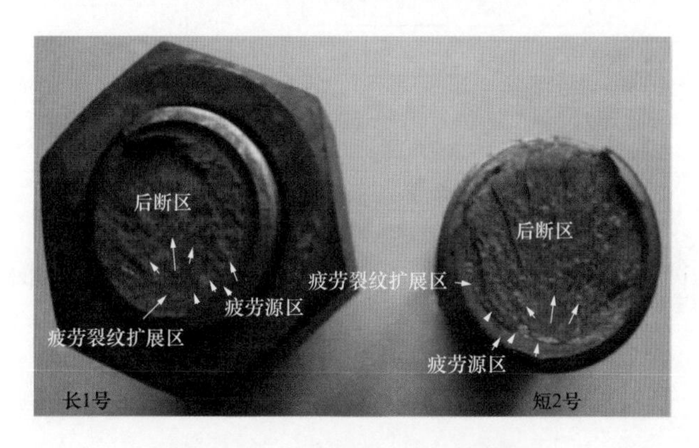

图 1-5-2　断裂螺栓的宏观形貌

为保证机组运行时顶盖螺栓有足够的安全裕度，主机厂重新对顶盖把合螺栓进行优化设计，将原设计的 M42×4 螺栓更换为 M64×4 螺栓，对顶盖螺栓结构及加工工艺进行以下优化：

（1）连接螺栓调整为 M64×4，材料采用锻钢 35CrMo，螺栓预留测长孔，标明螺栓的伸长值。

（2）螺栓进行必要的防松。

（3）螺栓中间直径小于螺纹小径，中间段与两端过渡采用大圆角倒斜角过渡，过渡区域粗糙度提高到 $Ra1.6\mu m$。

（4）采用圆螺母，并增加螺母把合平面与螺纹中心的垂直度及表面的粗糙度。

（5）垫片材料采用 45 号钢，垫片进行淬火处理要求硬度达到 Rc40～45。

螺母、垫片、螺柱如图 1-5-3～图 1-5-5 所示。

重新设计后主机厂对新顶盖螺栓进行刚强度计算，见表 1-5-1。

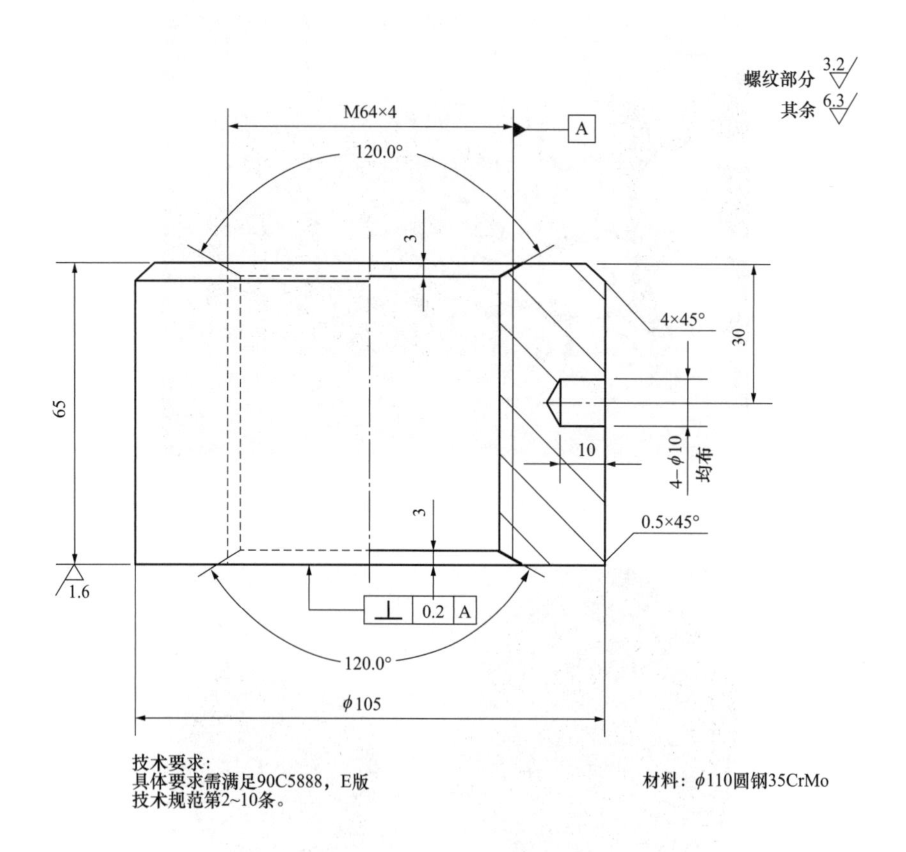

图 1-5-3　螺母

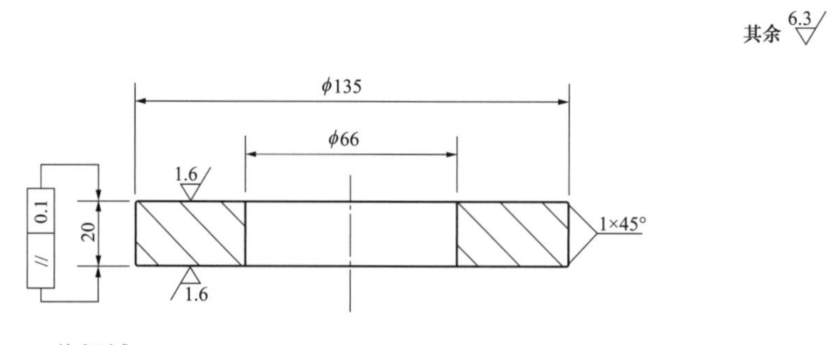

图 1-5-4　垫片

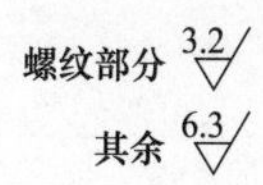

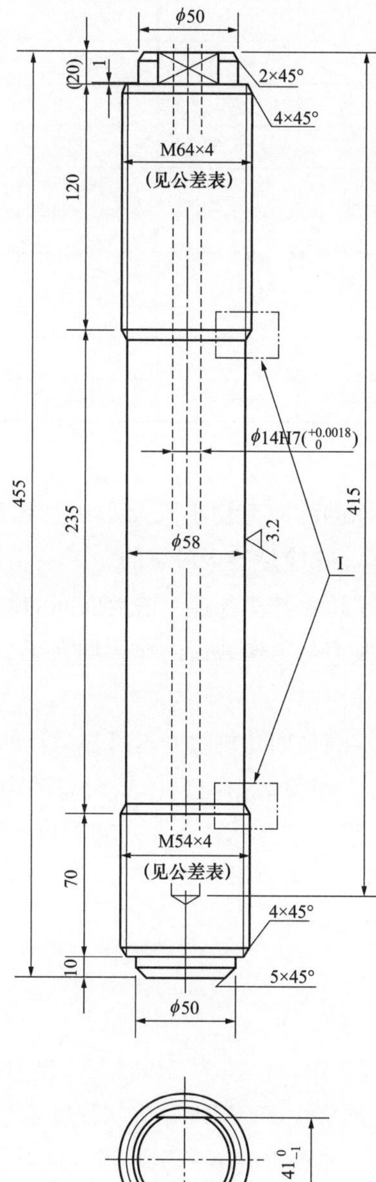

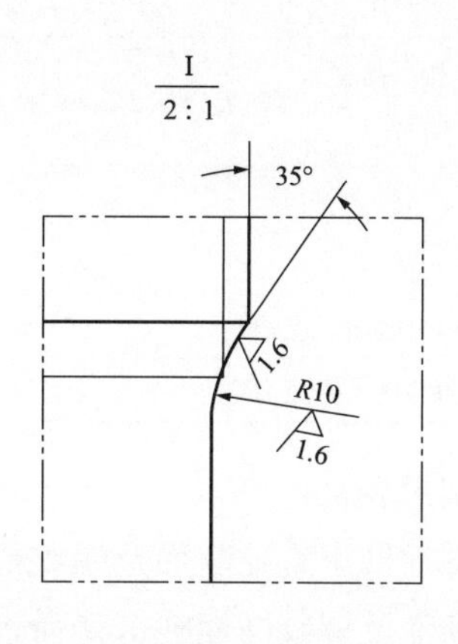

公差表

直径	M54×4螺纹
大径	
中径	61.402
小径	58.67

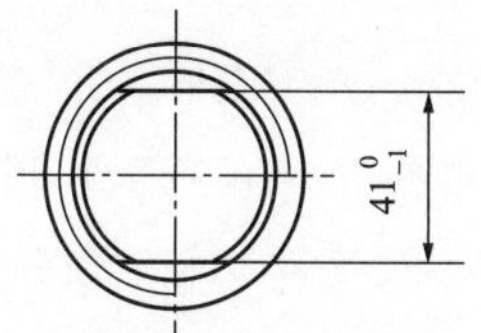

技术要求：
具体要求需满足90C5888，E版
技术规范第2~10条。

图 1-5-5　螺柱

表 1-5-1　　顶盖与座环连接螺栓计算报告（改进后）

计算项目		水轮机正常工况	水泵正常工况	水泵零流量工况	水轮机飞逸升压工况
残余伸长量	δ_{all}（mm）	0.57	0.57	0.57	0.57
单个螺栓上工作载荷	F（kN）	364.31	378.83	430.44	490.22
单个螺栓预紧力	F_0（kN）	1005.83	1005.83	1005.83	1005.83
预紧力与工作载荷比值	F_0/F	2.76	2.66	2.34	2.05
单个螺栓上总的作用用力	ΣF（kN）	1069.85	1072.41	1081.48	1091.98
单个螺栓工作时压力变化	$\Sigma F-F_0$（kN）	64.02	66.58	75.65	86.15
被连接件残余预紧力（单个螺栓）	F_Q（kN）	705.55	693.58	651.03	601.76
被连接件残余预紧力与工作载荷比值	F_Q/F	1.94	1.8308	1.5125	1.2275
顶盖与座环被接触面压应力	δ_{r_s}（MPa）	17.53	17.23	16.18	14.95
螺栓最小断面的最大净应力	$\delta_{max\_section}$（MPa）	429.98	431.01	434.65	438.87

计算结果表明：

（1）螺栓最小直径断面及螺纹最小直径断面的静应力均小于 80％的螺栓屈服极限；螺栓最小断面及螺纹断面疲劳寿命远大于 50 年，螺栓是安全可靠的。

（2）在水泵水轮机各种运行工况下，作用于顶盖与座环连接法兰面间的剩余预紧力与工作载荷的比值均大于 0.6 倍，此时螺栓预紧力与工作载荷的比值均大于 2 倍，顶盖与座环的连接时安全可靠的。

综上所述：顶盖与座环联接螺栓的设计能够满足回龙机组安全可靠运行的要求。

新顶盖螺栓到货后，检查螺栓的材质报告，相关数据符合图纸及有关国家标准要求；对螺栓进行无损检测，螺纹完好内部无缺陷，符合 NF A04-308-1988 C 级要求；对螺栓进行力学性能试验，试验数据符合 OEA.640.619 要求。

综上所述，顶盖螺栓第三方力学性能检测结果合格。

二、原因分析

该电站 1 号机组顶盖与座环连接螺栓共 50 颗，材质为 35CrMo，型号为 M42×300，技术要求为螺栓拉伸值 0.38mm，设计屈服强度 735MPa，抗拉强度 882MPa。

1 号机顶盖螺栓断裂后，对原来 M42 螺栓（如图 1-5-6 所示）强度进行复核。

GB/T 22581—2008《混流式水泵水轮机基本技术条件》4.2.2.6 规定“当要求有预应力时，螺栓、螺杆和连杆等零部件均应进行预应力处理，零部件的预应力不得超过材料屈服强度的 7/8。螺栓的荷载不应小于连接部分设计荷载的 2 倍”。

其中，预应力＝预紧力 F_0/螺栓最小断面面积，螺栓的荷载即为螺栓的预紧力 F_0，连接部分设计荷载为螺栓承受的工作载荷 F，即标准要求 $F_0 \geqslant 2F$。

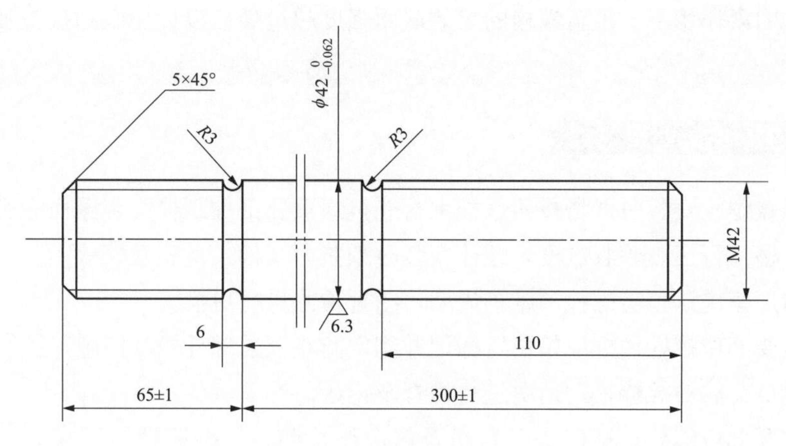

图 1-5-6　改造前顶盖螺栓设计图（单位：mm）

螺栓设计强度复核：根据主机厂提供的螺栓设计计算报告：螺栓最小断面直径36mm，计算最小断面面积 S 为 10.18cm²，顶盖螺栓设计屈服强度 Q 为 735MPa，屈服力 $F_Q=QS=748.2$kN，顶盖螺栓设计抗拉强度 P_L 为 882MPa，抗拉力 $F_L=P_LS=897.9$kN。在甩负荷工况（升压工况），单个螺栓预紧力 F_0 为 411kN，单个螺栓工作载荷 F 为 494kN。

根据主机厂的螺栓设计计算报告，水轮机正常运行工况下，$F_0/F=1.19$，水泵工况为 1.14，水泵零流量工况下为 1.0，水轮机飞逸升压工况（甩负荷工况）为 0.83，均小于标准 GB/T 22581—2008《混流式水泵水轮机基本技术条件》要求的 2 倍。

如果要保证螺栓预紧力满足标准要求，按预紧力 $F_0 \geqslant 2F=988$kN 选取时，超过了螺栓的屈服力 F_Q（748.2kN）和抗拉力 F_L（897.9kN），螺栓会发生变形并断裂。以上说明，螺栓的安全裕度不足导致螺栓的预紧力设置过小。

对断裂螺栓进行现场检查、断口分析和专业化学成分分析和力学性能试验，综合分析认为：

（1）大部分螺栓的断裂是脆性断裂，螺栓固定垫块高度存在一定的偏差，存在受力不均的可能。

（2）送检螺栓的化学成分满足设计要求，螺栓力学性能基本满足主机厂工厂标准。

（3）送检的 36 颗螺栓中的 22 颗螺栓断面分析存在疲劳，已检测出的疲劳裂纹的最大宽度约为 4.9mm。

（4）部分螺纹根部存在的机械加工刀痕缺陷，在裂纹处形成应力集中。

对照 GB/T 22581—2008《混流式水泵水轮机基本技术条件》，并进行螺栓设计强度复核和螺栓受力分析计算，分析认为：该电站机组顶盖螺栓的安全裕度不足，导致螺栓的预紧力设置过小，机组运行时，在较大的工作载荷作用下，螺栓极易发生松动，长期运行后便会在受力较大部位（螺帽与垫块处）产生疲劳，螺栓松动严重时，还会导致顶盖密封失效而出现漏水现象。在本次机组甩负荷过程中，顶盖与座环两道密封均失效后，在多种因素作用下，顶盖螺栓的等效截面强度超过螺栓设计屈服和抗拉强度而发生断裂。

三、防治对策

（1）顶盖螺栓安装时严格按照《抽水蓄能机组重要部件螺栓安装操作守则》要求进行安装，严格执行三级验收制度，螺栓安装时预紧力与伸长量相互校核。

（2）与厂家确认顶盖螺栓的维护周期，结合检修进行更换。

（3）重要部位螺栓做好原始位置标记并制定防止顶盖螺栓松动措施，机组C级及以上检修和甩负荷后对螺栓松动情况进行检查及记录。

（4）重要部位螺栓宜同时进行磁粉及超声波检测，新购置螺栓厂家应提供螺栓材质、无损检测、力学性能等出厂试验报告，若采用新型螺栓，厂家应提供设计报告，使用单位应全部更换螺栓并进行无损检测，特殊情况可委托第三方进行力学性能抽检。

四、案例点评

由本案例可见，该电站顶盖固定螺栓由于设计安全裕度不足导致在特殊工况下螺栓断裂，因此主机厂家在抽水蓄能电站重要部位螺栓设计选型阶段应依据相应标准严格把控，充分考虑设备在特殊情况下运行状态，规避风险。电站在日常运维过程中，加强重要部位螺栓管理，定期对螺栓松动情况进行检查，定期评估螺栓的使用寿命，严格按照金属监督要求进行无损检测，建立及完善抽水蓄能电站重要部位螺栓台账。重要部位螺栓安装时严格按照标准规范进行安装，保证螺栓充分预紧，并制定防止螺栓松动的措施，与厂家确认顶盖螺栓的维护周期，结合检修进行更换。

案例 1-6　某抽水蓄能电站机组外顶盖密封面空蚀*

一、事件经过及处理

2018年4月6日，某抽水蓄能电站3号机组A级检修外顶盖吊出后，发现其迷宫环装配区密封沟槽，迷宫环密封配合面处锈蚀严重，表面凹凸不平，无法达到密封效果；叶套筒密封面磨损较为严重，由于密封材料的损坏导致蜗壳内水流溢出加速表面锈蚀，与导叶套筒配合后密封效果极差；顶盖与座环密封配合面，锈蚀严重。锈蚀情况如图1-6-1和图1-6-2所示。

* 案例采集及起草人：王宜峰（山东泰山抽水蓄能电站有限责任公司）。

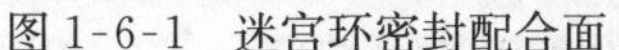

图1-6-1　迷宫环密封配合面　　图1-6-2　导叶套筒密封配合面

若不进行处理，将导致调相工况迷宫环供水流量压力降低，影响迷宫环冷却效果，严重时将导致迷宫环烧损；导叶套筒漏水量持续增大，顶盖水位升高甚至淹没水导油盆；流道内的水将从顶盖与座环法兰结合面渗出，加重结合面锈蚀。

综合考虑后对外顶盖进行返厂维修处理，对各密封组合面进行补焊不锈钢层处理，主要处理过程如下。

1. 组圆

外顶盖分瓣运回厂家，焊缝无损探伤合格后进行组圆，为保证加工后顶盖回装时各部分的配合精度，组圆应尽可能还原顶盖吊出前的状态。组圆后用塞尺测量组合缝间隙，要求组合缝间隙用0.05mm塞尺检查不能通过，允许有局部间隙，用0.10mm塞尺检查，深度不应超过组合面宽度的1/3，总长不应超过周长的20%，组合螺栓及销钉周围不应有间隙。与拆前数据比较，如相差较大进行原因分析，直至数据相近为止。

2. 立车加工

（1）立车定中心。根据迷宫环安装内圆找中心，径向偏差控制在0.05mm内；根据座环连接螺栓法兰面找水平，水平度在0.1mm内。

（2）导叶孔位置度检查。因7号导叶位置度较好，以7号孔为起始点进行中心校准，输入7号孔角度坐标和加工节圆（第一次镗孔节圆），按照机组分度角进行剩余22个导叶孔车削加工。第一次加工完成后，将7号导叶孔中心引至法兰外圆对应螺栓孔处，对螺栓孔进行精镗加工。待第二次精加工校调时，以精镗的螺栓孔为校圆中心。

（3）导叶孔镗孔。对22个导叶孔进行镗孔，工艺标准单边车约1.7mm，满足堆焊加工后不锈钢层厚度不小于1.5mm的要求。

（4）迷宫环密封面。工艺标准单边车约2.5mm，满足堆焊加工后不锈钢层厚度不小于2mm的要求。

（5）法兰密封配合面。切除厚度2mm，满足堆焊加工后不锈钢层厚度不小于

1.5mm 的要求。

3. 密封面堆焊处理

（1）导叶套筒密封面堆焊处理。对精车部分进行堆焊，采用手工氩弧焊对称焊接，选用 3.2mm 的 309L 焊丝，堆焊厚度 3mm，为防止外顶盖焊后变形，控制焊接电流和焊接速度，焊完进行厚度测量和 PT 探伤。堆焊后如图 1-6-3 所示。

（2）迷宫环密封面和座环密封面堆焊处理。对精车部分进行气保焊，为减少外顶盖焊后变形，焊接前将迷宫密封面 12 等分，采用分段对称焊接，焊完进行厚度测量和 PT 探伤。迷宫环密封面堆焊后如图 1-6-4 所示。

图 1-6-3　导叶套筒孔铺焊不锈钢

图 1-6-4　迷宫环区域铺焊不锈钢

4. 分瓣组合面处理

顶盖密封面堆焊完成后，需要将顶盖分瓣，检查组合面变形情况，对组合面密封槽气蚀部分用氩弧焊进行补焊。顶盖分瓣上镗床，调好水平度，测量组合面平面度，如平面度不满足 0.1mm 要求，需要对组合面进行镗铣。

5. 堆焊层加工

（1）二次组圆。将顶盖二次组圆，上立车，调好水平、中心。

（2）导叶孔加工。导叶孔进行粗镗、二次粗镗，预留约 0.5mm 精加工余量，以 7 号和对称的 18 号导叶孔为基准，确定导叶孔节圆和直径，对导叶孔进行精镗。实测孔径和孔距与出厂时数值比较，偏差满足设计要求。

图 1-6-5　顶盖立车加工

（3）迷宫环密封面加工。迷宫环配合密封面两道密封分别按照设计尺寸工艺加工，粗车、二次粗车、精车到标准。实测直径满足设计要求。顶盖立车加工如图 1-6-5 所示。

（4）座环密封面加工。对座环密

封面进行粗车、二次粗车，精车尺寸按照抗磨板间隙、导叶端面间隙、座环法兰面高度等确定，保证加工后导叶端面间隙满足设计要求。

6. 顶盖防腐

对顶盖非精度配合部位，进行防腐处理。防腐采用封底漆二道、三道专用底漆，三道中间漆，三道面漆，其施工程序为表面处理—除锈—封底漆—底漆—面漆检验—整体验收—合格—养护—交货使用。

二、原因分析

（1）外顶盖采用钢板焊接结构，材质 S235，其材料韧性和防空蚀性能不佳，这是导致空蚀的主要原因。

（2）导叶套筒与顶盖之间原有一道 O 形圈密封，密封老化后套筒漏水，导致密封面空蚀加重，这是导致空蚀的次要原因。

（3）抽水蓄能机组启停、负荷调整频繁，机组长时间运行在工况转换和非最优工况下，导致迷宫环装配区密封沟槽、顶盖与座环密封配合面出现空蚀现象，这是导致空蚀的间接原因。

三、防治对策

（1）从源头抓起，在外顶盖设计时，应优化设计方案，采用最新科学技术提高生产质量，选用抗空蚀能力较强的材料达到标本兼治。而不锈钢材质性能更为优越，除含碳量不同外其他微量元素的添加提高了材质抗锈蚀、抗空蚀能力。

（2）加大设备维护响应力度，结合机组定检、大修等契机及时对漏水部件密封进行更换，保障设备在最优状态运行。

（3）加强设备巡视检查，定期对容易空蚀部件进行检查处理，加大空蚀初期检查处理力度，防患于未然。

（4）选择机组最优运行方式，合理调节工况，避免过于频繁切换工况。

四、案例点评

本案例是典型的水泵水轮机通流部件空蚀破坏，通流部件材质抗空蚀差、密封老化未及时更换、工况转换频繁等因素叠加导致密封面空蚀严重，引起顶盖漏水，影响机组安全生产。为减少空蚀破坏，在水泵水轮机设计时易空蚀部件宜采用抗空蚀材料制造或采用必要的防护措施，发现密封老化漏水时应结合机组检修及时更换密封，合理调整机组运行方式避免工况频繁转换等方法能有效减少空蚀破坏。本案例提供了多种减少空蚀的措施和空蚀处理的方法，为类似现象提供了宝贵的经验，为今后顶盖修复工作提供技术支持，对其他单位同类问题处理具有一定的指导意义。

案例 1-7　某抽水蓄能电站机组顶盖抗磨板螺栓大面积断裂*

一、事件经过及处理

2018 年 4 月 16 日，某抽水蓄能电站机组外顶盖返厂维修期间，厂家人员和监造人员在对活动导叶抗磨板检查过程中发现抗磨板磨损较为严重，4、5 号导叶抗磨板处 4 颗固定螺栓脱落，用锤击法检查抗磨板时发现部分区域存在空鼓现象，如图 1-7-1 所示。因抗磨板固定螺栓点焊于抗磨板上，螺栓断裂不易发现。经过分析初步怀疑抗磨板的固定螺栓普遍存在断裂、脱落问题，在对 12 块上抗磨板沉头螺栓进行抽查时发现大量螺栓断裂。

同时，电站运维人员对活动导叶下抗磨板螺栓进行检查，发现相似问题，最终决定对断裂螺栓进行更换。主要处理过程如下。

1. 顶盖组圆翻身检查

对外顶盖进行组圆，整体翻身放置在指定位置，便于抗磨板检查、沉头螺栓更换等工序的开展。外顶盖翻身及抗磨板跳动检查如图 1-7-2 所示。

图 1-7-1　4、5 号导叶抗磨板螺栓断裂情况及空鼓区域现场图

图 1-7-2　外顶盖翻身及抗磨板跳动检查

利用百分表进行抗磨板跳动值测量，检查抗磨板有无异常变形，如有异常变形需进行拆卸检查，无变形则对抗磨板进行补焊处理。补焊区域如有螺栓需先将螺栓取出，补焊后进行钻孔，安装螺栓恢复原状。

2. 抗磨板与顶盖、座环连接处间隙测量

使用塞尺对抗磨板与顶盖配合面间隙进行测量，初步查找异常抗磨板。经对 22 个

* 案例采集及起草人：郭洪振（山东泰山抽水蓄能电站有限公司）。

导叶套筒安装面、外顶盖与抗磨板间隙测量检查发现，仅4号导叶套筒处存在多处深度约20～40mm（因有抗磨板沉头螺栓阻挡，测量数据不准确），约0.03mm的间隙。对4、5号导叶处抗磨板进行拆解，对其固定螺栓进行全部更换。

3. 敲击法确定空鼓区域

用手锤敲击抗磨板，对明显变声处进行标记，初步确定螺栓断裂区域，如图1-7-3所示。

4. 空鼓区螺栓拆卸

对沉头螺栓点焊处进行打磨，焊接螺母后用扳手进行拆解，对于部分螺栓使用断丝取出器进行拆解，使用铳子在螺栓中心冲个小孔，使用电钻进行钻孔，将断丝取出器插入孔中，使用扳手旋动取出器末端将断丝取出。若仍无法取出，用磁力钻在螺栓上钻孔取出。从断裂痕迹来看，大多为原已断裂或接近断裂，空鼓区域螺栓基本断裂。从拆解情况来看，空鼓区域存在锈蚀。随后施工人员对所有空鼓区域螺栓进行全覆盖式的拆卸更换。螺栓断面断裂情况如图1-7-4所示。

图1-7-3　敲击确定空鼓区域

图1-7-4　螺栓断面断裂情况

5. 非空鼓区螺栓拆卸更换

经分析，制定如下拆卸更换原则：导叶活动范围内的螺栓和抗磨板四角位置螺栓需拆卸检查，如发现断裂螺栓，以断裂螺栓为中心点向外辐射式拆卸，直到拆卸螺栓完好无损区域停止。上、下抗磨板拆解螺栓及断裂螺栓数量统计见表1-7-1和表1-7-2。

表1-7-1　上抗磨板拆解螺栓及断裂螺栓数量统计　（单位：颗）

导叶孔编号	拆解螺栓数量	断裂数量	导叶孔编号	拆解螺栓数量	断裂数量
1	30	7	14－15	32	2
2－3	38	6	16－17	35	5
4－5	60	24	18－19	31	2
6－7	33	3	20－21	20	1
8－9	38	22	22	20	2
10－11	29	2	总计	398	58
12－13	32	2			

表 1-7-2　下抗磨板拆解螺栓及断裂螺栓数量统计　（单位：颗）

导叶孔编号	拆解螺栓数量	断裂数量	导叶孔编号	拆解螺栓数量	断裂数量
1-2	4	0	13-14	2	0
3-4	1	0	15-16	3	0
5-6	5	1	17-18	1	0
7-8	2	0	19-20	1	0
9-10	44	22	21-22	7	2
11-12	9	3	总计	79	28

通过本次缺陷查找，有效消除了抗磨板翘边、下沉等缺陷，有效保证了设备安全稳定运行。

6. 抗磨板表面处理

更换完成后对沉头螺栓进行点焊，防止螺栓松动脱落，对点焊区域进行打磨，用刀口尺进行检查，保证抗磨板平整且无高点。

二、原因分析

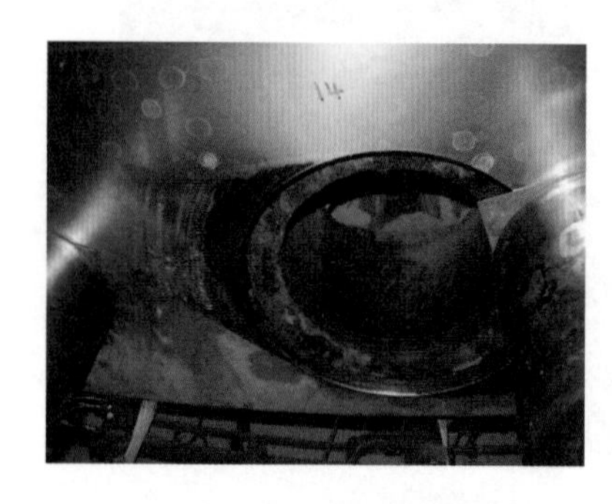

图 1-7-5　抗磨板刮擦

（1）疲劳破坏是导致抗磨板螺栓断裂的直接原因。每块抗磨板由 60 颗沉头螺栓把合，螺栓材质 1Cr17Ni2，拧断力矩 162～195N·m。抗磨板由于水力振动等原因螺栓长时间受力发生疲劳断裂。

（2）导叶端面刮擦抗磨板是导致抗磨板螺栓断裂的间接原因。由于导叶止推间隙、端面间隙不合适，在导叶活动过程中，造成导叶端面刮擦抗磨板，抗磨板受到导叶活动引起的径向位移，如图 1-7-5 所示。沉头螺栓大面积受径向剪切力，容易受力过大发生断裂。

三、防治对策

（1）结合机组大修，对抗磨板螺栓进行全面检查更换，同时考虑在抗磨板与顶盖间开槽铺焊，既能减轻抗磨板螺栓受力又能防止螺栓断裂引起的抗磨板下沉。

（2）结合机组小修，对抗磨板螺栓进行仔细检查，更换断裂、脱落的螺栓。检查抗磨板有无下沉和翘边现象，用锤击检查抗磨板是否存在变形及空鼓现象。

（3）结合机组检修，调整导叶端面间隙和止推间隙满足设计要求，防止导叶端面刮擦抗磨板加重抗磨板螺栓受力。

四、案例点评

抗磨板沉头螺栓断裂是蓄能机组多发问题，疲劳破坏、导叶间隙不合适、螺栓材质型号不合格等都会引起螺栓断裂，抗磨板螺栓大面积断裂会造成抗磨板下沉甚至脱落，对转轮等通流部件造成重大破坏。本案例通过敲空鼓、测间隙等方法确定问题螺栓并及时进行修复，控制问题在初发阶段，为其他同类问题的处理提供借鉴，具有较高的指导意义。同时，为增加抗磨板安全可靠性，可从以下三点考虑：

（1）完善抗磨板连接方式，如抗磨板和顶盖采用开槽铺焊方式，提高可靠系数，从源头避免抗磨板下沉隐患。

（2）保证导叶端面、止推间隙满足设计要求，防止导叶刮擦抗磨板。

（3）定期测量抗磨板间隙，发现异常及时处理。

案例 1-8　某抽水蓄能电站机组主轴堵板螺栓脱落*

一、事件经过及处理

2018 年 8 月 4 日，某抽水蓄能电站 2 号机组在抽水调相转抽水过程中转子一点接地保护动作，机组电气跳机。经现场检查发现，风洞内有流水声，进到上风洞后发现发电机上端轴励磁母排穿线孔处漏水，经分析认为漏水是尾水管内水从泄水锥板经水轮机轴返至发电机主轴，从励磁母排穿线孔处漏出。尾水排水后对堵板进行检查，发现其 8 颗固定螺栓中脱落 3 颗；固定堵板的螺栓孔螺纹有锈蚀，拆开堵板后发现密封条损坏严重。

上风洞内漏水情况和主轴堵板螺栓脱落情况如图 1-8-1 和图 1-8-2 所示。

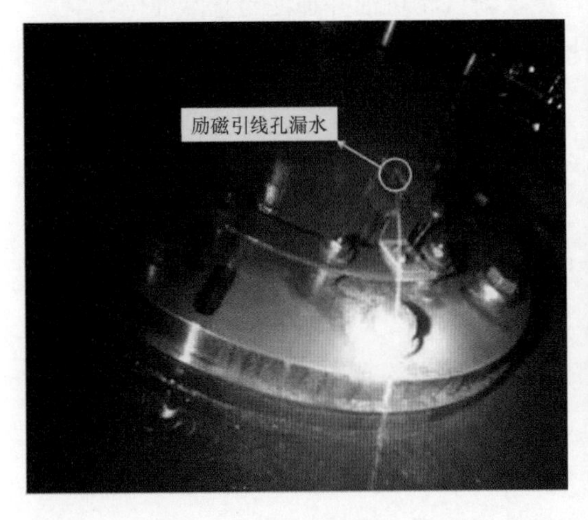

图 1-8-1　上风洞内漏水情况

图 1-8-2　主轴堵板螺栓脱落情况

* 案例采集及起草人：李永红、卢彬（河北张河湾蓄能发电有限责任公司）。

（一）发电电动机方面处理

（1）确认转子励磁引线绝缘低的故障点，将转子励磁引线的软连接打开，分段确定绝缘低的具体部位，最后确认两个软连接之间的铜排部分受潮导致绝缘降低。

（2）将该段铜排的螺栓及绝缘套拆下采用热风枪吹扫并结合无水乙醇清洗。经处理后，该部位的绝缘恢复至4GΩ。

（3）在水轮机转轮中孔处安装热源风机，向主轴内通热风以烘干主轴中孔。

（4）采用发电机静态励磁干燥方案，在机组零转速时励磁加载小电流，对转子进行升温烘干。

（5）采用投入风洞加热器并空转机组通风的方式（退出机组技术供水系统）对机组的定、转子进一步甩干及风干。

（6）机组进行零起升流试验，利用定子短路加温的方式对定、转子进一步烘干。

（7）机组进行零起升压试验，验证机组定子绝缘良好。

（二）水泵水轮机方面处理

（1）水轮机主轴堵板上的旧螺栓孔用丝锥清除内部杂质，清理干净。

（2）经过与GE公司咨询确认，新螺栓长度由50mm增至70mm。

（3）堵板密封使用原厂采购的DIA180×7mm的标准密封圈。

（4）将旧螺栓全部更换成材质为A2-70的不锈钢螺栓。

（5）新螺栓回装时涂锁固胶，每个螺栓用力矩扳手预紧，预紧力矩满足72N·m×(1±5%)的设计要求；螺栓预紧后与水轮机主轴中孔堵板进行点焊，防止螺栓松动。

（6）对水轮机的水导轴承油盆进行清理，更换新汽轮机油并加注至正常油位。

（7）对水泵水轮机的其余部件进行清扫检查，各部件工作正常。

二、原因分析

1. 直接原因

从拆下来的水轮机主轴堵板的旧螺栓进行尺寸测量，发现螺栓螺纹处的直径为15.53mm，依照GB 5782—2016《六角头螺栓》，M16螺栓螺纹处的直径最小为15.65mm，最大为16.35mm；而且通过检查主轴上螺纹的情况发现大约有10～15mm深的螺纹存在明显损伤缺失。

所以导致堵板螺栓脱落的直接原因是由于螺栓螺纹处较细，无法保证与主轴螺纹完全可靠咬合，在长期交变应力的作用下损坏主轴螺纹，进而螺栓脱落。

2. 间接原因

（1）通过测量未脱落的5颗螺栓长度为50mm，小于原设计螺栓标准长度（标准长度为60mm），这就要求螺栓的螺纹承载的应力变大，再加上螺纹直径偏小，所以易导致螺纹损坏脱落。反映出在之前的检修工作中对设备安装的技术要求及标准掌握不够，未能按照图纸要求安装符合设计长度的螺栓。

（2）对紧固螺栓进行材料检测。经质监局检验，发现该螺栓的材质中锰（Mn）含量严重超标（光谱分析），而镍（Ni）和铬（Cr）含量接近残余量，严重不达标，属于高锰钢，不是304不锈钢，导致螺栓的焊接性能变坏、耐腐蚀性能降低，有明显的回火脆性现象，无法保证螺栓的点焊防转质量。

（3）该批螺栓至少是五年前采购的，由于当时对螺栓的验收工作不够仔细，只要供货商提供螺栓的检测报告则就通过验收并入库，而且由于现场条件不满足，无法对螺栓的化学成分进行分析，所以可能会有不合格的螺栓进入电站。

三、防治对策

（1）对其他机组水轮机主轴中孔堵板进行了详细的拆卸检查。

（2）优化材质及安装工艺。

1）3台机组的水机轴堵板螺栓全部更换成材质A2-70的不锈钢螺栓。

2）3台机组的水机轴堵板螺栓回装时，均涂抹锁固胶，螺栓力矩均按照主机厂家要求的72N·m×(1±5%）进行预紧，螺栓预紧后全部用不锈钢锁片锁紧，防止螺栓松动。

3）将螺栓、螺栓孔进行统一编号，以便后期检查、记录运行情况。

（3）在机组大修期间对水轮机和发电机连轴法兰处进行加工处理，增加一块堵板，进行焊接处理，焊接后进行探伤检查，可以作为防止主轴堵板漏水的第二道屏障，可以确保类似事件不再发生。

四、案例点评

本案例虽然不常见，但暴露的螺栓问题存在共性，也可为给水机主轴和发电机主轴设计为中空形式的机组提供借鉴意见。同时，应结合机组检修及定检对各密封件、连接螺栓进行检查，必要时开展螺栓的金属探伤。加强螺栓采购环节的管理：首先要加强验收人员对紧固件相关国标的学习，了解其重要的尺寸参数及化学组成，确保在验收环节更有针对性地进行验收；其次所有紧固件均应通过正规渠道采购正规厂家的产品，除提供厂家的检测报告外还要进行抽检，抽检应由省级以上检测机构进行检测。概括来讲，从设计角度上，水机主轴和发电机主轴设计成中空形式，可以在某个连接处设置堵板，作为防止主轴堵板漏水的第二道保护。另外，在日常维护检修过程中应加强对堵板的检查和维护，确认螺栓力矩值满足设计要求，防止堵板脱落。

案例1-9　某抽水蓄能电站机组非同步导叶接力器内漏*

一、事件经过及处理

2014年12月16日，某抽水蓄能电站机组发电停机过程中，运维人员巡检发现机组两台非同步导叶油泵在持续加载运行，但非同步导叶液压系统压力一直在6～7MPa波动，与正常压力16MPa相差较大，运维人员经过分析判断，认为非同步导叶在此压力下存在不正确动作或动作不可控的可能，值守人员随即与网调沟通后执行机组正常停机并开始开展缺陷处理。

非同步导叶在机组在开机过程中起到稳定机组频率，提高机组同期并网成功率的作用，非同步导叶动作原理如图1-9-1所示。

5、6、15、16号为非同步导叶，其中5、15号开启长度为105mm，6、16号开启长度为45mm，在机组开机时随其他导叶一起动作，当机组转速上升至50%时开启，等待机组并网且带负荷130MW时关闭，然后随其他导叶同步动作。非同步导叶的操作动力来自两台油泵及两个专用16MPa油气罐，4个非同步导叶同时开启或关闭。

运维人员首先对非同步导叶接力器进行开启关闭动作试验，试验过程中对4个非同步导叶接力器进出油管温度进行检查比较，发现5号导叶进出油管温度基本相同且明显比其他3个非同步导叶接力器油管温度高，同时比较4个导叶接力器活塞杆伸出长度，发现5号导叶接力器活塞杆比15号导叶长30mm左右，据此判定5号导叶接力器液压缸存在内漏，活塞杆可能已经脱落。

随后更换新的5号非同步导叶接力器，调整5号非同步导叶与相邻导叶的位置，保证立面间隙为0，并对新安装的接力器进行打压试验、动作试验，试验结果正常。

二、原因分析

运维人员立即对5号非同步导叶接力器进行拆解，发现接力器活塞杆与活塞本体脱开。液压缸活塞杆与活塞脱落如图1-9-2所示，活塞断面如图1-9-3所示，活塞杆断面如图1-9-4所示。

综上分析，原因如下：

机组开机运行非同步导叶在50%N_r时打开，在非同步导叶打开的时候，所需的力

---

* 案例采集及起草人：谢文祥（辽宁蒲石河抽水蓄能有限公司）。

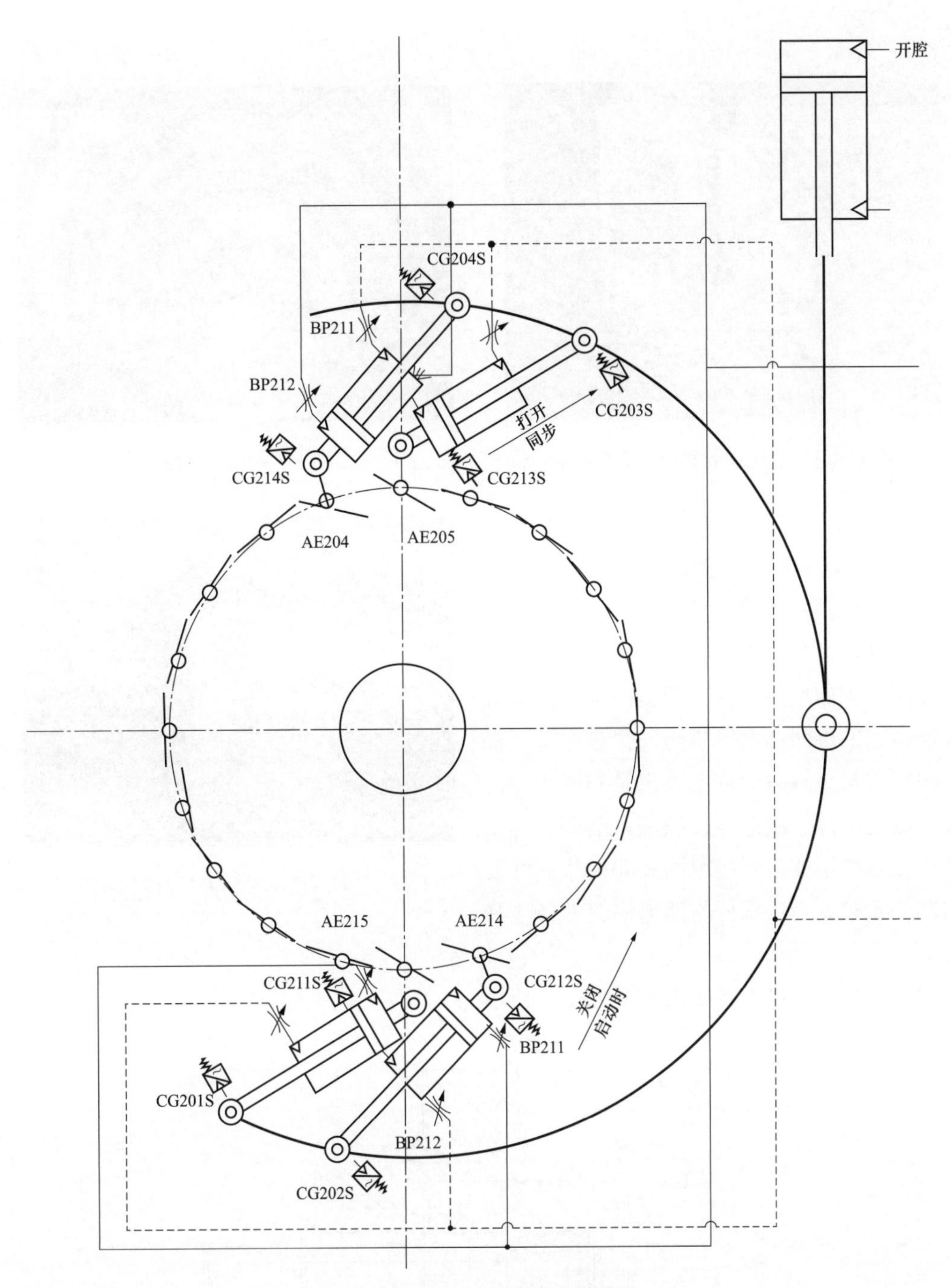

图 1-9-1　非同步导叶动作原理

全部由活塞杆与活塞本体的摩擦力和焊缝处的张力提供，当焊缝处受到的力超过焊缝的承受极限时，接力器活塞杆与活塞本体脱落，活塞本体继续向开方向运动，当开启腔与关闭腔连通时，非同步导叶系统压力下降。当机组带负荷至 130MW 时非同步导叶关闭，因为活塞杆与液压缸体之间有间隙，脱落的活塞杆已经倾斜，无法再与活塞块正确配合，此时活塞块仍推着活塞杆运动，使活塞杆的伸长值变大，使 5 号非同步导叶行程变大。

图 1-9-2　液压缸活塞杆与活塞脱落

图 1-9-3　活塞断面

非同步导叶接力器活塞杆材质为35CrMo 钢，35CrMo 钢的碳当量值 $C_{eq}=0.72\%$，焊接性不良，焊接时硬倾向较大，热影响区热裂和冷裂倾向也较大，如果未采取较高的焊前预热温度、严格的工艺措施和控制适当的层间温度等措施，很难保证产品的焊接质量。缺陷的直接原因是非同步导叶接力器的设计、制造存在缺陷，活塞杆与活塞焊接强度不够。间接原因是非同步导叶开启和关闭频繁，活塞杆与活塞焊缝处产生疲劳应力。

图 1-9-4　活塞杆断面

非同步导叶接力器结构如图 1-9-5 所示。

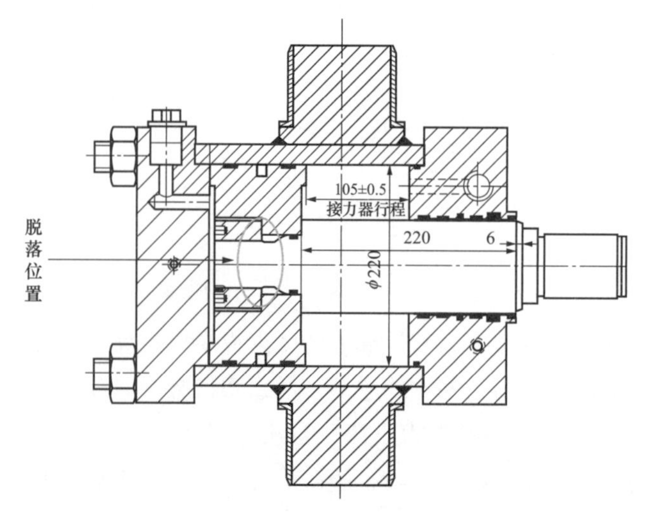

图 1-9-5　非同步导叶接力器结构（单位：mm）

三、防治对策

(1) 联系厂家，将设备质量问题进行反馈，考虑更换为一体式非导叶接力器（液压缸与活塞为整体铸造），增加活塞的刚度。

(2) 在产品设计时应根据设备运行环境选择优质材质，在生产制造中应严格按照设备材质焊接工艺进行施工，确保设备选材、制造环节万无一失。

(3) 机组运行过程中加强非同步导叶系统巡视，注意在非同步导叶系统压力异常降低时对接力器进行检查，及时发现内漏故障，提前做好更换处理的准备。

(4) 对于承压部件的焊缝在出厂时应出具受力试验等相关报告，并标明材料种类、焊缝屈服极限。

四、案例点评

由本案例可见，对设备内部结构认识程度不够、对薄弱环节没有充分考虑是导致此次缺陷的一个重要原因，但能够通过缺陷分析出接力器活塞杆焊接存在薄弱环节，对今后运维工作提供了借鉴意义。此外，在检修期间应加强相关设备的技术监督工作，对非同步导叶接力器进行分解检查，对重要焊缝开展探伤分析，以此对设备运行状态做出正确、全面的评估。

案例 1-10 某抽水蓄能电站机组非同步导叶接力器端盖螺栓断裂*

一、事件经过及处理

2017 年 9 月 13 日，某抽水蓄能电站 3 号机发电工况开机，转速大于 70%N_e时，上位机监盘发现 5 号非同步导叶未正常投入，转速大于 95%N_e时，上位机发“3 号机非同步导叶投入超时跳闸—报警”“3 号机非同步导叶投入超时跳闸—复归”，现场检查确认 3 号机 5 号非同步导叶油缸开启腔端盖螺栓断裂 2 个（开启腔共 4 个端盖螺栓，如图 1-10-1 所示），开启腔端盖密封不严导致油缸漏油失压无法正常动作，需要停机进行处理。

具体处理过程如下：

* 案例采集及起草人：王伟、王君（湖南黑麋峰抽水蓄能有限公司）。

图 1-10-1　螺栓断裂现场

（1）将 3 号机非同步导叶油系统消压后，拆卸 3 号机非同步导叶油缸进出油管接头。

（2）拆卸 3 号机非同步导叶油缸活塞杆定位销，转动 3 号机非同步导叶油缸，取出 3 号机 5 号非同步导叶油缸开启腔端盖螺栓（4 个螺栓全部取出）。

（3）将 3 号机非同步导叶油缸开启腔拆除，更换 3 号机 5 号非同步导叶油缸开启腔端盖密封。

（4）将 3 号机非同步导叶油缸开启腔回装。

（5）将 3 号机 5 号非同步导叶油缸开启腔端盖螺栓更换为合格备品，预紧力矩为 1830N·m（设计值）。

（6）将 3 号机非同步导叶油缸活塞杆定位销回装，恢复 3 号机非同步导叶油缸进出油管接头。

（7）恢复措施后开关 3 号机 5 号非同步导叶检查无异常，3 号机恢复备用。

二、原因分析

非同步导叶接力器端盖螺栓受力情况分析：发电工况开机过程中，3 号机非同步导叶投入，控制环及连板相对不动，接力器有杆腔给油，无杆腔排油，接力器活塞杆收回缸体内，导叶形成非同步角。机组并网带负荷后，导叶开度大于 28%时，接力器无杆腔给油，有杆腔排油，接力器活塞杆全部伸出，非同步导叶退出，此时接力器及活塞杆形成硬连接（相当于一个连板），使导叶保持在同步状态。导叶在水力作用下（如图 1-10-2 所示），导叶开度有形成非同步角的趋势，即活塞杆有来回动作的趋势，有杆腔缸盖螺栓频繁加载、卸载，造成螺栓疲劳。

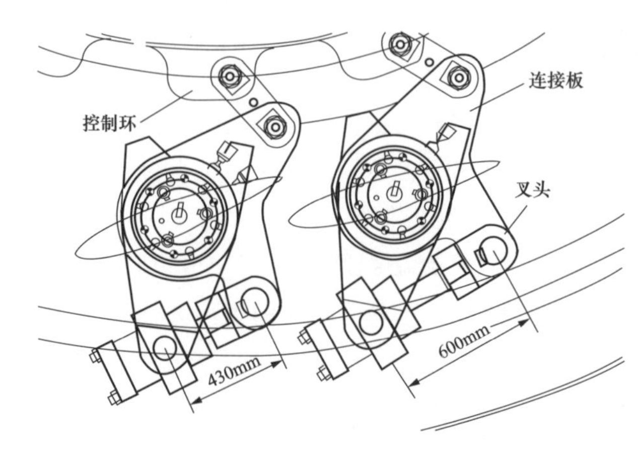

图 1-10-2　非同步导叶接力器布置

非同步导叶接力器端盖螺栓理化性能试验：非同步导叶接力器端盖螺栓规格为M30×2×200，材质锻钢34CrNiMo，性能等级10.9级，对该端盖螺栓拆卸取样化验，其中未断裂螺栓两个，编号为1、2号样，已断裂螺栓三个，编号为3、4、5号样。

（1）宏观检查。对断口宏观外貌进行观察，螺栓断口形貌断口较平整、粗糙，可见闪亮小刻面，为典型的脆性断裂。在断裂螺栓边缘处发现有裂纹源，裂纹源附近平滑，断口具有疲劳特征。从断口的宏观外貌判断，裂纹从边缘处萌生并向内扩展，当裂纹扩展至一定尺寸后，单位面积承载的强度超过材料的抗拉极限，最后在终断区部位瞬间断裂。螺栓断口如图1-10-3所示。

图1-10-3　螺栓断口

（2）金相分析。对试样进行金相试验，金相组织为回火索氏体，组织正常。

（3）光谱分析。对试样进行光谱分析，材料成分中C和Mn元素含量不符合EZB 1184—2002《合金结构锻件技术条件》的成分要求（见表1-10-1）。

表1-10-1　螺栓光谱分析　（单位：%）

元素	标准要求	1号样	2号样	3号样	4号样	5号样
C	0.30～0.38	0.67	0.54	0.52	0.39	0.46
Si	0.17～0.37	0.20	0.27	0.36	0.29	0.28
Mn	0.50～0.70	0.73	0.77	0.73	0.72	0.72
P	＜0.035	0.013	0.016	0.030	0.019	0.015
S	＜0.035	0.082	0.0048	0.0098	0.010	0.012
Mo	0.15～0.30	0.18	0.27	0.24	0.21	0.20
Cr	1.40～1.70	1.55	1.60	1.57	1.50	1.49
Ni	1.40～1.70	1.47	1.44	1.40	1.42	1.42

（4）硬度检查。根据GB/T 3098.1—2010《紧固件机械性能　螺栓、螺钉和螺柱》的规定，性能等级为10.9级，硬度范围为316≤HB≤375（见表1-10-2）。对1～5号试样端部进行硬度检查，均符合要求。

表1-10-2　螺栓硬度检查　（单位：HB）

序号	样品编号	硬度值						检查部位
		数值1	数值2	数值3	数值4	数值5	平均值	
1	1号	323	326	326	323	326	325	端面
2	2号	341	341	343	341	343	342	端面

续表

序号	样品编号	硬度值						检查部位
		数值1	数值2	数值3	数值4	数值5	平均值	
3	3号	323	321	323	321	321	322	端面
4	4号	339	337	337	337	339	338	端面
5	5号	341	343	343	341	343	342	端面

注　根据GB/T 3098.1—2010《紧固件机械性能　螺栓、螺钉和螺柱》，性能等级为10.9级，硬度范围为316≤HB≤375。

（5）拉伸试验。对试样进行拉伸试验，所得平均抗拉强度、平均屈服强度、断后生产率符合GB/T 3098.1—2010《紧固件机械性能　螺栓、螺钉和螺柱》的规定（见表1-10-3）。

表1-10-3　　螺栓拉伸试验

编号	截面尺寸 ϕ (mm)	抗拉强度 R_m (MPa)	屈服强度 $R_{el}/R_{p0.2}$ (MPa)	断后伸长率 A (%)	标准要求
1-1	8.02	1086	890	12	$R_m \geqslant 1000$MPa $R_{el}/R_{p0.2} \geqslant 800$MPa $A \geqslant 9\%$
1-2	8.00	1070	894	11	
1-3	7.96	1053	897	10	
2-1	7.98	1133	941	10	
2-2	7.94	1088	921	12	
2-3	7.98	1111	934	11	
3-1	8.00	1041	903	11	
3-2	8.02	1084	910	12	
3-3	7.96	1151	947	12	
4-1	8.00	1044	938	11	
4-2	8.02	1108	935	12	
4-3	8.00	1142	922	12	

根据以上结果分析，螺栓断裂的原因为螺栓在长期运行过程中产生疲劳源，交变的水力因素导致疲劳源迅速扩展而断裂，螺栓材质不符合标准是断裂的主要原因。

管理原因为：

（1）机组在高强度、高频次的运行态势下，未加强机组隐蔽部位的巡检维护。

（2）非同步导叶接力器油缸端盖螺栓尺寸为M30，未定期开展无损检测和更换。

三、防治对策

（1）根据机组运行强度，加强特巡及隐蔽部位巡视力度，提前发现设备缺陷，将缺陷消除于萌芽状态。

(2) 非同步导叶接力器油缸端盖螺栓尺寸为M30，未定期开展无损检测。应列入技术监督项目，结合机组检修对螺栓进行无损检测，并结合螺栓使用时长及检测结果定期进行更换。

(3) 对螺栓材质、结构及接力器油缸结构进行选型优化，降低甚至消除非同步导叶开启时产生的冲击力对螺栓的影响。

(4) 根据DL/T 1318—2014《水电厂金属技术监督规程》8.3.3“螺栓存在超标缺陷或断裂时应进行试验分析，当缺陷是由原材料质量或制造工艺引发时，应对同批次螺栓抽样10%且不少于1根进行全面检测，发现不合格应对该批次螺栓全部更换”，应将同批次非同步导叶油缸开启腔端盖螺栓全部更换。

四、案例点评

由本案例可见，对螺栓等设备零部件的验收应严格按质量证明书进行质量验收。质量证明书中一般应包括材料牌号、炉批号、化学成分、热加工工艺、力学性能及必要的金相、无损探伤结果等。数据不全的应进行补检，补检的方法、范围、数量应符合相关国家标准或行业标准的规定。受监督部件的备品配件若为合金材料，在使用前应进行光谱分析，证明与设计要求相符才能使用。另外，重要部件除进行光谱分析外，还应进行金相及硬度抽查，符合要求才能使用。

同时，电站设备主人应根据设备状态，制定完善的定期工作计划，重点部位的检查、维护应纳入其中，并严格按照相应质量标准执行。有条件的可考虑联系厂家及设计单位，优化螺栓材质、结构及接力器油缸结构，提高设备安全运行稳定性。

对于M32以下8.8级及以上高强度的螺栓，受现场检验检测条件限制，一般拆装两次后统一进行更换。

案例1-11 某抽水蓄能电站机组导叶接力器缸体和活塞划伤*

一、事件经过及处理

2015年3月16日，某抽水蓄能电站在C修期间进行导叶接力器开关腔窜油缺陷处理，1号导叶接力器销钉、连板、导向座及前钢盖拆除后，发现缸体内壁底部有较

* 案例采集及起草人：唐文利、付晓月（安徽响水涧抽水蓄能有限公司）。

深划痕及金属屑，运维人员立即决定将该叶接力器整体拆除吊运至发电机层解体检查。

工作人员将1号导叶接力器前端盖固定，拆除基础座螺栓。在水车室1号导叶接力器顶部临时加焊吊点，缓慢将接力器倒运至水车室门口平台处。

水车室内平台至水车室门口之间铺设10mm厚的钢板并涂抹润滑油，水车室门口至吊物孔之间铺设6mm厚的钢板。利用水车室门口及楼梯处吊点将接力器倒至水车室门口，再利用水车室处承重柱倒运至吊物孔处，使用桥机吊至机组发电机层检修区域。

将接力器端盖及活塞杆整体拆除，活塞拔出缸体，解体后发现缸体内壁$-Y$和$+X$方向有两条长约450mm、宽约45mm、最深处达到2～3mm的划痕，活塞也有严重拉伤情况，导向带与活塞组合密封也有拉伤现象，如图1-11-1和图1-11-2所示。

图1-11-1　活塞划伤

图1-11-2　缸体划伤

将接力器缸体横卧，两条拉伤严重处先用磨光机表面打磨，以增加补焊焊接强度。对补焊区域及相邻约200mm范围内的母材预热至80～100℃，用422焊条（缸体材料为16Mn）在严重拉伤处补焊。用风铣头HFD1614（粗磨清根）、球形磨头（精磨）、纤维盘（抛光）、纤维轮（抛光）进行铲磨，采用平行砂轮对补焊处打磨，对补焊后的焊接飞溅、焊缝的高点、附属焊渣等异物进行清理。根据缺陷位置，选用不同直径的砂轮片进行清理打磨。用内径千分尺测量内径，内径公差为650mm H9，最后进行手工细磨，要求打磨光滑无高点。同时，对活塞刮痕高点进行打磨处理。

将原活塞组合密封、3根导向带、前缸盖O形密封圈取下，用清洗剂、干布将活塞及缸体进行全面清理，尤其活塞密封槽、导向带凹槽、前后缸盖进出油管口、处理后划痕等处。未安装活塞密封及导向带时，需先预装活塞，预装正常，且新活塞O形圈清洗干净后，先套入活塞密封槽，将活塞外部复合材质密封圈放入开水中加热30min使其膨胀软化，用螺丝刀沿活塞底部圆周缓慢将外部密封圈套入活塞密封槽，静置30min使外部密封圈冷却收缩，将O形密封圈套入前缸盖密封凹槽并牢靠固定。用润滑脂将新导向带黏入凹槽并固定牢靠，用同样方法将3个导向带接口处相差120°对称装入凹槽。在活塞、密封、导向带及活塞缸体内壁均匀涂抹润滑脂。导链葫芦将活塞、活塞杆及缸盖等部件缓慢吊入缸体，用螺丝刀将外部密封圈沿缸体周围抵入缸体，再继续缓慢下落活塞杆直至前端盖密封均匀压紧，并将所有螺栓把合固定。

活塞杆动作及耐压试验如下：

（1）动作试验。用葫芦缓慢将活塞杆从底部拉至端部，活塞动作灵活，无干涉，将活塞推至接力器底部卧倒并稳固。

（2）接力器耐压试验。将开关腔进出油口及排油口端盖密封，关腔压力表口接压油泵，开腔压力表口接回油管。缓慢加压至6.3MPa（额定压力）检查前缸盖密封良好，缓慢加压至9.45MPa再次检查前缸盖密封性及活塞环密封性，静置30min，前缸盖密封无渗漏，活塞窜油量约18mL/min。将开腔压力表口接压油泵，关腔压力表口接回油管，再次缓慢加压至试验压力6.3、9.45MPa，检查活塞环密封性。同时，测量接力器全行程为480mm，符合要求。接力器超声波探伤检查均正常。

二、原因分析

1. 直接原因

造成导叶接力器缸体和活塞拉伤的直接原因有：

（1）接力器安装水平度超标。

（2）接力器活塞杆与控制环高程偏差超标。

（3）接力器缸体内部有异物，致使缸体和活塞损伤。

2. 问题分析处理过程

（1）现场运维人员拆除接力器推拉杆，复测1号导叶接力器水平度，结果符合标准要求，排除接力器安装水平度超标引起接力器缸体及活塞拉伤。

（2）现场运维人员利用水准仪复测接力器活塞杆与控制环高程，两者高程偏差均小于0.5mm，符合标准要求，故排除接力器活塞杆与控制环高程偏差超标导致接力器缸体及活塞拉伤。

（3）现场对1号导叶接力器进行解体检查，发现缸体底部有颗粒状的焊渣，直径约3～4mm，接力器缸体内壁与活塞长期在金属屑中运动摩擦，缸体及活塞形成划痕，同时积累较多金属屑，进而造成较严重划痕。

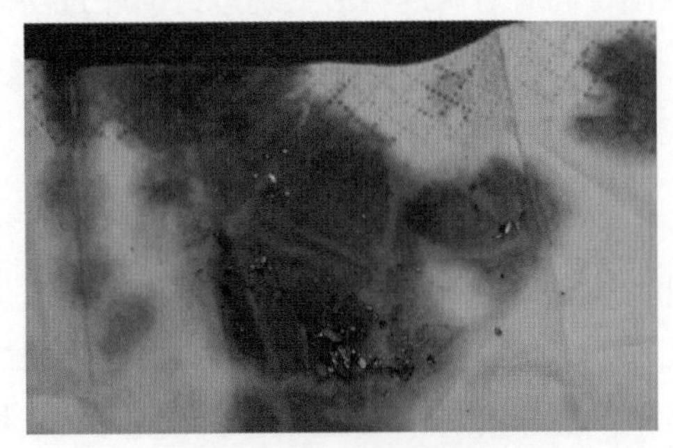

图1-11-3 焊渣及铁屑

综上所述，确定为1号导叶接力器中的有颗粒状焊渣（如图1-11-3所示）是造成缸体及活塞拉伤主要原因。

焊渣光谱分析报告见表 1-11-1。

表 1-11-1　　光 谱 分 析 报 告　　（单位：%）

<table>
<tr><td>委托单位</td><td colspan="4"></td><td>受检部位</td><td colspan="3">铁珠</td></tr>
<tr><td>检验部位</td><td colspan="4">外表面</td><td>规格</td><td colspan="3"></td></tr>
<tr><td>数量</td><td colspan="4"></td><td>仪器型号</td><td colspan="3">SRECTRO 直读光谱仪</td></tr>
<tr><td>执行标准</td><td colspan="8">DL/T 991—2006《电力设备金属光谱分析技术导则》</td></tr>
<tr><td rowspan="2">名称</td><td rowspan="2">编号</td><td colspan="6">定量或半定量（%）</td><td rowspan="2">结果评定</td></tr>
<tr><td>Cr</td><td>Mo</td><td>V</td><td>Ni</td><td>Mn</td><td>Ti</td></tr>
<tr><td colspan="2">铁珠</td><td>18.1</td><td></td><td></td><td>9.3</td><td></td><td>0.26</td><td></td></tr>
<tr><td>结论</td><td colspan="8">金属屑化验结果显示有稍许焊渣成分</td></tr>
</table>

3. 间接原因

造成导叶接力器缸体和活塞拉伤的间接原因：

（1）管路焊接时内部清理不干净，管路未进行冲洗，致使焊渣遗留。

（2）高压油管路焊接时未采用氩弧焊封底，电弧焊盖面工艺，导致管路内壁产生焊渣。

（3）调速器回油箱清理不干净，验收环节又未能严格把控质量，焊渣被高压油冲刷至接力器缸体中。

三、防治对策

（1）定期检查，调速器油系统严格按照计划周期进行化验，机组定检时对导叶接力器开关腔窜油情况进行检查，同时对机组调速器油泵启动频率进行密切跟踪。

（2）计划其他机组检修时对导叶接力器缸体内部用内窥镜进行检查，及早发现设备缺陷；同时对调速器油系统进行彻底过滤清除杂质。

四、案例点评

由本案例可见，导叶接力器缸体进入焊渣，设备运行期间无直接检查方法检测，由此反映出，质量管控环节十分重要，无论是安装期间还是设备运维阶段，做好验收把关工作，是将缺陷、故障从萌芽时期消除的最重要阶段，各单位应严格把控质量验收每个环节，责任落实到位。针对导叶接力器缸体等设备重要部位，各单位应合理制订计划，结合检修定期检查维护，确保设备安全稳定运行。

案例 1-12 某抽水蓄能电站机组导叶控制环抗磨板磨损脱落*

一、事件经过及处理

2015 年 7 月，某电站运维人员在日常巡检时，发现 3 号机组控制环底部的顶盖上存在黑色油污及黑色块状碎片，经检查确认为控制环抗磨板碎片，运维人员随即对 3 号机组控制环 16 块抗磨板（8 块立面、8 块底面）进行检查，发现底面抗磨板运行情况良好，但立面抗磨板已有 2 块抗磨板磨损并部分成块状脱落，控制环立面与抗磨板沉头螺钉已产生摩擦，如图 1-12-1 所示。

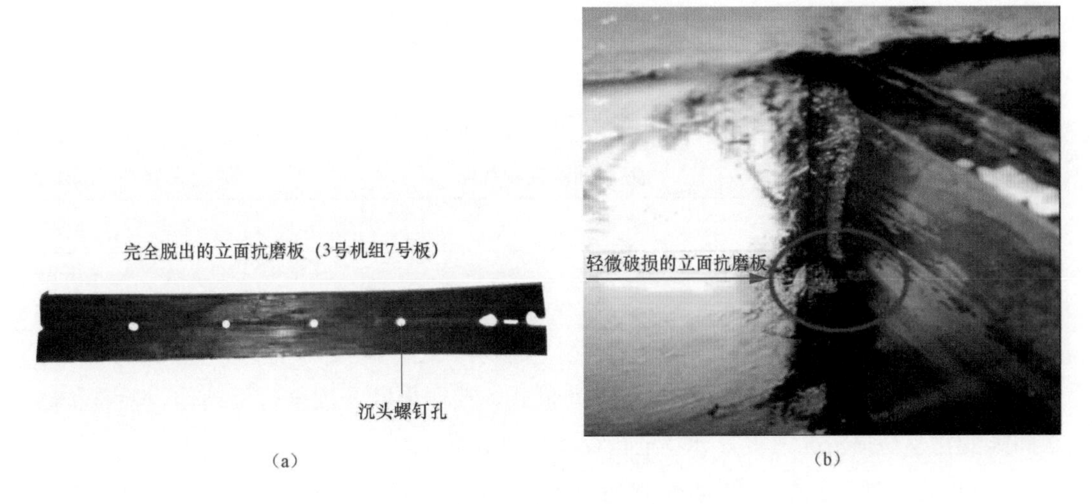

图 1-12-1 抗磨板现场脱落情况

（a）完全脱出的里面抗磨板；（b）轻微破损的立面抗磨板

结合机组 C 修，对导叶控制环抗磨板进行更换，具体步骤如下：

（1）测量调速器接力器工作行程及压紧行程。现地操作调速器系统，将导叶缓慢动作至全关位置，在接力器机械侧和液压侧推拉杆上分别架设百分表，停下调速器油站系统，将主回路放空阀打开泄压，测量接力器机械锁定侧和液压锁定侧的压紧行程。对比两侧压紧行程值，要求误差不大于 1mm；实测值，液压锁定侧为 3.34mm，机械锁定侧为 3.77mm，合格。

将调速器系统由备用转检修状态，在控制环与支撑环的 $+Y$、$+X$ 方向画线，做好

---

* 案例采集及起草人：田凡、李英才（湖北白莲河抽水蓄能有限公司）。

标记。

（2）开蜗壳进人门，捆绑导叶。拆除活动导叶连臂双联板，对 20 个活动导叶连臂双联板进行编号，并在对应的导叶拐臂和控制环上做好标记。

（3）在控制环顶环外侧均匀选取 3 点，分别架设 50t 液压千斤顶和千斤顶基座，将控制环顶起。

（4）控制环底面及立面抗磨板拆除。

（5）底面及立面新抗磨板安装。

（6）控制环回落，控制环与接力器连接销钉回装，导叶连臂双联板圆柱销及偏心销回装及调整。

（7）控制环轴向压板回装。

1）侧面间隙标准要求为 0.2mm±0.1mm，实测数据见表 1-12-1。

表 1-12-1　　侧面间隙实测数据　　（单位：mm）

序号	1	2	3	4	5	6	7	8
间隙	0.3	0.2	0.2	0.2	0.2	0.2	0.5	0.35

2）底面间隙标准要求为 1.0mm±0.2mm，实测数据见表 1-12-2。

表 1-12-2　　底面间隙实测数据　　（单位：mm）

序号	1	2	3	4	5	6	7	8
间隙	0.95	0.95	0.9	0.8	0.85	0.9	0.85	1.05

（8）试验与检验。

1）导叶开关试验。调速器置现地手动模式，控制导叶开度全行程动作，检查抗磨板间隙变化及磨损情况，检查导叶全行程动作无异常。

2）调速器静态试验。调速控制器 PID 调节特性测试，分环节测量比例、积分及微分等环节的输入输出特性；接力器关闭与开启特性，将开度限制机构置于全开位置，进行接力器全开、全关过程试验，进行接力器指令 0-90%-0 大阶跃试验、导叶给定阶跃试验；人工频率死区检查校验；水轮机调节系统静态特性，校验调速器系统工作的平稳性和非线性度、调速器转速死区的大小以及永态转差系数的准确性。

二、原因分析

电站机组导水机构由顶盖、底环、20 个活动导叶、控制环和传动机构等组成。调速系统通过接力器操纵控制环带动拐臂调节导叶开度，以此调节流量实现机组负荷调整。机组运行过程中，接力器随负荷动作，为保证控制环动作平稳，在水轮机顶盖上均匀设置 8 个固定限位支撑块与控制环配合，在控制环与每个支撑块的立面及端面分别安装抗磨板，如图 1-12-2 所示。

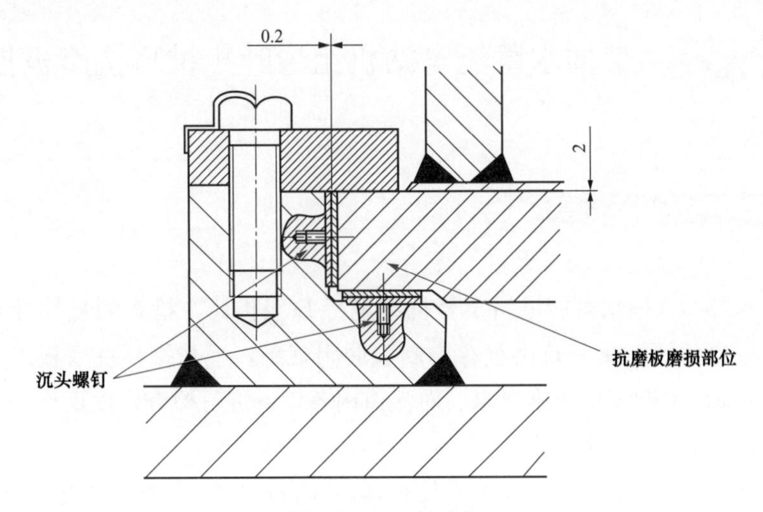

图 1-12-2　抗磨板

由于已装抗磨板采用尼龙橡胶耐磨材质，遇油易腐蚀软化，在机组运行过程中，抗磨板容易松动变形，导致沉头螺钉受力不均出现断裂，沉头螺钉断裂，断口撕裂抗磨板，沉头螺钉破断后，对抗磨板失去固定作用，抗磨板随控制环运动脱落。

三、防治对策

（1）更换新型抗磨板，对 4 台机组控制环抗磨板运行情况进行检查，并根据其他单位控制环抗磨板更换经验，将抗磨板更换为金属钢背复合自润滑材料，从根本上解决设备隐患。

（2）对其他部位采用类似材质的抗磨板进行排查，并列计划进行更换处理。

（3）加强设备专业检查力度，定期对抗磨板间隙进行测量，同时根据间隙变化情况评估抗磨板磨损量等级，根据磨损程度及时进行更换或维护。

四、案例点评

由本案例可见，随着机组运行年限增加，设备疲劳导致部件磨损引发的问题有增加趋势，对于水机设备易磨损部位的疲劳及劣化趋势分析十分必要。

在日常维护过程中应依据厂家设计阶段要求制定详细的作业指导文件，加强抗磨板类易损部件的检查测量及评估，做到设备状态心中有数，早发现早处理，避免故障扩大化。

对不合理的材质选型、结构设计进行优化改造，对于采用非金属抗磨材料的部位应充分比选，选取寿命更长、强度耐磨性能更可靠的材质。

案例 1-13　某抽水蓄能电站机组导叶止推环抗磨板损坏*

一、事件经过及处理

2015 年 6 月，某抽水蓄能电站 1 号机组进行 D 级检修，检查测量导叶止推环抗磨板间隙，发现 17 个下止推环抗磨板存在断裂脱出现象，上止推环抗磨板未发现有损坏现象，但其间隙已不能满足止推要求。对流道内各设备进行检查，发现部分导叶及其上下抗磨板有不同程度的拉伤、损坏。

发现上述现象后，电站安排运维人员对其余 3 台机进行检查。检查结果：2 号机发现 15 块止推环抗磨板损坏，3 号机发现 4 块止推环抗磨板损坏，4 号机发现 5 块止推环抗磨板损坏。

（1）针对机组导叶止推环抗磨板的损坏情况，电站与主机厂家协商，第一次改进方案如下：

1）将原复合型材质抗磨板更换成金属铜基自润滑抗磨板，代号 FZ-6。

2）抗磨板与上套筒在工地增加 $\phi10$ 弹性销（销孔 $\phi10$ H10，销子为 GB/T 879.4 钢制标准型弹性圆柱销 10×24），用于承受抗磨板周向剪切力，销孔深 26mm，销子沉入抗磨板 2mm，第一次改进后的止推环抗磨板如图 1-13-1 所示。

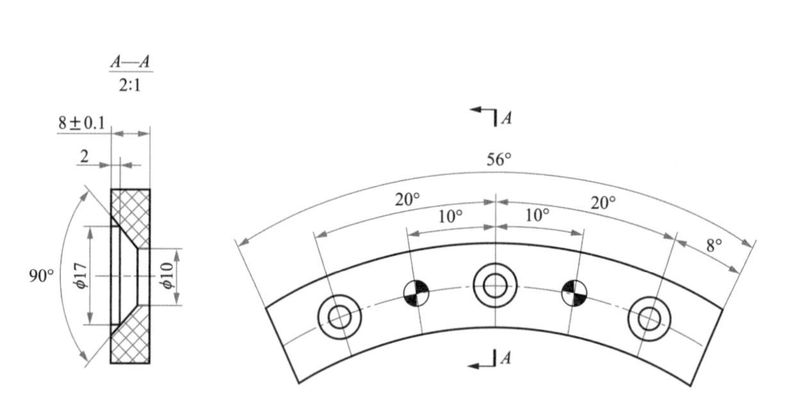

图 1-13-1　第一次改进后的止推环抗磨板（单位：mm）

* 案例采集及起草人：张涛、王健、林亨迪（福建仙游抽水蓄能有限公司）。

（2）经过第一次改造后，未再出现导叶止推抗磨板损坏情况，但由于电站机组运行强度大，启停频繁，且止推抗磨板圆心角只有56°，止推环与抗磨板间接触面积小，抗磨板润滑层磨损较快，一年时间可磨损0.2～0.5mm，导致导叶止推间隙在一个检修周期内无法保持在合格范围内，造成导叶端面抗磨板拉伤。为了增加导叶止推抗磨板的耐磨性及受力面积，对导叶止推抗磨板进行进一步优化，方案如下：

1）将FZ-6型抗磨板更换为德国DEVA. bm 392型金属自润滑抗磨板。

2）将单块抗磨板圆心角由56°增大到172°，使其压应力降低达到减小磨损的效果，第二次改进后的止推环抗磨板如图1-13-2所示。

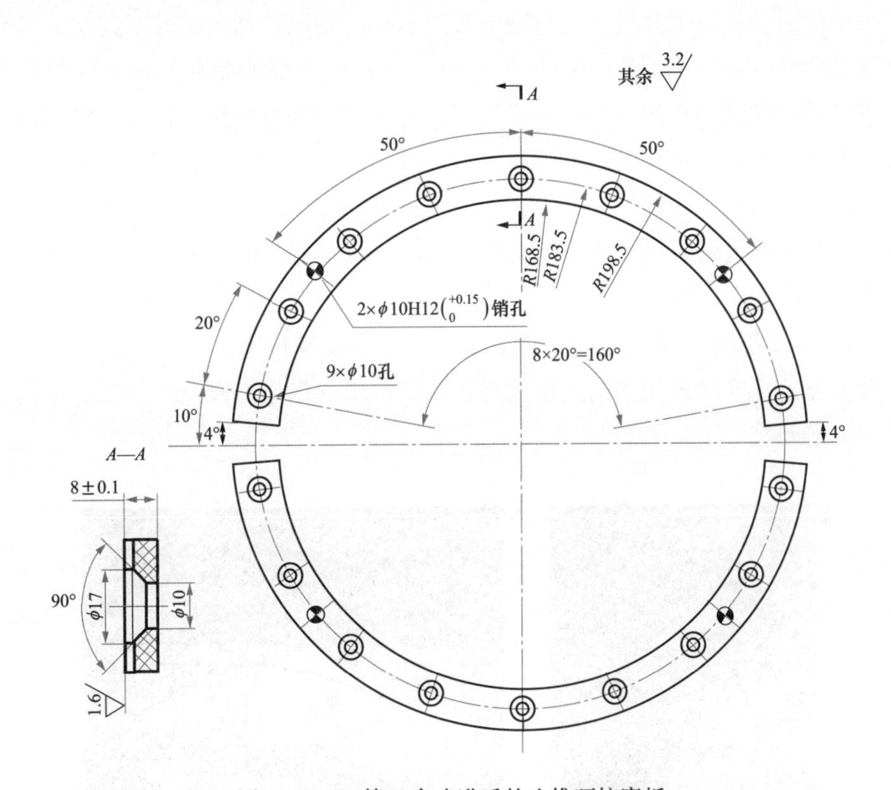

图1-13-2　第二次改进后的止推环抗磨板

3）抗磨板与上套筒在现场增加4个φ10弹性销（销孔φ10H10；销子为GB/T 879.4钢制标准型弹性圆柱销10×24），销孔深26mm，销子沉入抗磨板2mm。

4）将把合螺栓更换为12.9级内六角沉头螺钉，以提高螺钉强度。

该电站将导叶止推抗磨板更换为DEVA. bm 392型抗磨板后，导叶止推机构运行情况良好，未再出现止推环抗磨板磨损断裂问题。

二、原因分析

机组所使用的抗磨板为C378轴承，主要成分为聚酯/尼龙纤维、环氧树脂及二硫化钼、石墨等组成的复合材料，该材料在常温下塑性较好，摩擦系数小，承载力大，但温度高于 50℃时就会发生热变形，在外力作用下将发生不可逆转的塑性变形，其主要性能参数见表 1-13-1。

表 1-13-1　C378 复合材料主要性能参数

密度 (kg/m³)	热变形温度 (℃)	导热系数 [W/ (m·K)]	拉伸强度 (MPa)	压缩强度 5% (MPa)	切变强度 (MPa)	摩擦系数
1.25×10^3	50	0.293	55	40	80	0.10

该电站为电网重要的调峰调频电源，启停次数较多、导叶操作机构动作频繁，而导叶操作机构的运动具有低速度、重荷载、频繁启动、易出现冲击荷载等特点，导致抗磨板表面温度持续升高，当温度达到 50℃时复合材料便开始发生软化变形，同时在导叶动作形成的外加摩擦力作用下，抗磨板发生不可逆转的塑性变形。抗磨板沿圆周方向发生塑性变形后，导致固定抗磨板的沉头螺钉外露，剐蹭止推环下表面，在导叶开关运动形成的摩擦力和剪切力作用下，螺栓无法承受导叶动作形成的剪切力时被剪断，剪断的螺栓随着导叶来回运动，进一步划伤套筒法兰和止推环圆周摩擦面，导叶止推环和抗磨板磨损断裂情况如图 1-13-3 所示。

因此，C378 抗磨板材质遇稍高温度即软化变形是导致抗磨板损坏的根本原因，功率频繁调节导致导叶开关频繁动作使抗磨板摩擦产生的热量不能及时消散，是造成抗磨板严重损坏的间接原因。

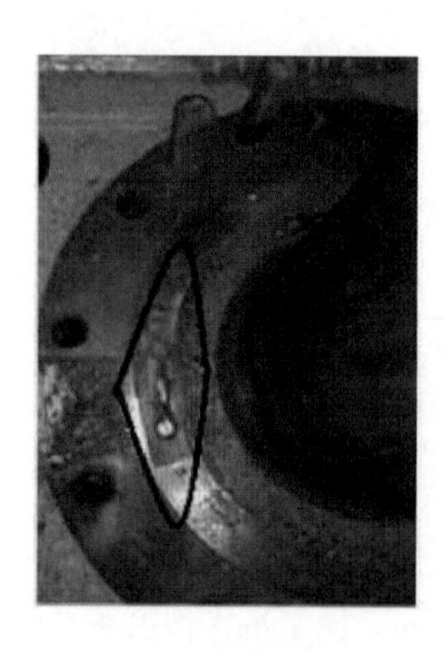

图 1-13-3　导叶止推环和抗磨板磨损断裂情况

三、防治对策

（1）设计阶段把握好设备选型，选择耐磨性能较好的抗磨板，并加大抗磨板面积，降低抗磨板单位面积受力，并结合大修检查磨损量，必要时予以更换。

（2）结合定检、检修等停役时间，定期检查止推环抗磨板，并往上下止推抗磨板内加注汽轮机油进行润滑。

（3）结合机组D级及以上检修，测量导叶止推环间隙，分析抗磨板磨损情况。

四、案例点评

由本案例可见，电站导叶止推环抗磨板损坏是因为材质设计选型不对，该材料在温度高于50℃时会发生热变形，在外力作用下将发生不可逆转的塑性变形。抽水蓄能电站作为电网重要的调峰调频电源，调节过程中导叶操作机构动作频繁，会加快止推环抗磨板磨损甚至损坏，增大抗磨板面积，降低抗磨板单位面积受力，基本上能避免抗磨板损坏问题，选择耐磨性能好的抗磨板，可以延长使用寿命。

案例1-14　某抽水蓄能电站机组导叶漏水量偏大导致变频器抽水启动失败*

一、事件经过及处理

2014年5月21日5时40分，2号机组经变频器启动抽水，计算机监控系统报“机组转速未升至5%额定转速转停机”，2号机组抽水启动失败。查询计算机监控系统重点信息，发现2号机组启动变频器抽水流程后，变频器及励磁系统正常投入，后在规定时间内机组转速升至5%额定转速信号未发出，监控系统自动启动停机流程转停机。经现地检查变频器系统显示故障信息为“变频器启动超时故障报警”。

检修人员对监控系统及变频器程序进行检查，未发现异常；对2号机组调速器导叶控制机构进行检查测试正常；对24个活动导叶进行检查，未发现导叶关闭不到位、连臂和拐臂连接销松动脱落、剪断销剪断等异常现象；检查导叶开度电气反馈、机械指示以及接力器推拉杆长度判断导叶关闭正常。

检查导叶压紧行程主、副接力器都为3mm（与检修前测量数据一致），较GB/T 8564—2003《水轮发电机组安装技术规范》规定的立式水轮机安装标准略小，对压紧行程进行调整，调整后主、副接力器都为6mm，满足GB/T 8564—2003《水轮发电机组安装技术规范》中转轮直径为5.3m，不带密封条安装标准5～7mm的要求。调取监控曲线后发现，2号机组漏水量在调整前为$0.79m^3/s$左右，调整压紧行程后2号机组漏水量减小至$0.5m^3/s$左右。初步分析此次故障

* 案例采集及起草人：贾巍（潘家口蓄能电厂）。

原因应为接力器背母松动，导致压紧行程减小引起导叶漏水量增大从而引起机组抽水启动失败。

二、原因分析

1. 直接原因

（1）对计算机监控系统记录的超声波测流系统数据对比分析发现，2 号机组渗漏量达 0.79m^3/s，而 3、4 号机组渗漏量约为 0.18m^3/s，2 号机组渗漏量明显偏大（三台机组漏水量对比曲线如图 1-14-1 所示）。现场对 2 号机组进行导叶漏水量测试，发现机组漏水量足以使机组在机械风闸退出后向发电方向旋转。

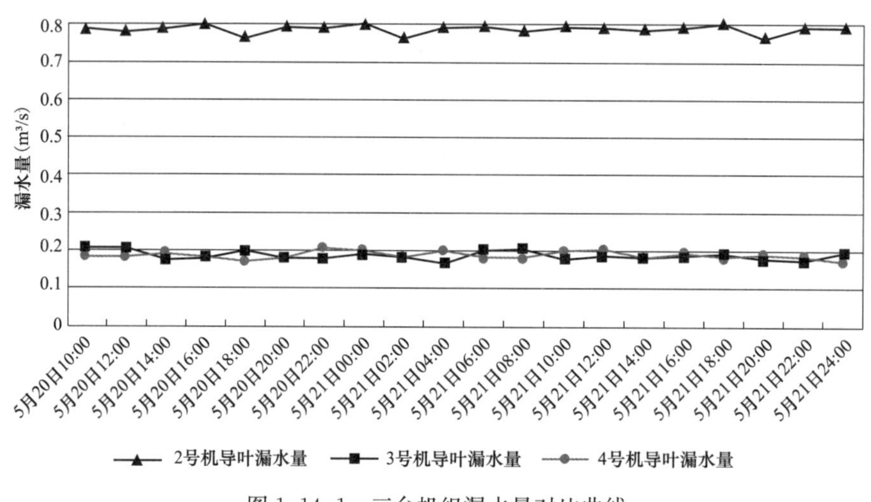

图 1-14-1　三台机组漏水量对比曲线

（2）初步确定为导叶漏水量增大造成本次变频器启动抽水过程中选极判据不满足，引起机组转速条件不满足，致使监控系统正常停机，启动失败。

（3）在 2014 年 5 月进行的 2 号机组 C 级检修中对水轮机导叶立面间隙和端面间隙进行了测量检查，立面间隙全部为 0；端面间隙基本满足设计要求，对脱落和损坏的 21 个端面密封条进行了补充安装，安装要求密封条超过抗磨板高度不大于 0.5mm，经三级质量验收合格。检修前和检修试验阶段，2 号机组导叶漏水量基本在 0.18m^3/s 左右，与另外两台机组基本相同，故端面密封条脱落不是导致导叶漏水量加大的主要原因。

（4）检查导叶压紧行程主、副接力器都为 3mm（与检修前测量数据一致），较 GB/T 8564—2003《水轮发电机组安装技术规范》规定的立式水轮机安装标准小，从而导致 2 号机组导叶漏水量增大，后调整 2 号机组压紧行程，使其满足安装标准，2 号机组漏水量减小至 0.5m^3/s 左右（2 号机压紧行程调整后漏水量曲线对比如图 1-14-2 所示）。据此分析，接力器背母松动造成接力器压紧行程减小，此为造成 2 号机组抽水启动失败的直接原因。

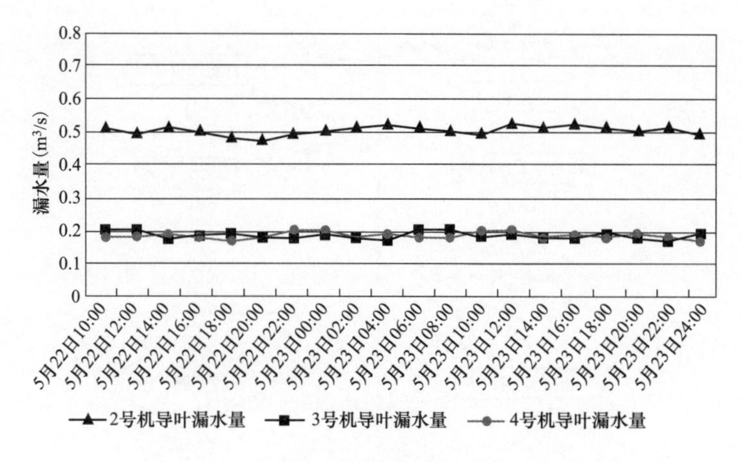

图 1-14-2 2 号机压紧行程调整后漏水量曲线对比

2. 间接原因

(1) 监控系统分析。2 号机组经变频器抽水启动过程监控流程已执行至 337 程序段，且“变频器投入”命令已执行完毕；在 338 程序段内程序在 60s 内判断“调速器转速升至 5%额定转速”后将继续执行 338 程序段中的“开压水进气阀 375”；根据监控系统信息记录分析为失败原因为机组转速未上升至 5%额定转速，60s 后判断超时，计算机监控系统流程机组自动转停机。

相关程序段逻辑如图 1-14-3 所示。

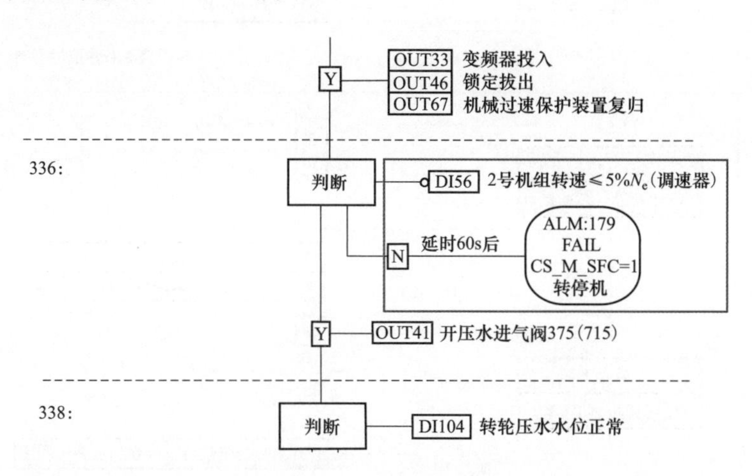

图 1-14-3 监控系统程序

从图 1-14-3 可以看出造成机组自动转停机的原因为机组转速上升至 5%额定转速判据超时，流程运行正常。

(2) 变频器系统分析。该变频器启动整体流程描述如图 1-14-4 所示。

分析变频器程序启动流程已执行至第五步，程序说明如图 1-14-5 所示，第五步的前提判据中的 $U=0$ 判断一旦出现问题容易造成变频器启动超时。

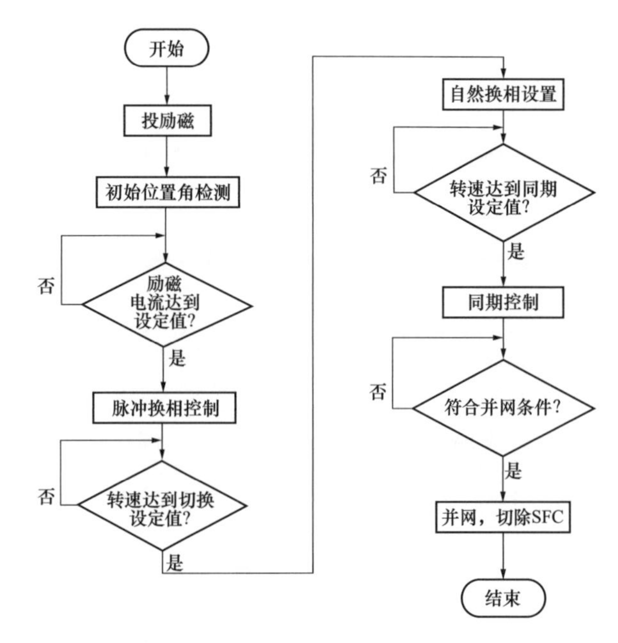

图 1-14-4　变频器系统启动流程

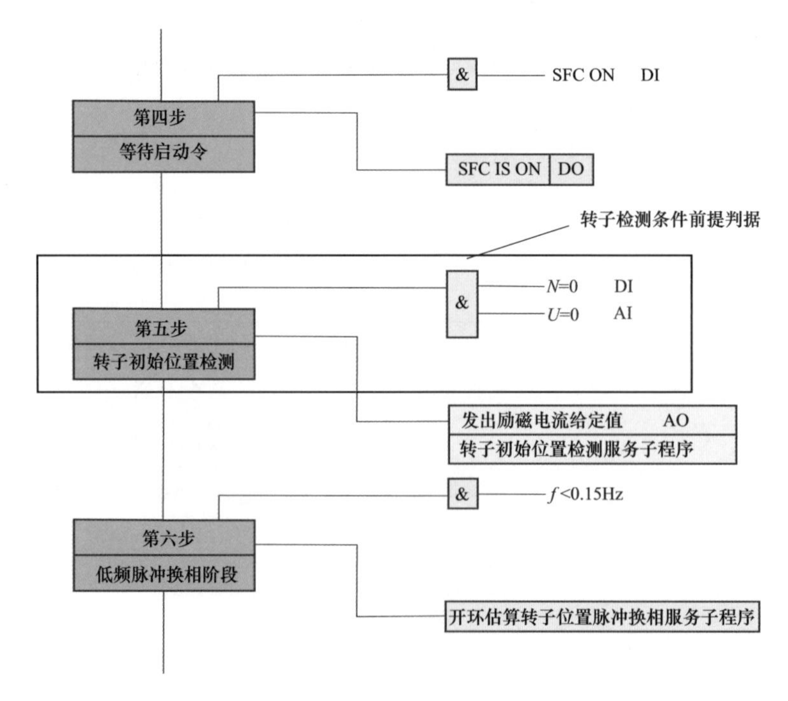

图 1-14-5　变频器启动流程中的转子检测判据

当前电网情况较 2011 年变频器投运之初发生了较大的变化，主要是风电负荷大幅增加，对电网电压环境产生了一定的影响，变频器内相关电压判据选取较为理想的判据，但随着电网发电负荷环境发生变化，原理想判据会产生偶发的电压积累判断错误，引起变频器故障，影响机组抽水启动。

对 2 号机组和变频器故障录波器波形分析，在本次机组抽水启动过程中变频器已完成电压判断，排除电压质量影响机组抽水启动不成功；而机组抽水启动时，由于导叶漏水量大，造成风闸释放后机组沿发电方向旋转，给变频器选极带来困难，造成变频器启动超时，导致启动失败。

三、防治对策

（1）调整 2 号机组压紧行程，使其满足 GB/T 8564—2003《水轮发电机组安装技术规范》规定的立式水轮机安装标准，减少导叶漏水量。

（2）在机组检修时定期对水轮机导叶进行检查，检查端面密封情况，如有脱落则进行更换；并于机组大修时将端面密封改造为金属密封，彻底解决端面密封易脱落的问题，进一步减小导叶漏水量。

（3）将变频器脉冲换相阶段励磁电流给定值在合理范围内增大 10%，以提高初始启动力矩，并优化电动机蠕动正转故障判断条件，以便于变频器能快速准确判断正转并报出告警信号。

（4）每日对导叶漏水量的测试与跟踪，发现有增大趋势则采取背靠背方式启动 2 号机组抽水。

四、案例点评

由本案例可见，由于接力器压紧行程过小以及导叶端面密封脱落等问题，会引起机组导叶漏水量增大；而导叶漏水量增大会使变频器选极困难，严重时会引起流程超时导致启机失败。电站需结合机组检修，严格把控导叶端、立面间隙并压紧行程的检修质量标准，减少导叶漏水量，定期对导叶漏水量的跟踪监测，发现增大时选择背靠背方式启动机组抽水。

案例 1-15　某抽水蓄能电站机组发电工况停机导叶分段关闭装置故障*

一、事件经过及处理

某抽水蓄能电站安装 2 台 60MW 抽水蓄能机组，2005 年 12 月投运，2017 年、2018 年对电站进行综合治理改造。结合电站综合治理，对调速器进行整体改造，增加了“失电关闭”功能，增设了纯机械过速装置，导叶分段关闭拐点实现方式改为机械拐

* 案例采集及起草人：刘彦勇、卢海鹏、李杰（国网新源控股有限公司回龙分公司）。

点。其中，机械拐点的实现由凸轮换向阀、划杆、液动阀共同作用实现，在导叶关闭至67.2%时，划杆顶住凸轮换向阀，液动阀同时动作，切换油路，改变导叶接力器关闭腔的排油速度，来实现导叶分段关闭。

2018年4月1日，1号机发电工况100%甩负荷试验停机后，对试验数据进行分析时发现导叶关闭规律为一段关闭（见图1-15-1），没有出现拐点，正常事故停机情况下导叶关闭曲线为有拐点曲线（见图1-15-2）。

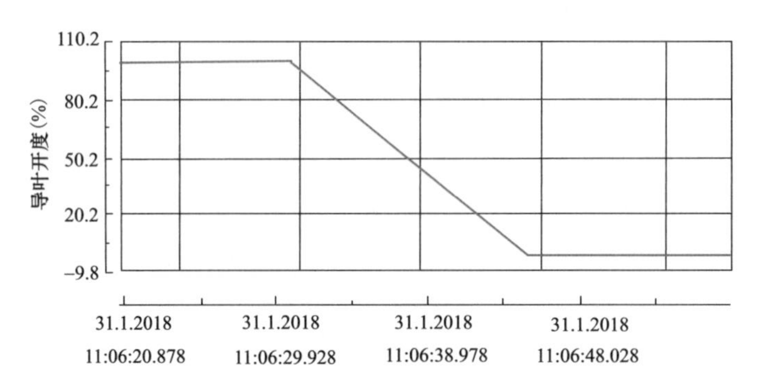

图1-15-1　发电工况100%甩负荷试验导叶关闭曲线

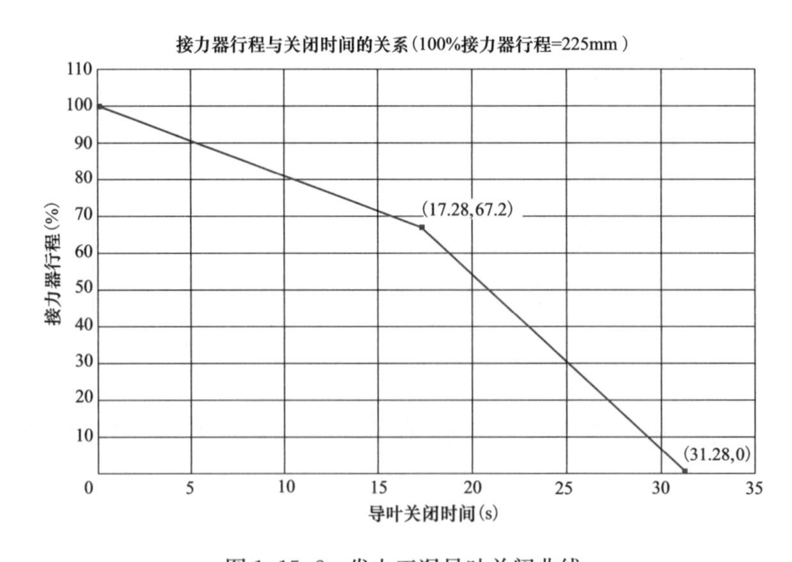

图1-15-2　发电工况导叶关闭曲线

现场查看发现，划杆发生横向位移（见图1-15-3中箭头），向右侧横向偏移约1cm，未正常压住凸轮换向阀，而顶在凸轮换向阀上。凸轮换向阀没有动作，油路没有切换，造成导叶只有一段关闭。

试验结束后，关闭调速器压油罐出口阀，对2台导叶接力器进行隔离。拆除凸轮换向阀及划杆，并进行位置调整。调整凸轮换向阀与划杆的安装方向，由于凸轮换向阀水平安装，划杆与凸轮换向阀垂直安装，在接力器连接板旋转的情况下，划杆横向偏移过

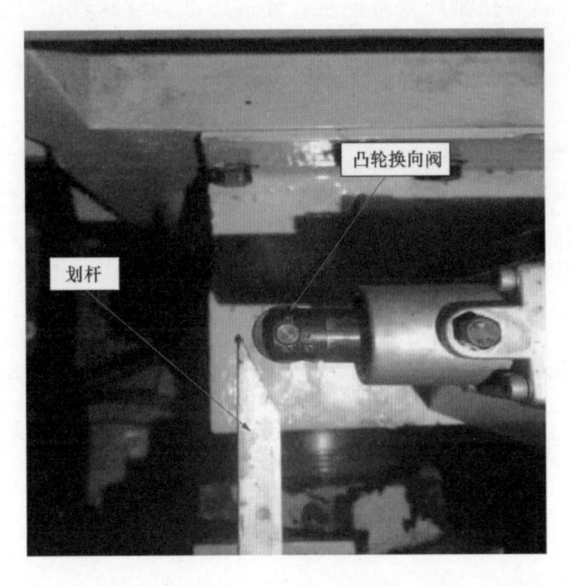

图 1-15-3　划杆横向位移

大，存在无法顶住凸轮换向阀的可能。调整凸轮换向阀与划杆相对位置：凸轮换向阀垂直向下安装，划杆水平安装。改造前凸轮换向阀与划杆如图 1-15-4 所示，改造后凸轮换向阀与划杆如图 1-15-5 所示。

降低划杆至接力器连接板的高度，划杆至接力器推拉杆中心的高度 283mm，将划杆安装位置调整为水平，同时降低凸轮换向阀和划杆的高度，可以减少因连接板旋转造成的划杆偏移量。

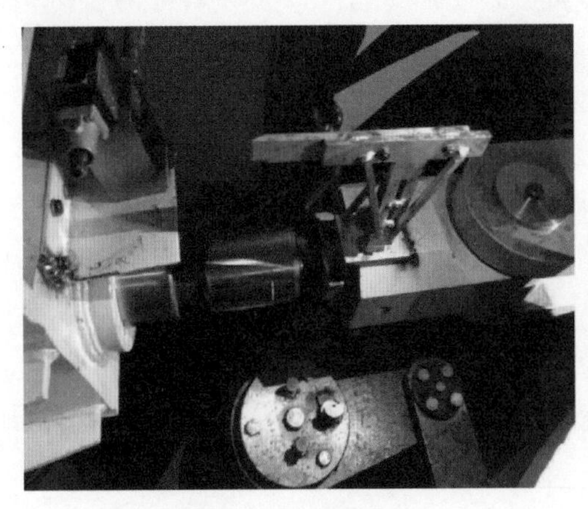

图 1-15-4　改造前

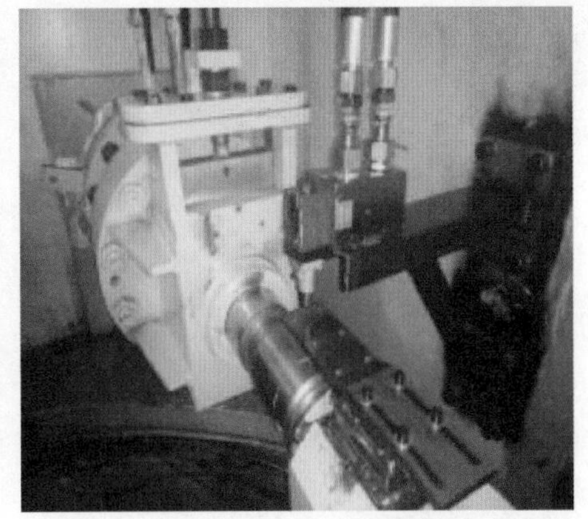

图 1-15-5　改造后

二、原因分析

1. 初步分析

接力器与控制环的连接扳如图 1-15-6 所示，左侧与 2 号接力器推拉杆连接，连接形式为销钉连接；右侧与控制环大耳连接，连接形式为球状轴承（见图1-15-7），连接板与控制环大耳之间（设计）上存在4mm间隙。

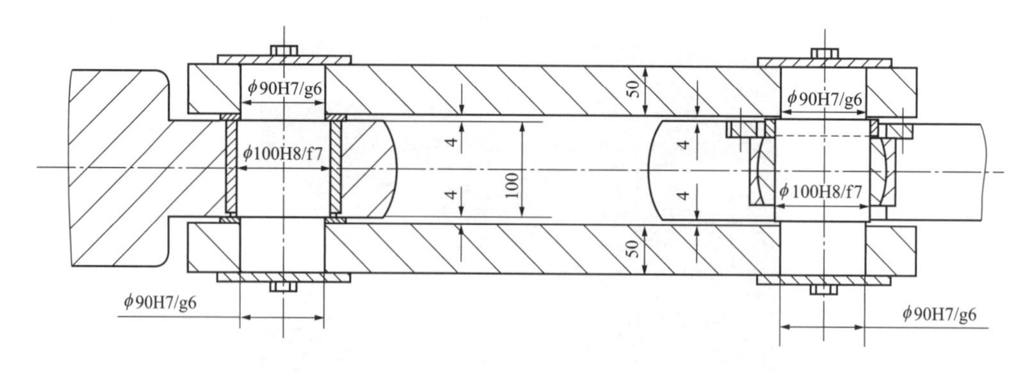

图1-15-6　接力器连接板

安装时，接力器推拉杆、连接板、控制环大耳已调平，导叶动作、控制环旋转时，由于连接板与控制环大耳为球状轴承连接，允许连接板旋转，从而导致装在接力器推拉杆上的划杆也跟着旋转，与凸轮换向阀的相对位置发生横向位移，通过绘图（见图1-15-8）可得出最大旋转角度约为2.268°，凸轮换向阀到接力器推拉中心的高度283mm，初步计算划杆的水平移动距离约11.2mm，因此划杆顶在凸轮换向阀上。11.2mm的位移与实际测得的划杆偏移1cm也相符。

图1-15-7　球状轴承

2. 直接原因分析

通过绘图计算得知，控制环大耳与连接板的连接方式为球状轴承连接，导致连接板带动划杆一起旋转2.268°，划杆横向位移11.2mm顶在凸轮换向阀上，是造成凸轮换向阀未动作的直接原因。

3. 间接原因分析

划杆安装在2号接力器连接板上，调速器厂家不了解划杆安装位置有旋转的可能；主机厂家与调速器厂家设计沟通不充分，未对划杆安装位置的影响进行沟通，是造成凸轮换向阀未动作的间接原因。

三、防治对策

（1）GB/T 8564—2003《水轮发电机组安装技术规范》没有明确接力器连接板与控制环大耳的间隙要求，而厂家的设备安装说明书允许接力器连接板旋转；也没有明确要求明确接力器连接板与控制环大耳的间隙。结合现场情况，对运检规程进行修订，将接力器连接板与控制环大耳间隙测量列入检修检查项目和质检点。

（2）将分段关闭凸轮换向阀及其固定基础和调整部分列入日常巡检项目。

（3）机组修后调试时可进行调速器无水扰动试验，测量导叶关闭的拐点和速率。

四、案例点评

本案例对一种导叶分段关闭装置出现的故障原因进行了深入分析，提出了确保导叶分段关闭装置工作可靠的改进方案，且在现场实施后效果良好。

本案例利用绘图法通过连接板的旋转角度，精确计算出了连接板上划杆的偏移量，对设置球状轴承，且在连接板上对固定设备要求高的控制环具有借鉴意义。

案例 1-16　某抽水蓄能电站机组泄水环板脱落*

一、事件经过及处理

2015 年 3 月 18 日 11 时 50 分，某电站值守人员执行 1 号机组抽水开机流程，通过监盘发现 1 号机组剪断销信号动作并伴随顶盖振动数值异常，经与调度沟通后执行 1 号机组停机流程。2015 年 3 月 18 日 11 时 58 分，1 号机组停机操作成功。

通过查询机组状态监测历史数据得知，1 号机组在 11 时 52 分 15 秒开始，顶盖 X、Y、Z 方向振动达到最大值（X 为 1485μm，Y 为 2067μm，Z 为 1834μm，滤去 0.7Hz 低频分量的值），此时水导 X、Y 方向摆度分别为 629μm 和 498μm。从 11 时 52 分 31 秒开始，机组振摆数据趋于平稳。

工作人员进行现场检查发现 8 个剪断销断裂，导叶位置状态不一，通过状态检测系统数据可知振摆数值较大，分析转轮或导叶有异物撞击，该电站立即组织人员对机组排水，检查导叶、转轮等部件的实际情况。

打开蜗壳人孔门发现 1 号机组蜗壳内部有一块长度 20cm 扭曲钢板（见图 1-16-1），被挤压、切割形成的铁屑散落在蜗壳内部（见图 1-16-2），机组导叶、过水流道、转轮受到撞击形成较多凹坑现象。

打开尾水人孔门发现 1 号机组泄水环板部分脱落（见图 1-16-3），环板固定螺栓断裂（见图 1-16-4），并在尾水管底部发现小块泄水环板（见图 1-16-5），排空压力钢管后发现大块泄水环板（见图 1-16-6）。

---

* 案例采集及起草人：任青旭、左建（辽宁蒲石河抽水蓄能有限公司）。

图 1-16-1　扭曲钢板

图 1-16-2　散落铁屑

图 1-16-3　泄水环板脱落

图 1-16-4　泄水环板固定螺栓断裂

图 1-16-5　脱落的小块泄水环板

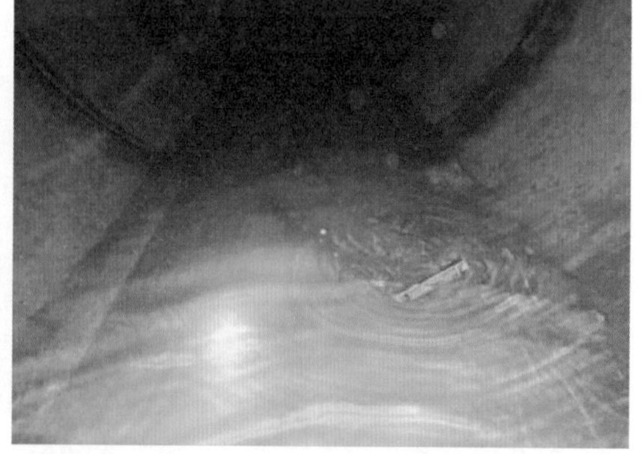

图 1-16-6　在压力钢管内发现大块泄水环板

同厂家沟通并与行业内专家研讨后，确定了处理方案。

（一）对泄水环处理

在泄水环环板后加装 8 块支撑筋板，对合缝处进行堆焊，并更换 96 颗把合螺栓（大块环板每块 20 颗螺栓、小块环板每块 4 颗螺栓），以保证泄水环的整体强度。

1. 泄水环环板及支撑筋板加工

（1）重新加工 3 块泄水环环板（共 8 块），其余 5 块用原泄水环环板，原泄水环环板钻均压孔，大块泄水环钻每排 3 个 ϕ20 的孔，共两排，小块泄水环钻每排 1 个 ϕ20 的孔，共两排（见图 1-16-7）。

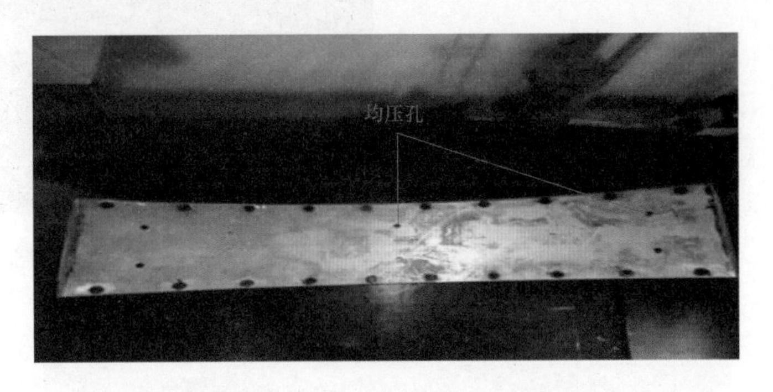

图 1-16-7　泄水环板均压孔位置

（2）在泄水环环板左右两侧泄水环合缝面切割角度约 10°、宽约 1～2cm 的坡口，并打磨抛光，移除渗碳层，露出金属光泽（见图 1-16-8 和图 1-16-9）。

图 1-16-8　环板两侧切坡口

图 1-16-9　坡口打磨平整

（3）在泄水环环板下部加工一道角度约 45°、宽约 0.7cm 的坡口，将泄水环下部与底环进行环缝焊接（见图 1-16-10 和图 1-16-11）。

（4）由于泄水环环板后增加了支撑筋板，环板背后支撑板两侧需进行切割加工后才可以正常安装（见图 1-16-12）。

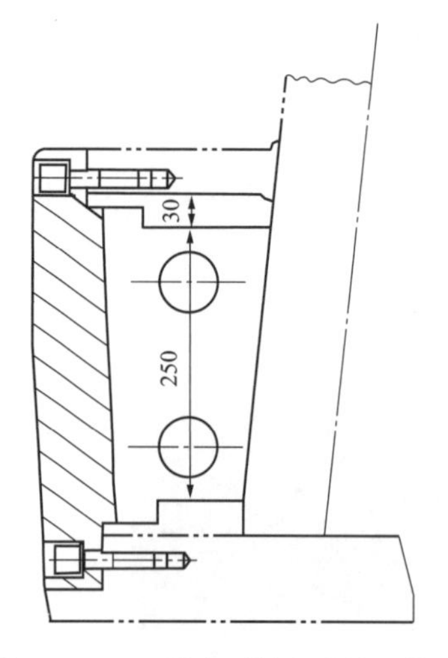

图 1-16-10　泄水环板底部坡口位置
（单位：mm）

图 1-16-11　泄水环板底部坡口

图 1-16-12　环板现场处理

（5）对 8 块支撑筋板前后进行坡口加工，以满足焊接条件。

2. 泄水环环板螺栓孔清理

（1）将折断的 ϕ16 把合螺栓取出。

（2）将泄水环环板螺栓孔用 M16 的丝锥进行清理，再用清洗剂将螺孔清洗干净。

3. 支撑筋板焊接

对泄水环及支撑板的底环焊接位置进行清理，清理范围为坡口面及距离坡口边缘 50mm 范围内的表面，保证该区域内无氧化物、油污、熔渣等杂物并打磨出金属光泽，并焊前预热温度不低于 50℃，之后进行筋板焊接（见图 1-16-13），焊接完成后进行渗透探伤（见图 1-16-14）。

4. 泄水环环板安装

安装使用新把合螺栓，使用螺纹锁固胶，调整泄水环，固定把合螺栓。

5. 泄水环环板焊接

合缝定位焊接，每道合缝处焊 3 点定位焊，先焊中间，再焊两端，焊缝长 60～100mm，厚度 10～15mm。

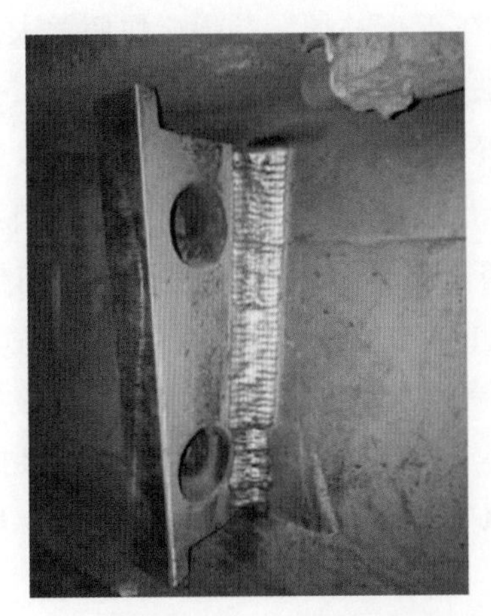

图 1-16-13　支撑筋板焊接

图 1-16-14　支撑筋板焊缝渗透探伤

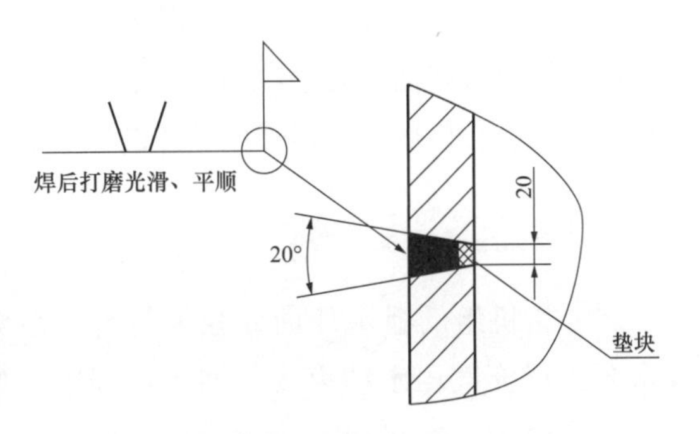

图 1-16-15　垫块示意（单位：mm）

合缝堆焊：堆焊前在支撑筋板上下方分别塞入合适大小的垫块（见图 1-16-15），将焊接部位预热至 50～80℃，温度合格后，在对称位置同时、同向、同速、同规范镶边多道多层焊接。在焊接时，根据焊接规范进行镶边焊，以达到减小焊缝金属的脆化倾向和降低焊接残余应力的目的。平均每道焊缝堆焊约 15 层，控制层间温度不大于 170℃，逐层进行锤击以消除焊接残余应力。每敲击 2～3 次后，对环板螺栓进行紧固，以减小焊接引起的环板变形。

由于焊接区域焊后无法进行热处理，因此焊接采用窄焊道（最大 15～20mm 宽）、薄焊层（每层最大厚度 4～6mm）。盖面层焊接完成后使用回火焊道技术，即当盖面层焊接完成后，在盖面层上再焊接一层以达到对盖面层焊道进行回火的目的，回火焊道只能焊接在盖面层上且不能与两侧的母材相接触。对泄水环环板底部环形坡口进行回火焊接（见图 1-16-16）。对泄水环环板间 8 道焊缝外侧、上端及下方坡口焊缝打磨平整，保证平整无高点。

对泄水环环板间 8 道焊缝及下方坡口进行渗透探伤，保证焊接满足质量要求。

（二）导叶缺陷处理

首先清除凹坑内及附近 20mm 范围内的锈蚀、油污等有害污物与杂质，再将导叶表面均匀分成多块 100mm×100mm 的区域，每次焊接一块区域内点状缺陷，焊接完成后焊接不相邻、尽可能远的另一块区域，以此类推焊接完。

焊前预热：对补焊区域及相邻约 50mm 范围内的母材应预热至 80℃，预热方式可根据现场的实际情况采用火焰加热方法进行。焊接时，尽量采用较小的焊接规范并采取分区跳焊，以达到减小焊缝金属的脆化倾向和降低焊接残余应力的目的。探伤后发现的

图 1-16-16　回火焊接

超标缺陷采用气保焊补焊，补焊后按照要求修磨并抛光，处理后渗透探伤复检，直至合格。

（三）转轮缺陷处理

首先对叶片进水边缺口处进行修整、打磨，将该区域进行打磨露出金属光泽，经渗透探伤检查无缺陷。在对称位置进行全位置焊接。焊接前检查叶片型线，合格后开始焊接。焊接方法采用熔化极气体保护焊。焊接材料为 HS367M，焊丝 ϕ1.2，保护气体为 95%Ar+5%CO_2，预热温度不小于 80℃，层间温度不大于 170℃。

尽可能小范围焊接，焊道宽度不大于 20mm，在焊接过程中，保持预热温度。焊接完成后立刻用保温材料覆盖补焊区表面，缓慢冷却至室温。24h 后，清理打磨焊缝，进行渗透、超声波探伤检查。检查合格后，对返修区域按图纸要求进行铲磨。

二、原因分析

该电站机组的泄水环内外腔未封闭，在机组首次充水（或机组检修后充水）以及水泵工况充气压水结束排气回水过程中，始终会有部分气体遗留在泄水环与底环组成的腔体中。在机组运行过程中，此部分残留的空气会在压力脉动的作用下，使泄水环把合螺栓承受了附加的交变载荷，随着运行小时的增加，把合螺栓出现松动现象，然后螺栓被疲劳破坏，最终导致泄水环板脱落。根据厂家所提供的分析报告，确定此泄水环板结构不合理。

与此同时，该电站没有将泄水环板螺栓等部件的检查维护工作任务执行到位，没有对相关部件的运行情况保持足够的重视也是导致该事件的另一个原因。

图 1-16-17 中底部位置为机组尾水管，抽水运行时水流由尾水管向导叶运动，在泄水环板脱落后顺着水流方向流向导叶、主进水阀、压力钢管，对各个部件造成不同程度的磕碰、击伤。

如图 1-16-18 所示，泄水环板通过把合螺栓直接与底环连接，在螺栓断裂、破损后泄水环板失去固定导致脱落。

三、防治对策

（1）对其他机组泄水环板进行相同改造。

（2）D 级及以上检修时检查泄水环板把合螺栓情况，若有断裂，进行更换。

（3）根据反措要求，结合机组 C 级检修对水轮机泄水环板进行检查和处理，对泄水环板焊缝进行无损检测，发现缺陷及时处理。

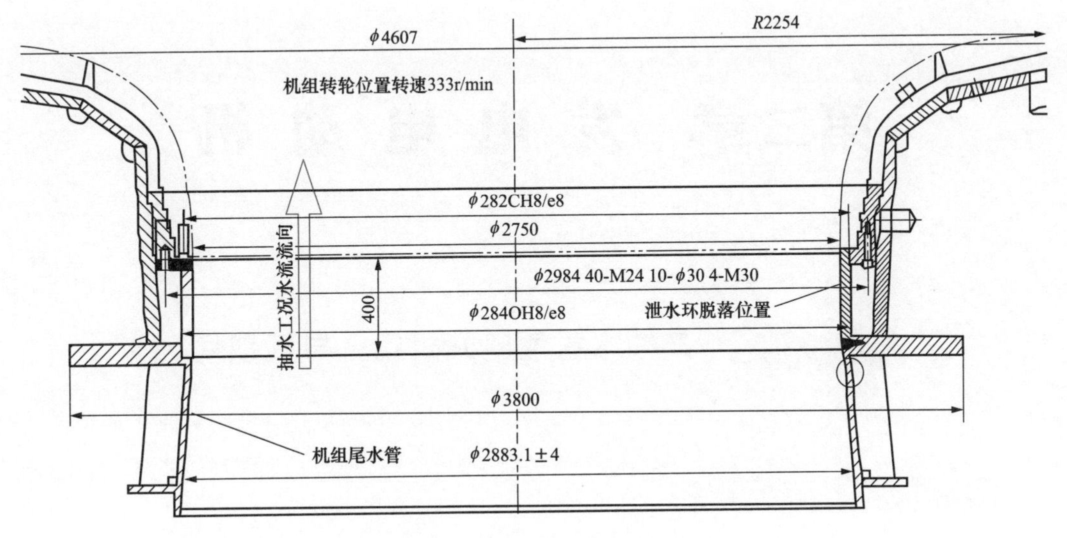

图 1-16-17　泄水环结构 1（单位：mm）

（4）日常工作中加强对水力脉动监测与相关指标分析，列入月度设备健康分析，及早发现异常趋势，保证设备运行正常。

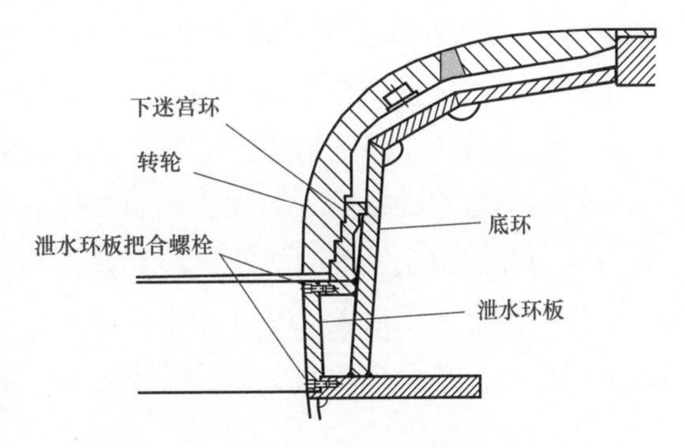

图 1-16-18　泄水环结构 2

四、案例点评

这起事件主要暴露了以下问题：该电站此前采用螺栓连接的方式直接将泄水环板与底环固定，残留空气在压力脉动的作用下，使泄水环把合螺栓超出了受力极限，最终导致了螺栓断裂、泄水环板脱落；该泄水环板的结构设计存在缺陷，没有充分考虑到蓄能机组运行时间长、工况转换频繁、水力脉动情况复杂等特点，泄水环板与底环仅仅通过螺栓把合显然不能满足蓄能机组运行的力矩要求；工作人员对设备认识深度不足，对螺栓脱落、断裂情况没有提高重视，相关检查维护工作未执行到位。

此次事件证明在长期水力脉动影响下通过螺栓直接将泄水环板与底环进行连接的方式存在安全隐患，本次泄水环板处理摒弃了之前的固定方式，改为使用筋板焊接的方式连接各个环板，并通过打磨坡口将泄水环板底部与底环进行焊接，该方式不仅加强了承受载荷的能力，保证了部件的可靠性，还可以避免因螺栓断裂等原因导致泄水环板脱落。

针对类似结构的抽水蓄能机组，泄水环板应采取焊接等补强手段，补强泄水环板的连接，并结合检修对焊缝进行探伤检查；在检修维护等工作中加大泄水环板把合螺栓检查力度，发现松脱、断裂应及时更换，若发现螺栓大面积破损、断裂则应及时更换高强度螺栓。

第二章　发 电 电 动 机

案例 2-1　某抽水蓄能电站机组上导瓦损坏*

一、事件经过及处理

2016 年 5 月 18 日 23 时 14 分，某抽水蓄能电站机组在抽水调相启机过程中由于上导轴承 X/Y 摆度二级报警动作导致启动失败，此时转速刚好 100%。

电站运维人员接到机组跳机通知，迅速赶到现场进行检查，通过查找监控历史数据，上导摆度自机组启动后逐步上升并达到跳机值，机组机械跳机动作；对比事件前后抽水调相启动过程的振动、摆度、瓦温数据，上、下机架及顶盖振动未发现明显差异，上导及推力瓦温也未发现明显差异，上导、下导及水导事件发生时的摆度明显比事件前大，事件时上导摆度最大 670μm，事件前上导摆度最大 470μm，摆度曲线见图 2-1-1；通过监控查找，从开机到摆度二级报警过程中未出现任何设备异常报警。

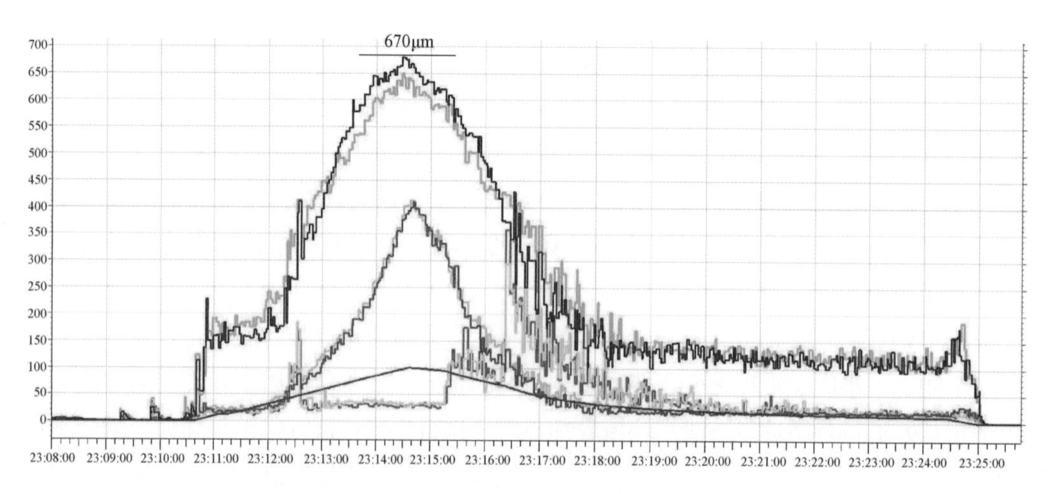

图 2-1-1　机组启动过程上、下导及水导摆度曲线

机组停稳后，运维人员检查上导摆度测量探头无松动，拆开上导油槽上部的吸油雾

* 案例采集及起草人：李向阳、钟庆、姜帆（福建仙游抽水蓄能有限公司）。

装置，用手电检查油槽内部发现有金属碎屑碎片，随即对上导油槽进行排油，吊起上导油槽盖板，检查发现油槽内部有大量的金属碎屑和碎片，抽瓦检查发现 12 块上导瓦全部损坏，如图 2-1-2 所示。

图 2-1-2　上导瓦损坏情况

针对上导瓦损坏问题，电站立即会同厂家到现场检查，组织专家进行讨论分析原因。检查发现上导瓦冷却油管 8 个出口出油量不均匀，甚至个别不出油，此外，上导瓦背部瓦衬凸台高度未达到设计要求的 0.5mm，讨论分析上导轴承支撑结构设计不合理，轴瓦摆动不够灵活。处理过程如下：

（1）对上导/推力油槽及油循环管路进行彻底清扫，更换油槽汽轮机油。

（2）对上导油盆环管各接缝处密封进行检查处理，对推力瓦冷却油管出油孔进行部分封堵，以增加上导瓦冷却出油量，使 8 个上导冷却出油更均匀。

（3）为增加上导瓦轴向摆动灵活性，将上导瓦衬的 18mm 宽凸台高度增加到 1mm，同时在 18mm 宽凸台两侧边修 0.1mm×5mm 的倒角，如图 2-1-3 所示。

（4）将该机组 12 块上导瓦全部更换成备用瓦，备用瓦经无损检测，均无异常，12 块损坏的上导瓦送至原厂家进行重新浇注加工。

（5）结合后续检修，将各机组上导瓦支撑由平面支撑改为球面支撑，如图 2-1-4 所示。

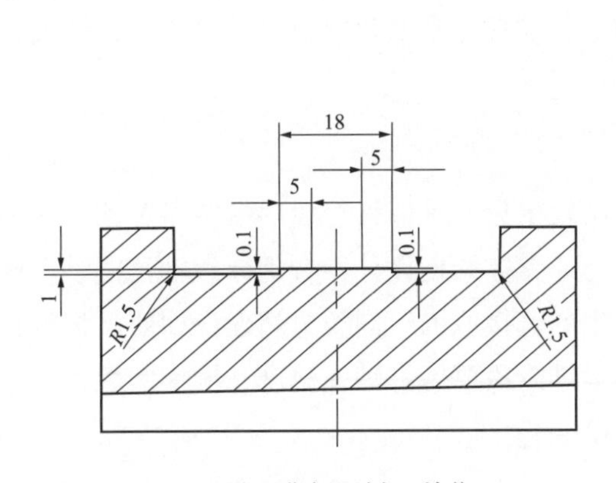

图 2-1-3　上导瓦背部瓦衬（单位：mm）

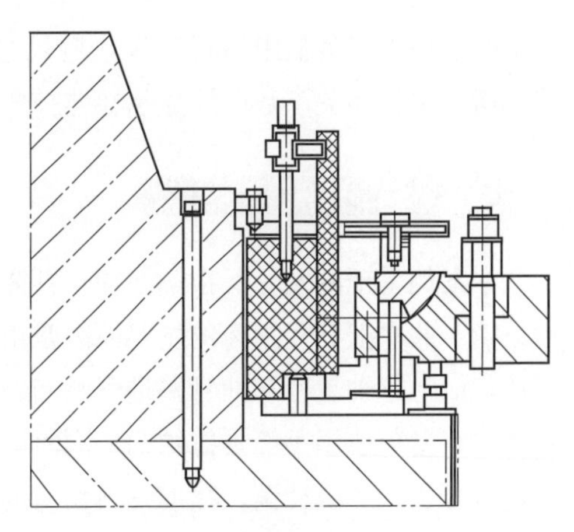

图 2-1-4　上导轴承球面支柱支撑结构

二、原因分析

该机组上导轴承曾在2015年8月13日发生发电工况多个上导瓦温温度过高导致机械跳机缺陷，当时检查上导瓦发现12块上导瓦面全部出现磨损现象。通过与主机厂家沟通，决定对磨损的上导瓦面修复后回装继续使用，待2016年B修更换新瓦，并通过调整冷油出口节流板解决上导冷油出口油流不畅。

机组复役后上导摆度一直稳定运行于140μm，直到2016年1月25日上导瓦温突然异常升高，升高到70℃后又下降至正常瓦温57℃，但上导稳定运行的摆度却由140μm增大到200μm，随后4个月运行过程中，上导稳定运行的摆度逐步增大至270μm，直至5月18日，机组发生上导轴瓦损坏。

该机组上导轴瓦为巴氏合金瓦，本案例中上导瓦损坏属于疲劳剥落，经现场检查和多次讨论分析，其原因可能是上导轴承冷却油中存在大量漩涡或空气导致供油不畅，造成上导瓦油膜无法形成或形成不均匀，另外由于上机架挠度影响，上导瓦面上半部分与滑转子间隙较小，在油膜形成不均匀时使瓦面只有上半部分与滑转子接触，加上上导支撑结构设计不合理，瓦面摆动不灵活，致使瓦面上半部分单位面积受力过大，长期运行过程中产生油膜压力波动致使轴承合金层产生疲劳剥落。

三、防治对策

（1）结合机组检修，对各机组同批次上导瓦进行无损检测，确保其他机组上导瓦运行正常。

（2）结合机组检修，对各机组上导轴承油循环回路密封性能进行排查处理。

（3）结合机组检修，对各机组导瓦支撑结构使瓦面与滑转子上半部分间隙较小问题进行检查，并调整导瓦托板水平。

（4）通过多次讨论研究，决定将上导瓦背部支撑改为球面支撑结构，确保轴承瓦在径向和轴向动作灵活。

（5）加强对各机组运行监视，启机过程及时查看上导温度、摆度、机组振动等曲线，运行中将相关参数曲线显示在监控电脑上，发现异常变化时及时转移负荷、停机。

四、案例点评

本案例呈现的上导瓦损坏在抽水蓄能电站较罕见，是值得行业内借鉴参考的一次典型故障。此次上导瓦损坏的主要原因是由于上导支撑结构设计不合理导致轴瓦摆动不够灵活，而上导轴承冷却油管路进气是问题发生的直接原因。同类电站建设期要严把设计制造关，避免使用平面支撑结构，同时电站运维阶段要做好轴瓦温度、振摆的数据对比和趋势分析，防微杜渐，提前发现设备的细微变化。

案例 2-2　某抽水蓄能电站机组上导轴承冷却器漏水*

一、事件经过及处理

2012 年 6 月 5 日，某抽水蓄能电站 3 号机组进行定检，定检结束在恢复措施过程中，发现“上导轴承油位高”“上导轴承油混水”两条报警信息。

现场人员立即对上导轴承浮球式液位计进行检查，发现实际液位比正常液位高出约 20%（见图 2-2-1）。将上导轴承的排油阀打开，取油样进行检查，发现排出的汽轮机油呈乳白色。

根据以上两种情况，初步确认上导轴承内置式冷却器有破损，冷却水进入轴承油盆内导致油混水。运维人员立即联系操作组对设备进行隔离，并关闭上导轴承冷却水供排水管路的阀门、放空上导轴承内汽轮机油。

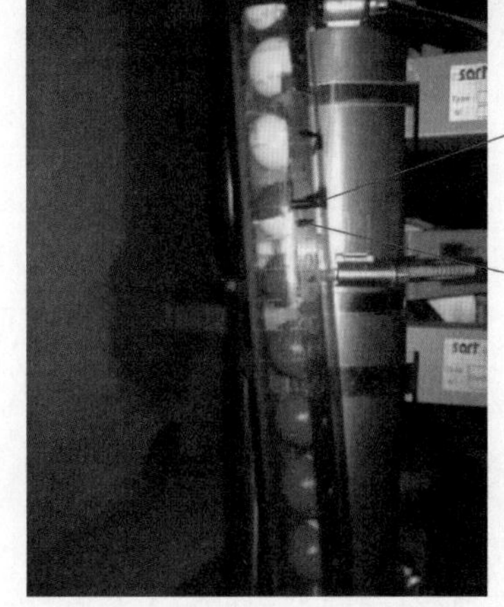

图 2-2-1　上导轴承油位计

拆解上导轴承，取出上导轴承冷却器，首先将上导轴承油箱底板螺栓全部拆除，通过丝杠和千斤顶相互配合将冷却器与油箱底板一起落下至冷却器完全露出（见图 2-2-2），将冷却器解体、分瓣，并从对应的发电机盖板孔中运出。

图 2-2-2　上导轴承冷却器露出

* 案例采集及起草人：蒋旭帆（辽宁蒲石河抽水蓄能有限公司）。

将拆下的冷却器运至安装间进行打压检查，发现冷却器管路焊接口存在多处漏水点（见图 2-2-3）。

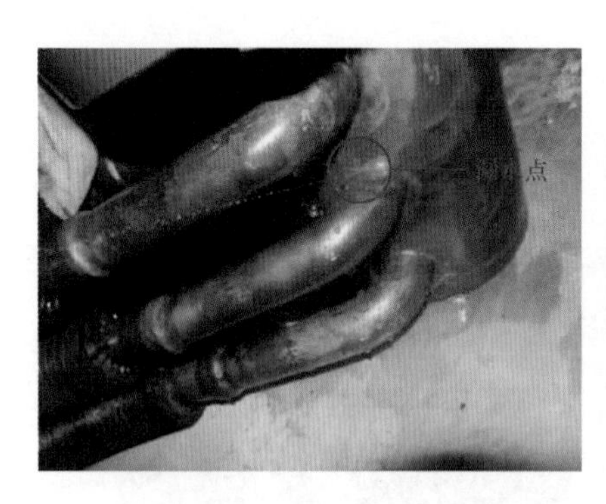

图 2-2-3　冷却器打压试验时出现的漏水点

安装备用冷却器前进行打压试验，试验压力为工作压力的 1.25 倍即 1.5MPa，试验 30min 后无渗漏。回装完毕后，重新注新油至正常油位，检查机组开机条件满足无报警。进行机组开机试验，机组运行一段时间后，油位稳定无变化。停机之后对上导油样进行检验，检验结果符合要求，机组恢复正常。

二、原因分析

上导冷却器为内置式冷却器，管路与进水腔体的焊接处是薄弱环节，如图 2-2-4 和图 2-2-5 所示，若焊缝处理不当，容易出现裂纹等缺陷，造成漏水。

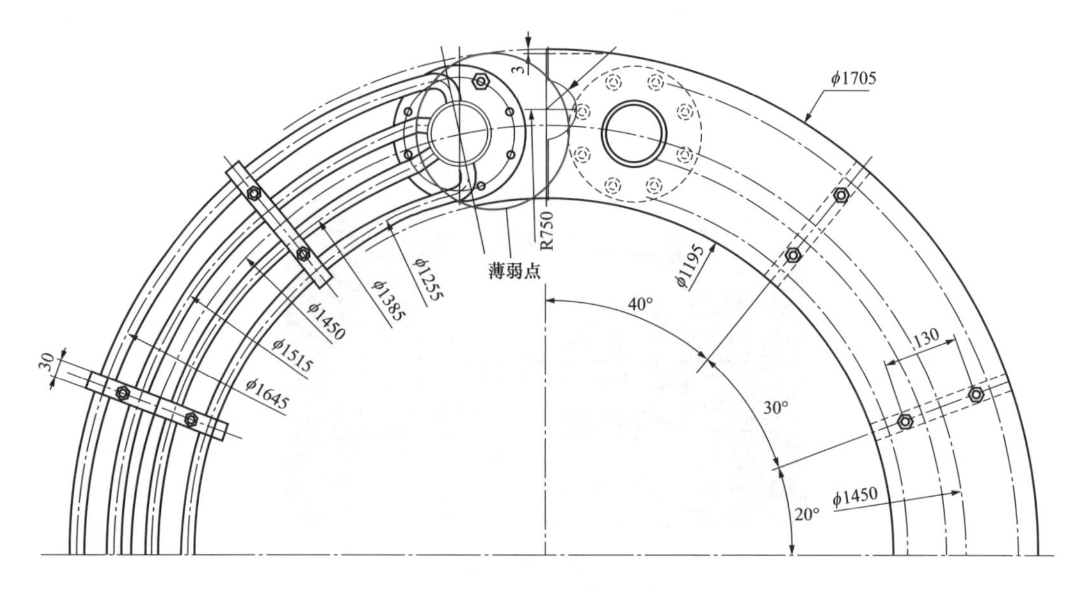

图 2-2-4　上导冷却器俯视（单位：mm）

导致此次故障的直接原因是上导轴承内置式冷却器管路焊缝因焊接质量不达标从而

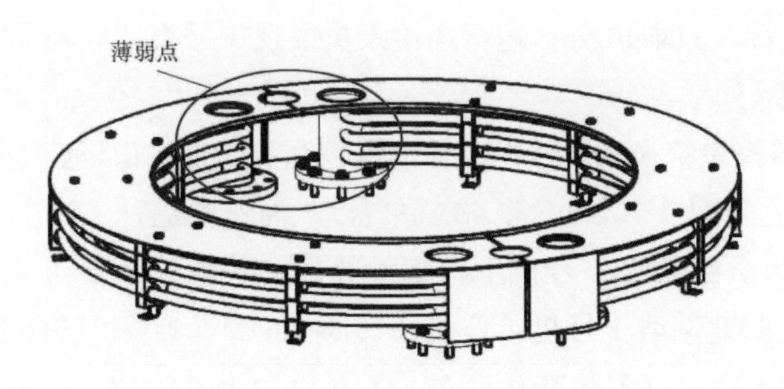

图 2-2-5　上导轴承冷却器结构

出现裂纹，冷却水从裂纹处进入轴承油盆内；间接原因是机组安装期间到货验收把控不严。

三、防治对策

（1）加强对上导油位的运行监视，并上导油位数据纳入月度设备健康状态分析。

（2）采购新的冷却器时，要严把质量关，所有的冷却器在出厂和到货验收前均要进行一次打压试验，并要求提供第三方检测机构的检测报告，确保冷却器本体完好无渗漏。

（3）将上导冷却器焊缝检查列入 C 级及以上检修的标准项目，结合 C 级及以上检修定期对上导冷却器进行检查（无损检测和打压试验）。

四、案例点评

由本案例可见，对于油容量较小的轴承系统，内置式冷却器因其结构紧凑、体积小和传热系数高等特点，使用度较高。因其需要体积小，所以大多数连接位置都是焊接结构，如出现焊接质量问题，将直接造成油水混合，对运行中的机组带来较大隐患。对于此种类型的冷却器，应加强设备技术监督管理，通过检修对相关焊缝进行探伤并对整体做打压试验。同时要严格落实设备定期健康状态分析要求，对油位做监测分析，将油混水信号器纳入定期检查项目，通过有效的监测分析手段，及早发现问题，解决问题。

案例 2-3　某抽水蓄能电站机组下导上密封盖螺栓断裂*

一、事件经过及处理

2016 年 7 月 15 日 8 时 45 分，某抽水蓄能电站 1 号机发电并网，并于 8 时 46 分带

* 案例采集及起草人：赵宏图（浙江仙居抽水蓄能电站）。

满出力 375MW 运行。9 时 40 分，运行巡检人员发现 1 号机下导轴承吸油排雾装置处有大量汽轮机油渗出。

9 时 44 分，监控系统显示 1 号机下导油温、瓦温、摆度值迅速上升，随后，1 号机下导瓦温从 55℃上升到 62℃（正常 48℃左右），油盆油温从 50℃上升到 60℃（正常 35℃左右）；运行人员判断为 1 号机下导轴承故障，若继续运行可能会导致烧瓦现象，立即将该情况汇报调度申请 1 号机组停机。10 时 06 分，1 号机转停机，停机过程中下导瓦温和油温继续升高，瓦温最高达为 63.2℃，油温最高达 60.5℃。

机组停稳并隔离后，运维人员迅速进行现场检查，发现 1 号机组下导上密封盖与下机架连接的 48 颗螺栓中的 23 颗发生断裂（见图 2-3-1），当日下午该电站立即组织厂家、施工单位研讨初步处理方案后进行应急抢修。

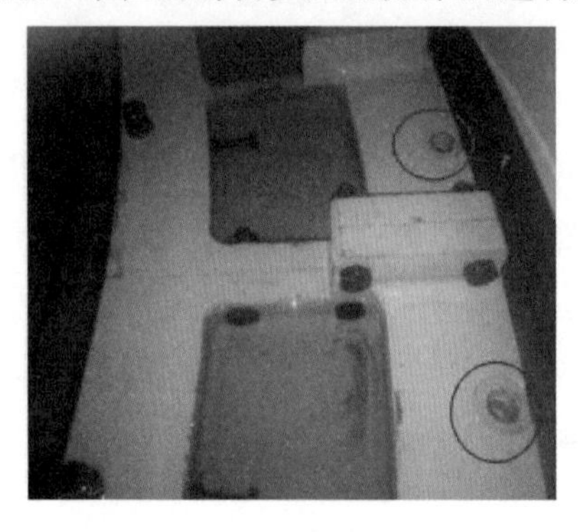

(a)

(b)

图 2-3-1　发电机下导上密封盖螺栓

(a) 断裂位置；(b) 取出的断裂螺栓

次日凌晨，将 1 号推力及下导油盆内汽轮机油全部排空，下导油盆端盖、下导上密封盖等主要部件全部拆除完毕，油槽内 23 颗断裂螺栓、螺栓垫片、断裂螺栓头全部找出并拆除，同时检查下导下密封盖螺栓未发现异常。

根据讨论方案，在下导上密封盖原有的 48 颗 M12 固定螺栓的基础上增加 96 颗 M16 的固定螺栓，使螺栓的平均受力减小到原来的 28%，提高螺栓使用寿命（见图 2-3-2）。

图 2-3-2　新增 M16 螺栓

将原上密封盖加强筋板加长加高：外径段由 30mm 增加为 40mm；中间段由 30mm 增加为 83mm；内径段原无加强筋，现将加强筋延长至内径段，加强筋由原来的阶梯形更改为平直状，以增加整体断面刚性（见图 2-3-3）。

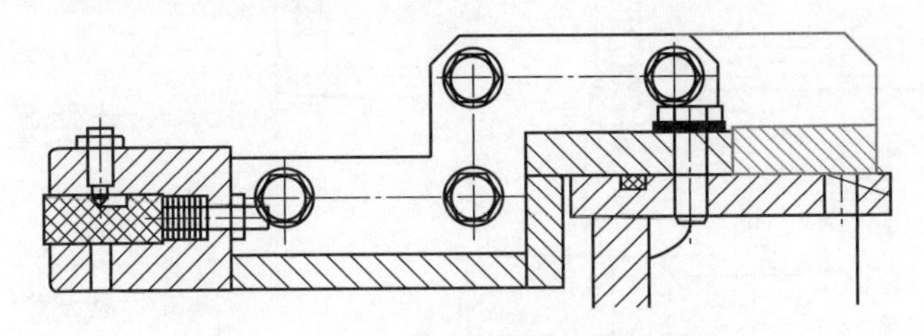

图 2-3-3　上密封盖加强筋板加长加高

将原上密封盖合缝面 4 颗 M12 螺栓更改为 7 颗 M16 螺栓，以增加合缝面的把合紧量，增强上密封盖的整体刚度（见图 2-3-4）。

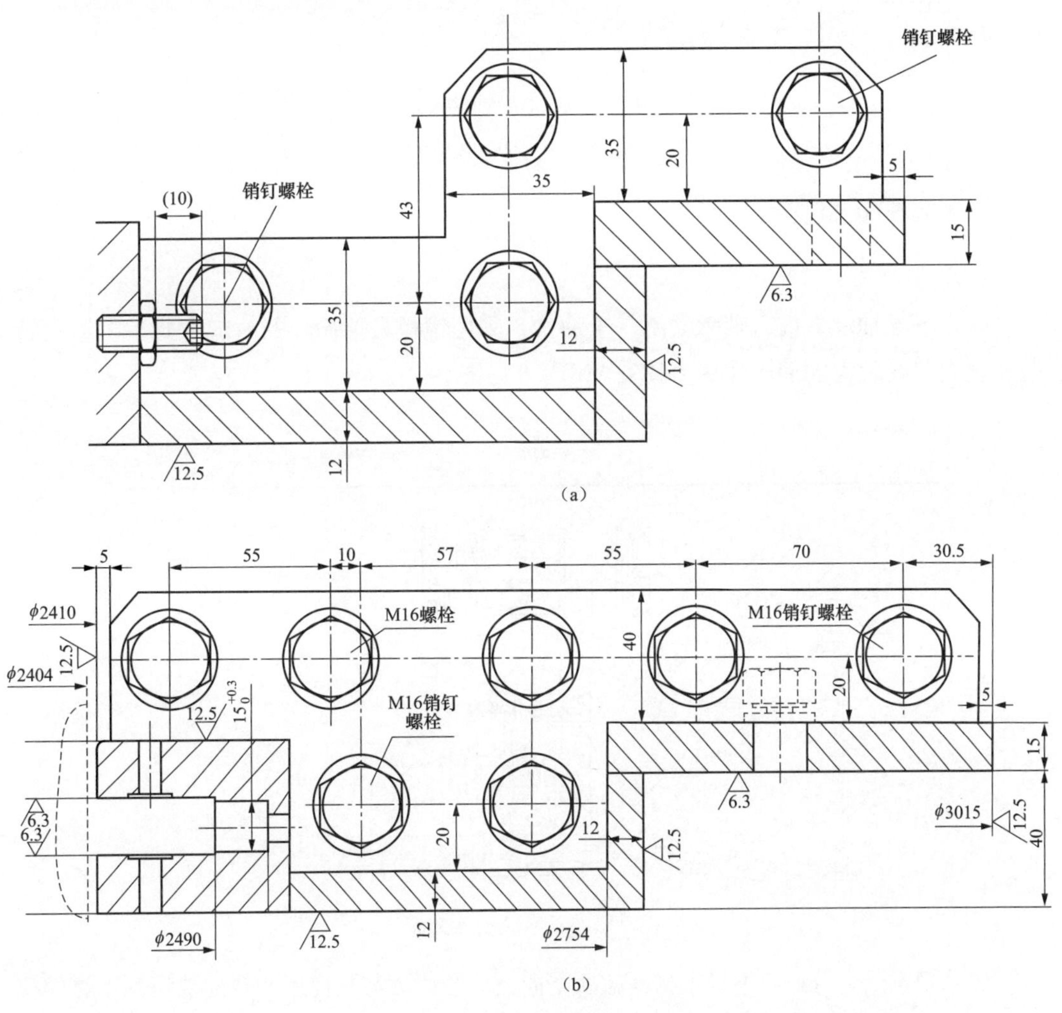

图 2-3-4　密封盖合缝面把合螺栓

(a) 改造前；(b) 改造后

最终，将下导轴承油盆与推力轴承密封腔隔离开，使得下导密封盖不再受到镜板泵产生的油压作用力（见图 2-3-5），从根本上解决油盆盖受力上翘的问题。

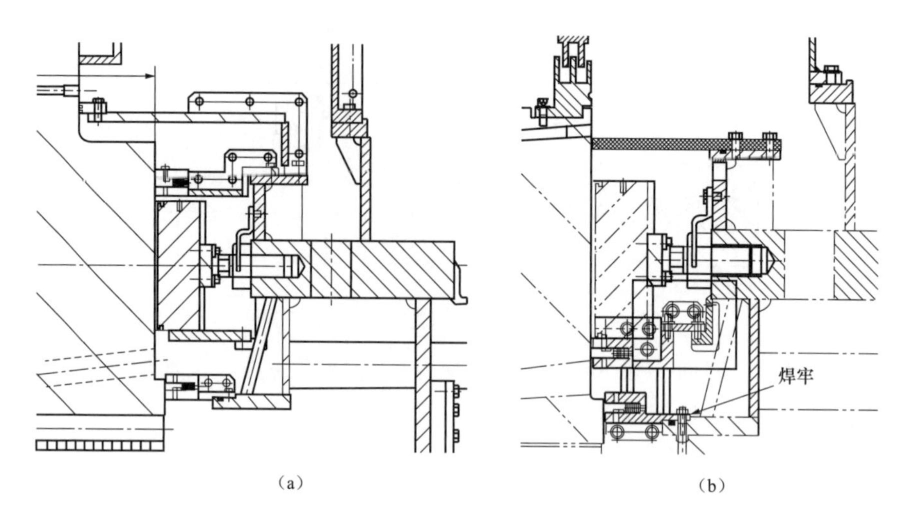

图 2-3-5　下导油盆改造

(a) 改造前；(b) 改造后

二、原因分析

1. 直接原因

(1) 下导轴承与推力轴承共用一个油盆，采用镜板泵油循环的冷却方式，机组运行时油盆内存在较大的油压作用力约 0.2MPa（见图 2-3-6）。

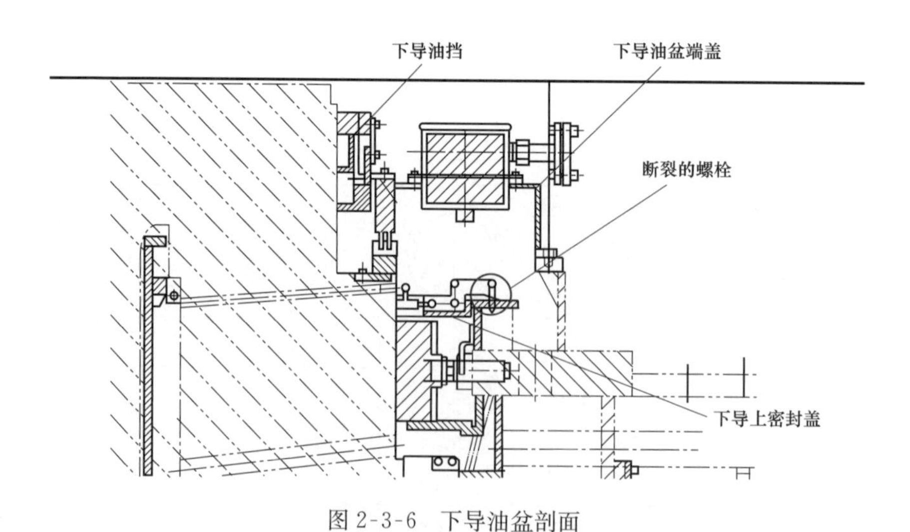

图 2-3-6　下导油盆剖面

(2) 根据受力分析，下导上密封盖所受向上的油压力与其作用力臂的乘积等于螺栓拉力与螺栓作用力臂的乘积。由于螺栓作用点离旋转中心较近，螺栓作用力臂较短，造成螺栓承受较大的拉力，下导上密封盖在运行时受到向上的作用力并上翘（见图 2-3-7）。

(3) 根据上述受力情况，对螺栓进行应力计算分析得出实际总应力为 0.0084MPa，满足低于允许应力 0.01MPa 的要求；对螺栓进行疲劳计算，螺栓在启停机和油压脉动的共同作用下，其使用寿命仅为121h。

综上所述，下导上密封盖螺栓断裂的直接原因为：机组长期运行过程中，油盆内较大的向上油压力与上密封盖形成的杠杆作用导致连接螺栓产生疲劳断裂。

2. 根本原因

(1) 未将推力及下导油盆观察孔盖板打开检查列入机组日常定检，导致未能及时发现螺栓存在断裂情况。

(2) 设计不合理，制造厂家未充分考虑该密封盖螺栓在机组高转速下的受力情况，且螺栓作用力臂远小于油压力与主轴作用力的力臂。

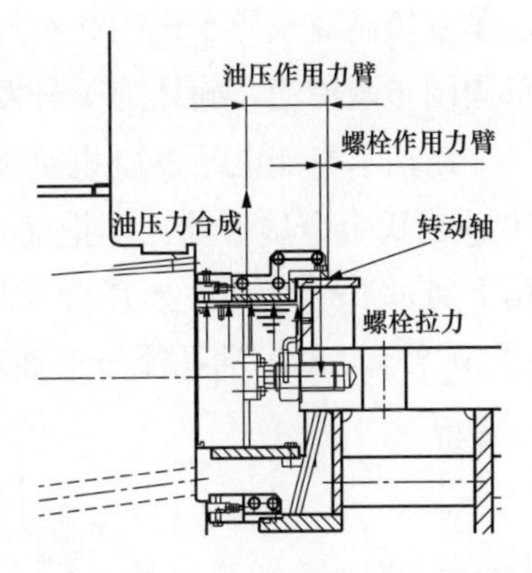

图2-3-7　下导上密封盖受力分析

三、防治对策

(1) 对其他机组展开排查，进行相同的更换改造。

(2) 加强日常工作中对于下导油盆螺栓的检查，将推力及下导油盆观察孔盖板打开检查列入机组日常定检。

(3) 加强对轴承油盆盖螺栓的技术监督工作，结合检修定期进行螺栓探伤抽检，对于拆装2次以上的油盆螺栓进行更换。

四、案例点评

由本案例可见，油盆设计应充分考虑该密封盖螺栓在机组高转速下的受力情况，尤其注意避免形成杠杆效应的设计结构。

日常运维阶段，应结合定检时打开观察孔对油盆内部螺栓进行检查，出现松动情况时应加强关注，分清楚是安装不当还是结构本身设计不合理造成的，避免事故扩大最终造成螺栓断裂等较严重后果。

案例2-4　某抽水蓄能电站机组下导轴承甩油*

一、事件经过及处理

2017年12月30日17时35分，某抽水蓄能电站2号机组A级检修发电冲转试验过程中，负责水轮机层监视工作的运维人员发现1号水车室上方有多处滴油，2号机组

---

* 案例采集及起草人：李博、刘英贺、卢海鹏（国网新源控股有限公司回龙分公司）。

水车室控制环及导水机构处有较大面积油迹，停机后检查 2 号机风洞下盖板上及下导轴承周围布满油渍，确认为 1 号发电电动机下导轴承甩油导致。

该抽水蓄能电站发电电动机为立轴悬式、三相凸极同步发电电动机。下导轴承由 10 块巴氏合金扇形轴瓦环抱而成。机组运行时，热油经过冷却器冷却后在离心力的作用下通过下导滑转子上 12 个 $\phi20$ 的泵油孔从下油箱甩至上油箱，然后通过下导座圈上的 10 个 $\phi30$ 的回油孔流至下油箱循环冷却。下导油循环回路如图 2-4-1 所示。

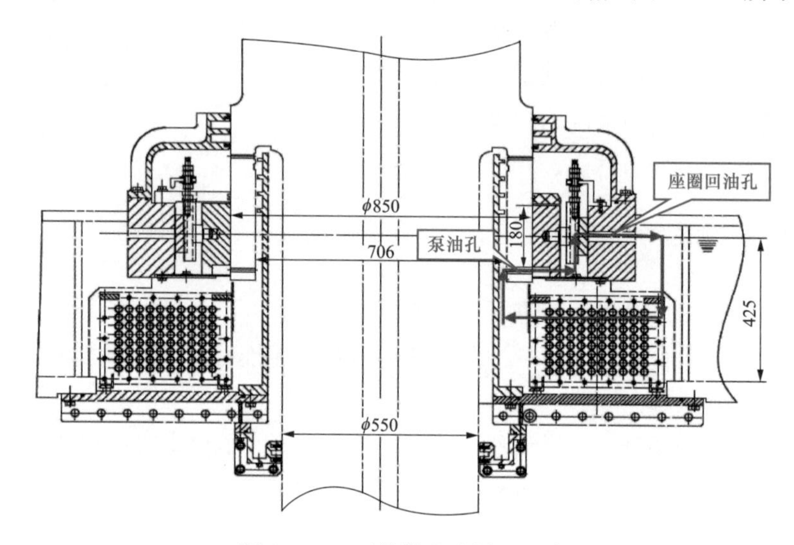

图 2-4-1　下导轴承油循环回路

1. 机组 A 修调试期间优化过程

2018 年 1 月 2 日，该电站组织主机厂、施工单位、监理单位、调试单位等召开下导轴承甩油问题专题讨论会，根据会上讨论的方案共完成以下改进措施：

（1）下导轴承正常油位高度调整至轴瓦中心线以下 50～70mm 处。

（2）封堵 4 个泵油孔，减少泵油量。将原来下导滑转子 12 个 $\phi20$ 泵孔封堵 4 个，选用材料为 Q235B、直径 $\phi19$、长度 15mm 的圆柱进行封堵，4 个封堵均匀布置在圆周位置，封堵位置不超过滑转子外圆表面，点焊牢固，避免运行时甩出［见图 2-4-2（a）、表 2-4-1］。

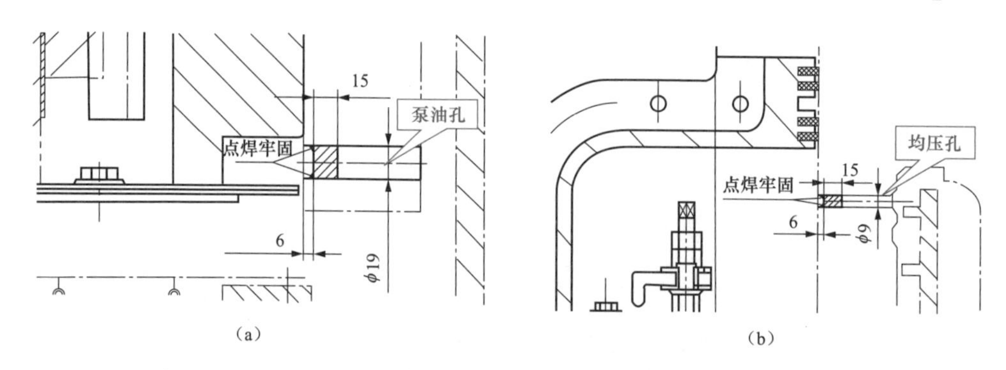

图 2-4-2　泵油孔及均压孔封堵（单位：mm）

(a) 泵油孔封堵；(b) 均压孔封堵

表 2-4-1　　泵油孔及均压孔参数

项目	原数量	直径	封堵数量	封堵材质
泵油孔	12	20mm	4	Q235B
均压孔	6	10mm	4	Q235B

(3) 封堵 4 个均压孔，减小油盆内外压差。下导滑转子上部 6 个 ϕ10 均压孔封堵 4 个，选用材料为 Q235B、直径 ϕ9、长度 15mm 的圆柱进行封堵，封堵位置不超过滑转子外圆表面，点焊牢固，避免运行时甩出 [见图 2-4-2 (b)、表 2-4-1]。

(4) 拆除下导轴承稳油板，减轻运行中上油箱汽轮机油翻腾情况（见图 2-4-3）。

图 2-4-3　下导轴承稳油板拆除

(5) 对下导吸油雾管路及吸油雾装置安装位置进行改造，利用弯头将引出管抬高，以防止油槽内润滑油从吸油雾管路甩出（见图 2-4-4）。

(6) 修配绝缘托板，增加回油量。将绝缘托板内径尺寸修配至 ϕ860。

(7) 将下导两个油挡冷凝气囱采用聚四氟乙烯密封垫分别封堵，进一步减少油雾溢出。

(8) 将液位计下移 6～10cm，保证机组油位监视。在下导排油管上增加三通，通过三通和不锈钢管直接连接液位计（原液位计安装位置较高，低油位时液位无法正常显示）。

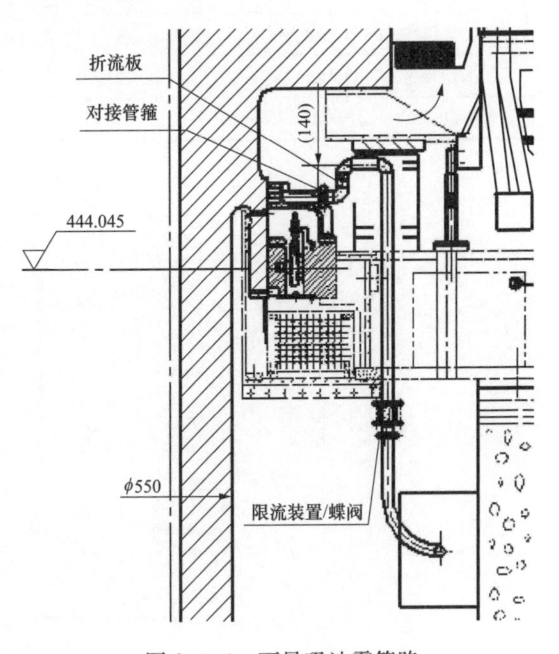

图 2-4-4　下导吸油雾管路

实施上述措施后，下导轴承甩油量明显减少，至 2018 年 8 月，该机组 C 修前下导油位基本稳定在轴瓦中心线以下 60mm

处，平均一个月加油 1 次，每次补油量为 10L，油位相对稳定。

2. 进一步优化方案及相关计算分析

为进一步改善下导甩油情况，并提升油位，降低轴瓦温度，经与主机厂反复沟通后提出以下方案并进行计算分析：

下导瓦托板上增设 10 个 $\phi60$ 的溢油管。在下导瓦的托板和绝缘托板上钻 10 个 $\phi62$ 的通孔，圆周均布，分布半径 $R510$，孔攻钻在相邻两块导瓦中间位置，并焊接 10 个 $\phi60\times4$ 不锈钢管（材料 06Cr19Ni10，长 110mm）。在导轴承座圈上增加的 20 个 $\phi30$ 的回油孔，加快油槽内油的循环，溢油管上端距导瓦中心线以下 30mm。既让部分热油经此溢油管回流至油冷却器，又保证了经过下导瓦的油量，机组运行时控制导瓦的温度在合理的范围内。

按照此方案，下导油路循环时由泵油孔供油（Q_1），下导瓦托板与下导滑转子间隙回油（Q_2）、溢油管回油（Q_3）、原座圈回油孔回油（Q_4）、新增 20 个 $\phi30$ 的回油孔回油（Q_5）。计算结果见表 2-4-2，油循环示意见图 2-4-5。

表 2-4-2　　　　计　算　参　数

参数	数值	参数	数值
转速	750 r/min	泵孔直径	20mm
滑转子外径	850mm	泵孔数	8 个
滑转子内径	706mm	空载压头（MPa）	0.15
工作压头（MPa）	0.02	工作流量 Q_1（L/min）	1260
工作流量 Q_2（L/min）	340	工作流量 Q_3（L/min）	400
工作流量 Q_4（L/min）	120	工作流量 Q_5（L/min）	400
工作流量 $Q_2+Q_3+Q_4+Q_5$（L/min）	1260	计算高液位（Q_4以上）（mm）	10

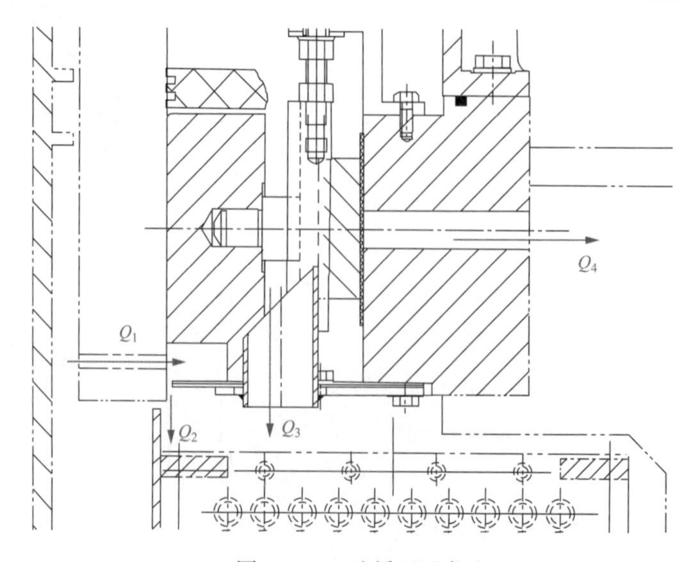

图 2-4-5　油循环示意

通过计算分析，方案实施前（无溢油管，座圈不增开 $\phi30$ 回油孔），按照座圈原回油孔内外径处油位差为 100mm 计算，座圈回油孔的回油量约为 600L/min；方案实施后油循环回油量 1260L/min，增加约一倍，径向孔压差 10mm，液位降低明显，方案可行。

2018 年，该电站结合 2 号机组 C 级检修对该方案进行实施，实施后如图 2-4-6 所示。

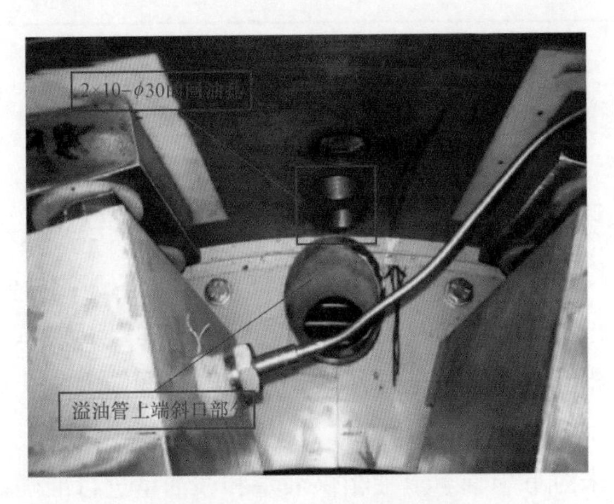

图 2-4-6　下导改造后实景

3. 下导轴承结构优化后运行情况

该电站 2 号机组 C 修后，下导油位基本稳定在轴瓦中心线以下 20mm 处，较检修前油位抬高 40mm，油位稳定，一个 C 修周期内未发生加油现象，下导轴承甩油现象得到了有效治理。检修后机组下导油温较修前降低 3～5℃（见表 2-4-3），整体运行情况良好。

表 2-4-3　修前、修后温度情况对比　（单位：℃）

机组	发电 60MW		抽水－60MW	
	修前	修后	修前	修后
下导水温	27.1	28.3	27.7	29
1 号下导瓦温度 Z67	56	51	57	51
2 号下导瓦温度 Z68	55	55	54	48
3 号下导瓦温度 Z69	57	54	55	51
4 号下导瓦温度 Z70	57	51	56	48
5 号下导瓦温度 Z71	57	54	57	48
6 号下导瓦温度 Z72	57	53	53	50
7 号下导瓦温度 Z73	59	53	53	48
8 号下导瓦温度 Z74	56	52	53	50

续表

机组	发电 60MW		抽水－60MW	
	修前	修后	修前	修后
9 号下导瓦温度 Z75	58	55	55	49
10 号下导瓦温度 Z66	57	54	54	49
1-10 下导瓦平均温度	56.9	53.2	54.7	49.2

二、原因分析

1. 下导轴承上油箱尺寸较小

该机组额定转速较高（750r/min），下机架中心体设计尺寸较小，下导座圈内径为1170mm，下导滑转子外径为 850mm，下导上油箱径向单侧空间只有 160mm，轴向空间只有约 350mm，除去 10 块轴瓦及支撑件后，剩余空间极其狭窄。机组运行时在高转速下，汽轮机油翻腾剧烈，油雾沿下导滑转子与油盆盖间隙上爬造成下导甩油。

2. 供油量大于回油量

设计时，主机厂未对下导轴承上油箱供油量和回油量进行准确计算，供油量大于回油量，导致油循环时上油箱汽轮机油不能及时回到下油箱。

三、防治对策

（1）联系主机厂对该机组其他各部轴承的油循环情况进行分析计算，同时提供其他机组下导轴承的改造方案，结合机组检修对其他机组下导轴承进行改造。

（2）后续其他设备或系统技改过程中，对设计、制造、监造、安装及调试等各个环节全过程、全方位管控，严把质量关，避免发生“二次改造”或改造不到位等情况。

（3）加强运行监视，着重关注下导轴承温度和下导轴承油位等的检查工作。

（4）邀请主机厂开展相关培训，进一步提高运维人员的技能水平，提升运维人员分析问题、解决问题的能力。

四、案例点评

本案例中该抽水蓄能电站对下导轴承空间及油循环回路进行详细分析、研究，通过减少泵油孔、增加回油孔及溢油管等措施，改变了油槽中汽轮机油路径，从而保证机组在正常油位运行时，避免汽轮机油往上跑而溢出油盆盖，使下导轴承得到充分润滑，保证汽轮机油黏度，降低下导轴承瓦温、油温，从根本上解决了下导轴承甩油问题，大大减少了机组的维护工作量，净化了风洞和水车室环境，节省了经济损失，机组可靠性得到进一步提升。同时，消除了因甩油对下水库下游河道的污染，保护了下游河道生态环境。希望本案例能给存在同类缺陷的电站提供借鉴和参考。

案例 2-5　某抽水蓄能电站机组下导轴承盖板螺栓脱落*

一、事件经过及处理

2016 年 1 月 9 日，某抽水蓄能电站在机组定检过程中对推力及下导上油盆盖进行检修时，发现下导轴承的轴承盖板固定螺栓（M16，8.8 级）脱落 10 颗，且集中于－Y 方向，其中在内油盆盖上找到 2 颗脱落螺栓，其余 8 颗未发现，推测已落入推力内油盆中。2 颗脱落螺栓的丝扣上，带有从下导轴承盖板支座上咬下的母材，其中 1 颗达 4 圈之多，脱落螺栓及所带出母材如图 2-5-1 所示。

图 2-5-1　脱落螺栓及所带出母材

下导轴承盖板为 8 块均分，共 32 颗垂直把合螺栓，10 颗螺栓脱落（约 1/3），对下导瓦盖上剩余 22 颗螺栓进行检查，发现脱落螺栓区域附近的螺栓均有不同程度的松动现象，在此情况下，下导轴承存在极大的松动风险，若继续运行，可能会造成下导瓦的严重损坏，必须立即开展检修。

在下导瓦盖拆开吊起后，运维人员经过测量发现：瓦盖厚度 32mm、母材螺孔深度 50mm（其中丝扣部分约 40mm）；瓦盖 32 颗螺栓中 30 颗螺栓长度为 50mm，2 颗为 45mm，2 颗 45mm 的螺栓均脱落；脱落的螺栓螺纹上均带有丝扣，长的丝扣约 10mm，短的约 5mm，螺栓上的弹簧垫片约 4.5mm，平垫约 2mm，螺栓安装部位和分布如图 2-5-2所示。

经与调度沟通，将机组转为 D 级检修，对下导瓦盖板进行拆解检查，盖板拆除后对下导瓦及轴领进行检查，未发现异常情况。同时打开推力观察孔，在推力下油盆处发现全部 8 颗螺栓及弹簧垫和垫圈。

经过计算分析，发现脱落的 10 颗螺栓里，与母材把合部分丝扣长的约为 50－30－4.5－2＝13.5mm，短的约为 45－30－4.5－2＝8.5mm；而标准要求 M16 的螺栓把合长度应不低于 16×1.25＝20mm。

查阅相关资料并与发电机厂家沟通后，确定原因为 M16 螺栓把合长度不合格，同时油盆内不应使用弹簧垫圈的锁紧方式，最终决定将把合螺栓加长 10～60mm，并改变原有螺栓锁紧方式，取消原有平垫圈和弹簧垫锁紧方式，改为采用 1mm 厚单耳止动垫

* 案例采集及起草人：卢彬、李永杰（河北张河湾蓄能发电有限责任公司）。

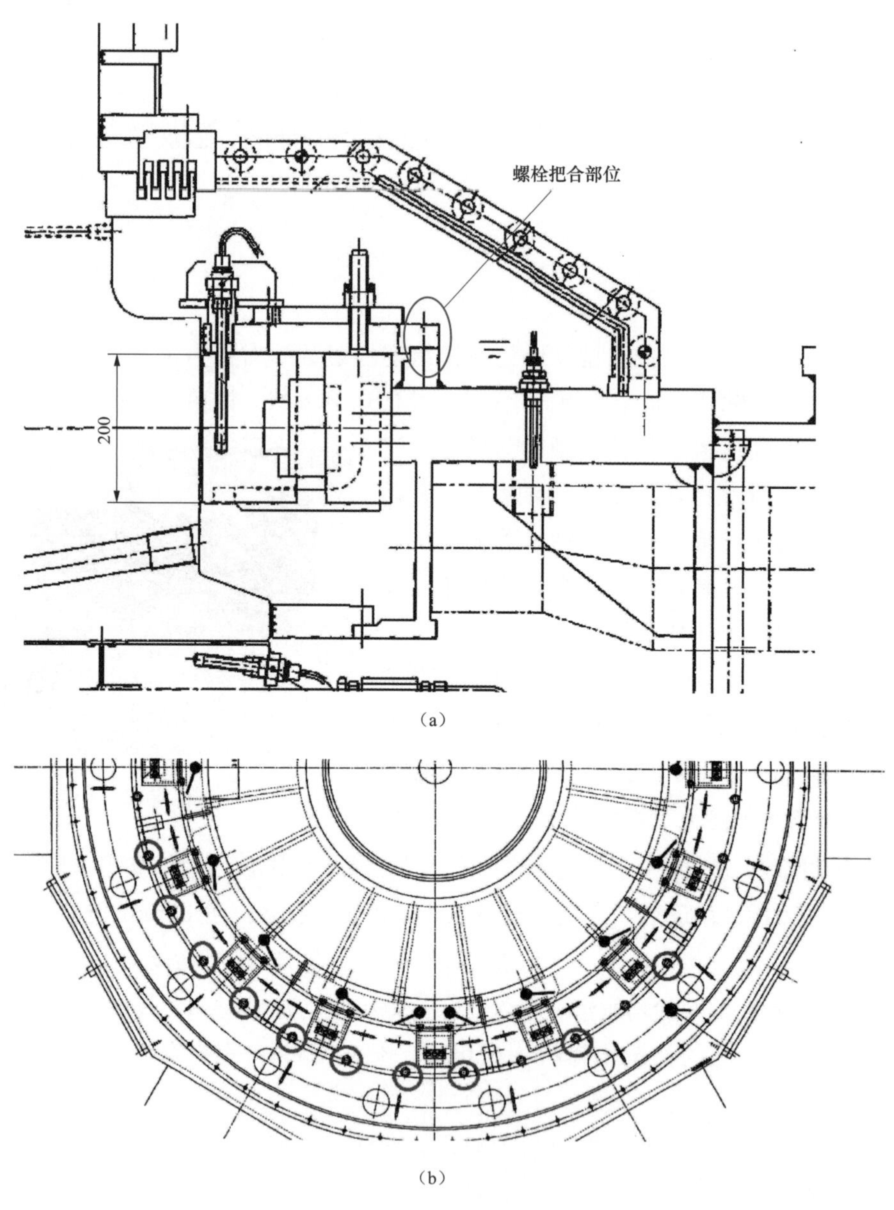

图 2-5-2　下导轴承盖板

(a) 螺栓位置；(b) 脱落螺栓分布

片锁紧，60mm 的螺栓把合长度约为 60－32－1＝27mm，满足标准要求，紧固力矩参考 M16/8.8 级螺栓把合国家标准，确定为 206N·m。

二、原因分析

在机组运行过程中，机组旋转过程中主轴与下导瓦在接触时会产生一股横向的撞击力，该撞击传送到挤压楔子板时，由于楔子板是有角度的，导致形成向上的冲击力，而瓦盖是与楔子板固定的，这股冲击力就带动瓦盖向上冲击，经过机组长时间运行，加上瓦盖螺栓把合不够，就导致了螺栓咬下丝扣脱落的现象，判断先是两根45mm的螺栓脱落，而后附近的50mm螺栓开始脱落，脱落区域逐步扩大。

同时，厂家通过核对施工图纸，确认下导瓦盖螺栓处不应使用弹簧垫片，应只用一个锁定片。

直接原因：M16螺栓把合长度不合格，同时油盆内不应使用弹簧垫圈的锁紧方式。

间接原因：机组在安装期间，施工队伍未严格按照国家标准及厂家图纸资料施工，错误地使用M16×50螺栓，甚至包含2颗M16×45螺栓，同时在油盆内部使用弹簧垫作为螺栓防松动措施，说明施工过程中工艺要求不严格，对螺栓的使用疏于管理。

三、防治对策

（1）结合机组定检，通过内窥镜检查下导轴承瓦盖螺栓是否存在螺栓松动及脱落现象，如有发现，及时申请检修，针对性消缺。

（2）结合机组C级及以上检修，对其他机组下导轴承瓦盖螺栓进行全面拆卸检查，对螺栓把合长度不满足要求的和使用弹簧垫圈防松的螺栓进行更换。

（3）对螺栓的使用做到举一反三，检查机组各个部位螺栓把合长度，螺栓的使用做到严格管理，杜绝施工过程中的麻痹大意。

四、案例点评

小螺栓引发大缺陷的案例屡见不鲜。机组重要部位固定螺栓的采购、安装或更换过程中，除了做好硬度测量、光谱检验、理化试验、无损检测外，还需在基建安装阶段、运维检修阶段结合机组检修复核螺栓尺寸和力矩，对螺栓的把合长度做到严格管理，严格按照图纸及国家力矩标准施工，提高螺栓安装工艺及监督，杜绝因螺栓质量或安装不达标引起的安全事故。同时，在机组运行阶段，要做到精心维护，发现异常情况及时分析处理，保证设备的良好运行状态。

案例2-6 某抽水蓄能电站机组推力瓦损坏*

一、事件经过及处理

2016年7月31日，某抽水蓄能电站500kV线路检修结束恢复运行，按照机组运维要求，机组停机较长时间正式投入运行前需进行试转，机组试转时，主进水阀打开、风

* 编者：李向阳、徐步超、郑文强（福建仙游抽水蓄能有限公司）。

闸退出后，发现机组无蠕动转速（正常在主进水阀打开风闸退出后导叶漏水即可使机组蠕动），遂电手动开导叶至2.6%，机组仍无转速，立即向省调申请机组隔离检查。

机组隔离后，检查风闸投退正常，主轴密封供水正常，启动高顶泵，人力手动盘车无法盘动（正常机组4人盘车就可盘动，此次8人盘不动）。对机组旋转部件与固定部件配合部分进行如下排查：

（1）发电机机罩内检查上导轴承盖板与主轴间隙正常，拆开上导/推力轴承排油雾装置，检查油槽内上导轴承正常，油槽内干净无异物。

（2）高压油泵运行正常，测量高压油泵启动后机组抬机量，交流泵启动出口压力7MPa左右，转子顶起高度0.06mm，直流泵启动出口压力同样7MPa左右，转子顶起高度0.06mm。

（3）检查风闸投退正常，发电机风洞内现地检查机械制动器投退正常。

（4）下导轴承盖板与主轴间隙正常。

（5）拆开下挡风板三块，检查定、转子空气间隙间无异物，定、转子检查正常。

（6）水导轴承盖板与主轴间隙正常。

（7）顶盖内检查主轴密封主轴挡水环与水箱盖间隙正常，主轴密封供水管路、弹簧检查正常，主轴密封供水压力，密封腔压力正常。水车室内检查导水机构正常。

（8）拆开上导/推力轴承排油雾装置，检查油槽内上导轴承正常，油槽内干净无异物。

（9）上导推力油槽排油后，拆开推力油槽+Y和−Y方向侧盖板及内部稳油圈后检查发现磨损的钨金均堆积在发电工况出油侧，如图2-6-1所示。

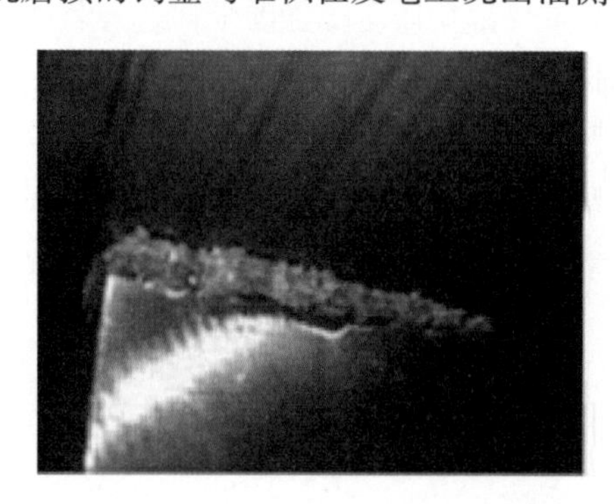

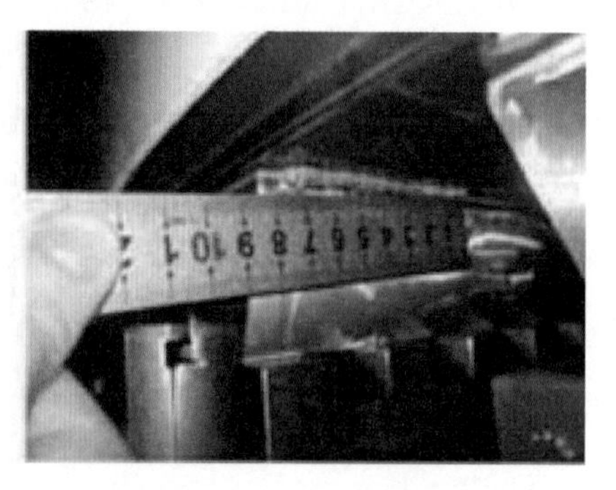

图2-6-1　推力轴瓦钨金堆积情况

该机组随即转为C修，推力瓦全部拆出，12块推力瓦损伤部位均在外侧，宽度8cm左右，钨金几乎堆积在发电方向出油边，如图2-6-2所示。

（1）结合机组C修，更换全部12块经探伤合格的推力瓦。

（2）将高压油顶起系统溢流阀整定值调整至20MPa。

（3）更换便于清洗的高顶进口滤油器及滤芯。

（4）更换通流能力更强的出口过滤器。

（5）更换高压油顶起系统油泵，将供油流量由目前30L/min提高到45L/min，使

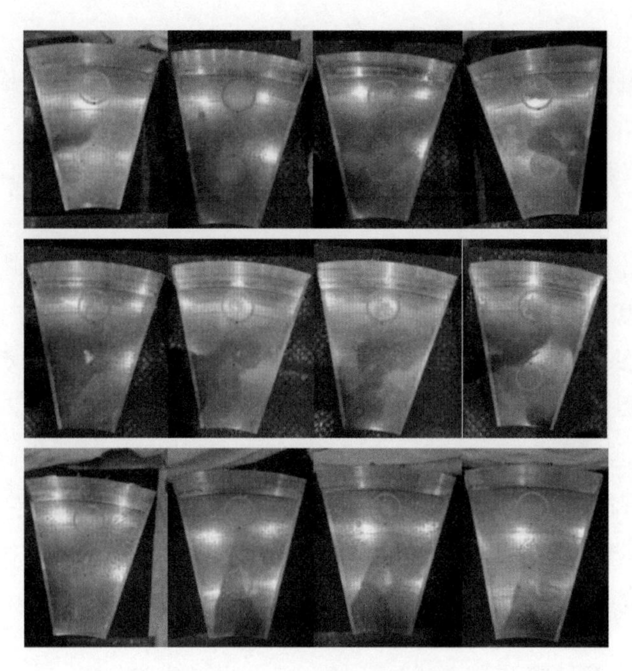

图 2-6-2　推力轴瓦磨损情况

流量裕度进一步提高，提高机组长期运行的可靠性。

经过上述 C 修处理后，D 级以上检修检查推力瓦面未再出现乌金堆积、瓦面磨损现象；定检时对发电机进行盘车检查，4 个人能轻松盘动，机组运行情况良好。

二、原因分析

根据推力瓦瓦面损伤检查结果，且运行时推力瓦 RTD 温度监测一直正常，可判断为低转速下的推力瓦表面局部拉伤。推力瓦损伤是在低转速下，镜板与推力瓦外侧局部接触（不影响开机和正常运行），造成瓦表面拉伤，拉下的钨金聚集在出油边，这一过程长期反复积累，造成瓦面乌金堆积现象，形成很大阻力，导致该机组无法人力盘车，并且在导叶开至 2.6%的情况下也无转速的现象。

此次推力轴承瓦损坏的原因为：一是高压注油泵出口溢流阀（安全阀）动作压力现场整定值为 11MPa，低于设计整定值 20MPa，致使在高压注油泵启动后，溢流阀动作，无法形成足够的瞬时冲击压力，导致镜板和瓦不能完全脱开；二是高压注油系统油泵流量偏低，安全裕度不足，且注油系统稳定运行压力报警值设定较低，导致推力瓦供油压力不足，瓦面油膜不均匀，在机组低转速运行时造成推力轴承瓦表面局部磨损，经长期积累，致使瓦面磨损不断加剧。

三、防治对策

（1）将 4 台机组的高压油减载系统溢流阀整定值调整至 20MPa，以满足机组启动瞬间产生足够大的冲击力使镜板和推力瓦完全脱开。

(2) 结合机组检修，对各机组推力瓦进行外观检查和无损检测，检查推力瓦面高压油出油均匀，供油管路、接头无渗漏。

(3) 结合每月机组定检，定期对机组转动部分进行盘车检查，确保高压油减载系统正常。

(4) 运维人员在机组运行时加强对推力瓦的瓦温监视，启动过程中加强对高压油减载系统的油压监视。

(5) 结合检修、定检，对高压油减载系统进出口过滤器滤芯进行更换或清扫，确保油流正常，无堵塞。

(6) 更换高压油顶起系统油泵，将供油流量由目前 30L/min 提高到 45L/min，使流量裕度进一步提高，提高机组长期运行的可靠性。

(7) 主机厂家提供新型的可拆卸式高压注油泵入口滤油器，以方便在日常维护和检修时进行清洗检查。

四、案例点评

推力瓦属于抽水蓄能机组核心部件之一，主要承担转动部件重量和机组运行时的轴向水推力，其故障会严重影响机组长期安全稳定运行，本案例中推力瓦磨损主要是由于高压注油泵流量设计偏低造成，同类电站在设计安装期间应加强高压注油装置的计算复核，尽量提高注油泵的安全裕度，防止推力瓦边沿两侧出现油膜不均匀，造成推力瓦边沿两侧磨损问题。

案例 2-7　某抽水蓄能电站机组下导及推力轴承油槽漏油*

一、事件经过及处理

某抽水蓄能电站自 2016 年初首台机启动调试以来，1～3 号机组发电电动机下导及推力油槽均存在严重的漏油问题，4 号机组情况相对较好。

漏油问题主要表现为：

(1) 风洞内部定子线棒下端部、转子磁轭、风闸、空冷却器等发电机设备表面上粘有较多油渍，并挂有油滴（见图 2-7-1 和图 2-7-2）。

---

* 案例采集及起草人：赵志文（浙江仙居抽水蓄能电站）。

图 2-7-1　转子磁轭拉紧螺杆螺母和下风扇环板的油滴

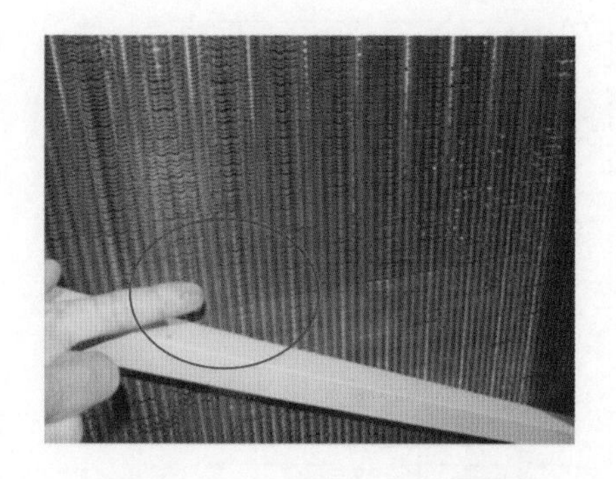

图 2-7-2　空冷器上存在积油

（2）风洞内部地面及下机架盖板上有大量积油，并漏至水车室，导致控制环、拐臂、连杆等水轮机设备表面积油严重，需要定期清理。

（3）机组启动后推力轴承镜板泵建压较慢，一般需要 20～30min 左右，且压力不稳定。

（4）据统计机组在运行高峰期，每 20 天需补油一次，每次 90L 左右。

经与厂家多次分析讨论，制定以下治理措施：

（1）将 RTD 引线葛兰头密封结构改造为航空插头结构（见图 2-7-3）的双层密封（即油槽内侧和外侧均设置密封），并通过工厂预制，现场整体焊接于油槽壁上，完全保证密封的可靠性。

(a)

(b)

图 2-7-3　航空插头结构

(a) RTD 引线航空插头；(b) RTD 引线航空插头（安装后）

（2）采取接触式密封盖下移、改进 L 形板等处理措施将下导油腔与推力油腔分隔开，即拆除原来的下导瓦支撑结构，并重新焊接一圈 L 形板，有效防止由镜板泵过来的压力油通过下导油腔窜至油盆外（见图 2-7-4）。

（3）在油槽盖板安装时，通过在合缝面增加涂抹面密封胶、采用耐油胶皮等方式，

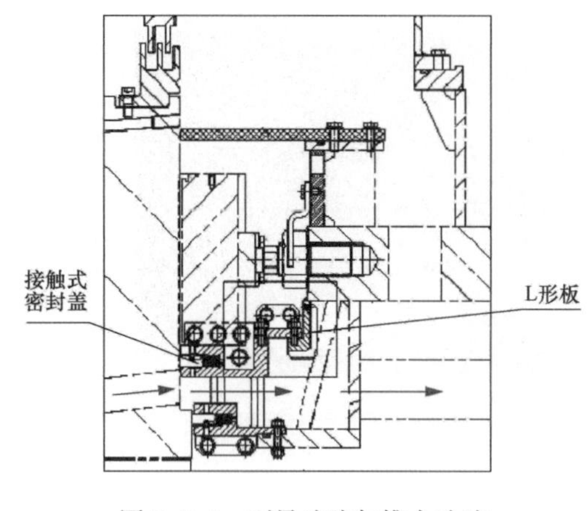

图 2-7-4　下导油腔与推力油腔分隔开结构

提高安装过程中的工艺控制，尽可能减少安装不当导致甩油的情况。

二、原因分析

1. 直接原因

漏油点主要包括下导及推力轴承瓦测温元件（RTD）引线穿出油槽位置葛兰头密封、上端部油挡、油槽盖组合缝等位置。主要原因有以下两点：

（1）RTD引线葛兰头密封结构设计不合理，压力油会沿下导及推力轴承瓦RTD引出线漏出。

（2）下导及推力油槽设计不合理。该电站机组为半伞式结构，推力及下导布置在同一油槽中，推力轴承镜板采用自泵式冷却润滑循环方式，机组运行时油槽内建有0.15～0.4MPa的压力，导致压力油从油槽密封盖上端窜出。同时，由于转子内部风冷流道的设计，推力油槽上端部油挡处存在负压，导致大量油雾从油挡处被抽出。图2-7-5所示为发电机推力镜板泵原结构，箭头表示漏油路径及位置。

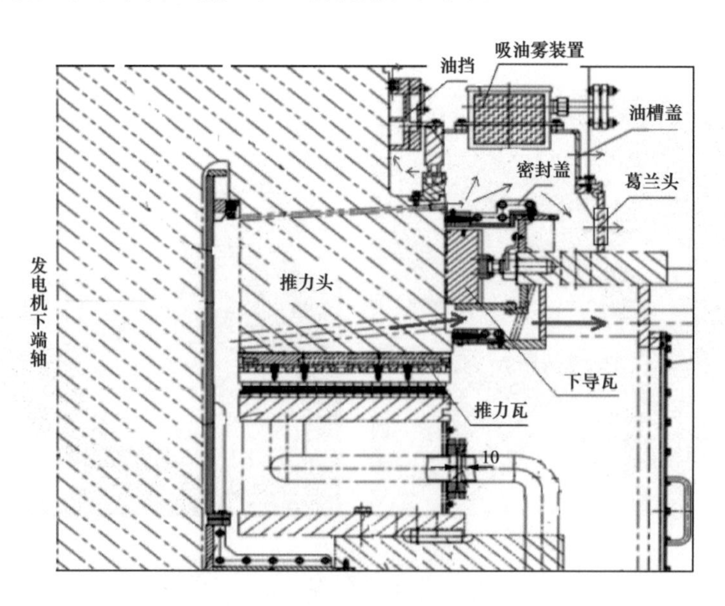

图 2-7-5　发电机推力镜板泵原结构

2. 间接原因

主机厂在抽水蓄能机组上首次使用镜板泵技术，没有成熟的使用经验，且没有经过充分试验论证，对可能造成的后果没有深入分析。同时，电厂侧对主机厂家新技术的应用未进行严格管控，未提出进行专家论证、真机模拟试验等具体要求。

三、防治对策

（1）对于动密封的结构设计，应综合分析机组运行时转子负压和轴承内部油压等影响因素，密封腔的压力梯降不宜过大。

（2）对于测温元件（RTD）引出线等静密封的结构设计，宜采用航空插头结构的双层密封，有效防止漏油。同时组合密封面密封应设计采用O形结构形式，尽量减少使用平面橡胶皮密封形式。

（3）主机厂在抽水蓄能机组上首次使用镜板泵技术，没有成熟的使用经验，建议后续电站在厂家采用新结构、新型式设计时，要求进行1∶1真机模型试验，以验证设计效果。

（4）主机厂应对轴承防甩油进行专门的设计分析、计算，包括风压、油压等，各种部件需采用成熟的结构。

（5）要求厂家对所有可能漏油的结合面提出安装工艺要求和安装质量控制标准，安装时严格按照工艺要求进行，安装完成后严格按照质量控制标准进行验收。

四、案例点评

由本案例可见，抽水蓄能电厂应尽量要求主机厂家设计使用成熟的、有多年丰富运行经验的产品，本案例中下导油盆的镜板泵技术为首次应用在抽水蓄能机组上，厂家未充分考虑防止甩油的相关措施，未进行相应真机模拟试验，或者试验不够充分，未暴露出甩油问题，导致电站投产后进行了一系列的改造处理，严重影响了机组的安全稳定运行。所以当厂家采用新结构产品设计时，务必组织召开专家论证会，充分考虑各种可能导致的后果和相应防控措施后再予以实施。

同时，新电厂投运后，运维人员应积极主动地发现问题，仔细分析，任何异常的蛛丝马迹都可能是后续出现严重问题的征兆，并及时与厂家沟通制定相关处理措施。

案例2-8　某抽水蓄能电站机组推力瓦异常移位*

一、事件经过及处理

某抽水蓄能电站4号机组C修期间，推力轴承抽瓦检查发现推力瓦向内径侧异常移位，最大位移量达20mm（见图2-8-1），内限位块严重变形。

---

* 案例采集及起草人：赵宏图（浙江仙居抽水蓄能电站）。

图 2-8-1　推力瓦向内径侧异常移位

根据该异常情况，该电站立即组织召开缺陷分析会，与厂家讨论分析后形制定以下措施：

（1）修改发电机高顶泵启动逻辑，在机组停机后高顶泵继续运行 30min，并在停机期间每小时启动 1 次，时长为 3min，以防止机组停机时摩擦力增大，带动推力轴瓦向内径移动。

（2）结合检修，利用推力轴承瓦、托瓦及基础环上已有的螺栓孔增设限位板（见图 2-8-2 和图 2-8-3），即将推力轴承瓦与托瓦之间的内侧径向限位改造为在推力瓦外侧增设限位板和螺栓固定的限位方式，以限制推力瓦内移的距离。

图 2-8-2　增设限位板实物

图 2-8-3　增设限位板设计图

（3）将变形的推力轴承瓦与托瓦之间的内侧径向限位板按照图纸要求进行校正。

二、原因分析

1. 直接原因

（1）该电厂主轴、推力头和推力镜板采用一体式设计，高压注油泵随机组启停而启停。

（2）机组运行时，推力头与推力镜板受热产生膨胀（见图 2-8-4）。

（3）机组停机后，推力头和推力镜板冷却收缩，高压注油泵停止运行，推力镜板与推力瓦间油膜减少，摩擦力增大，带动推力轴瓦向内径移动（见图 2-8-5）。

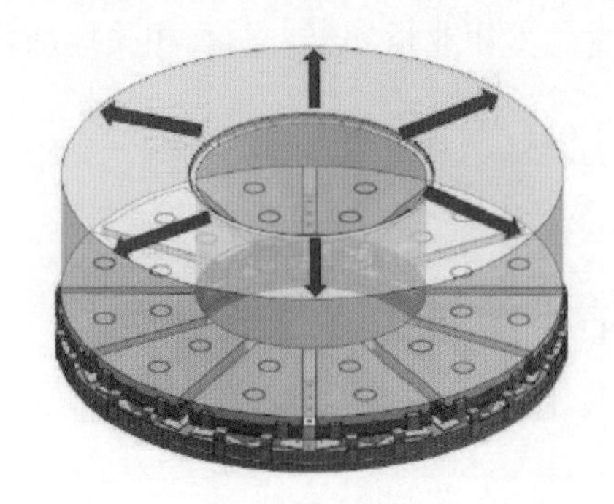

图 2-8-4　推力头与推力镜板受热膨胀

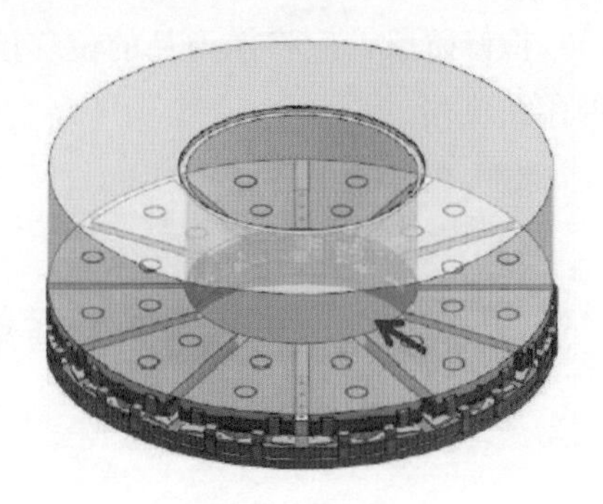

图 2-8-5　推力头与推力镜板冷却收缩带动推力瓦内移

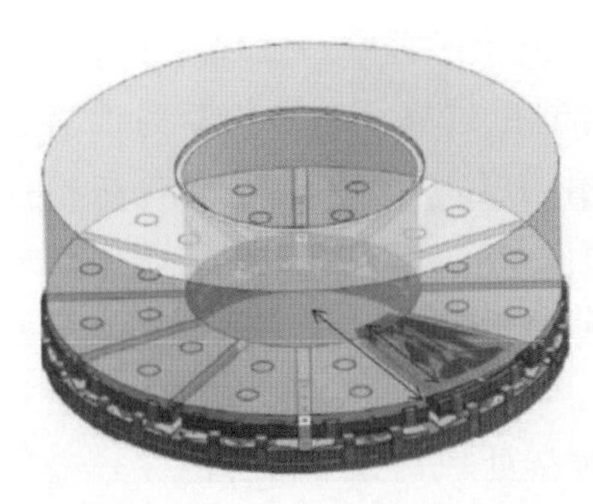

图 2-8-6　推力瓦在原位热膨胀

（4）当机组再次启动后，高压注油泵运行，推力镜板与推力瓦间形成油膜，摩擦力减小，推力头与推力镜板可以自由向外径热膨胀，而推力瓦只能在原位热膨胀（见图 2-8-6）。经过长期累积，推力瓦出现向内径的明显移位。

2. 间接原因

设计人员和电厂运维人员对推力瓦在机组启停过程中产生的可能位移变化分析不深入，未考虑到推力头热胀冷缩及推力油膜对推力瓦位移可能产生的影响，未制定相应的防控措施。

三、防治对策

（1）结合检修对其他机组推力瓦内移情况进行排查，并增设外侧限位装置。

（2）机组C级及以上检修时加强对推力瓦位移情况的检查，并列入作业指导书，允许向内移动 2mm，若超限，应全面检查限位板及其螺栓是否存在断裂、变形等异常情况。

四、案例点评

（1）针对主轴、推力头和推力镜板一体的形式，设计时应充分考虑主轴热胀冷缩对推力瓦的运行影响，并做好防止推力瓦内移的措施。

（2）设计时应考虑高压注油泵启停逻辑，机组停机后延长高顶泵运行时间，以减小推力镜板与推力瓦间的摩擦力，防止推力镜板冷却收缩时带动推力瓦向内移位。

（3）设计制造阶段增强推力瓦间限位块的强度，防止受力发生变形。

（4）日常运行运维过程中，加强对推力瓦温的趋势分析，若存在异常持续增大趋势，及时进行检查。

（5）检修阶段，应将推力瓦的位移情况检查列入作业指导书，明确相关标准，以确定是否存在位移。

案例 2-9　某抽水蓄能电站机组推力冷却器漏水*

一、事件经过及处理

2016 年 2 月 1 日 21 时 57 分，某抽水蓄能电站 7G/M 机组泵工况开机，22 时 09 分，7G/M 机组抽水工况稳态。运行人员进行现场巡检过程中，发现水车室上盖有大量漏油，进一步检查发现 7G/M 机组推力油槽油位过高，初步判断为油槽进水，为避免烧损推力轴承轴瓦，造成机组事故，请示调度 7G/M 机组立即停机检查处理。

2 月 2 日 3 时，7G/M 机组检修隔离措施执行完毕，检修人员持工作票进行现场检查处理。

将 7G/M 机组推力轴承乳化油排至油库污油池等待处理；分解对称的 3 号、11 号推力轴承冷却器进行外观检查，未发现异常；投入机组技术供水逐步进行冷却器分组耐压试验，检查中发现 16 号冷却器压力下降较快，其余冷却器均保持压力不变，随即将 16 号冷却器分解拔出检查，发现其外圈冷却铜管存在刮碰后的漏点（见图 2-9-1）。对其附近油槽内部进行检查，发现与其相连的 1 号冷却器上方稳油板脱落，机组运行中在油流作用下与 16 号冷却器外圈冷却铜管发生接触，造成该冷却器铜管损伤。

推力油槽稳油板固定方式为 1 颗双头螺栓配 3 颗螺母，螺栓一端与推力油槽盖相连接并采用单螺母固定，另一端与稳油板连接，稳油板上下分别采用螺母固定（具体结构见图 2-9-2 和图 2-9-3），固定稳油板的 4 颗螺栓中有 3 颗螺母及 1 颗螺栓脱落造成其整体脱落。由于与固定稳油板的螺母设计中无垫片，该螺母脱落可能为在机组运行过程中，由于机组振动及油流冲击致使稳油板产生振动，造成螺栓松动。每隔一个推力轴承冷却器，拔出一个推力轴承冷却器，共拔出 8 个轴承冷却器（单号），做好轴承冷却器

---

* 案例采集及起草人：王志新、张继国（白山发电厂）。

防护措施，防止冷却器铜管损坏。

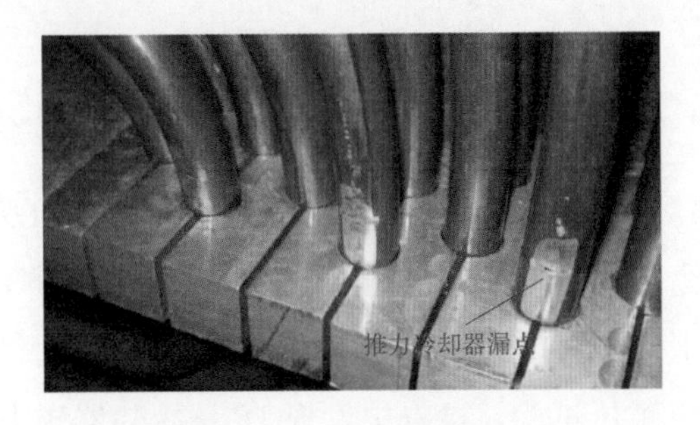

图 2-9-1　冷却器漏点

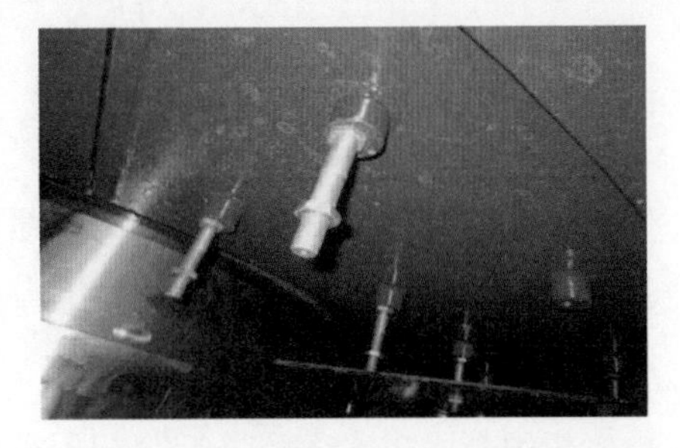

图 2-9-2　7G/M 机组 1 号冷却器上部的稳油板把合螺栓脱落情况

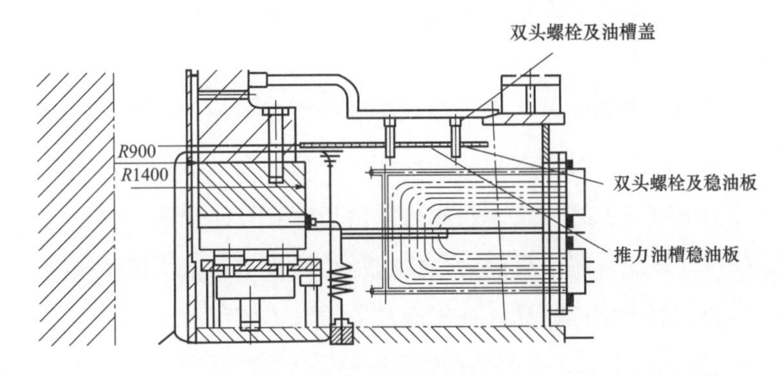

图 2-9-3　稳油板布置

7G/M 机组推力轴承 16 号冷却器铜管焊接后，进行 16 号冷却器耐压试验，水压 1.0MPa，时间 30min，冷却器无渗漏，试验现场见图 2-9-4。

7G/M 机组推力油槽清扫完成后，对稳油板把合螺栓进行全面检查，同时将其下部螺母逐个退出，加平垫、弹簧垫及螺纹锁固胶后进行重新紧固，见图 2-9-5。

图 2-9-4　机组 16 号冷却器耐压试验

图 2-9-5　机组冷却器稳油板螺栓紧固后

推力冷却器回装前对油槽内部进行检查，确认无异物遗留，逐一回装推力冷却器完毕后，推力油槽充油，推力轴承油位充至 38 个格，7G/M 机组推力轴承整体耐压试验无渗漏。顶转子工作已完成，设备可以投入运行。

二、原因分析

（1）该电站 7G/M 机组为半伞式机组，推力轴承采用油浸式内循环冷却系统和双层分块瓦弹性梁支撑的自调均载结构，推力冷却器为内置独立抽屉式冷却器，共计 16 件。

（2）将 7G/M 机组推力轴承 3、11 号冷却器对称分解，进行外观检查，未发现异常；投入机组技术供水逐步进行冷却器分组耐压试验，检查中发现 16 号冷却器压力下降较快，其余冷却器均保持压力不变，随即将 16 号冷却器分解拔出检查，发现其外圈冷却铜管存在刮碰后的漏点。对其附近油槽内部进行检查，发现与其相连的 1 号冷却器上方稳油板脱落，机组运行中在油流作用下与 16 号冷却器外圈冷却铜管发生接触，造成该冷却器铜管损伤。

（3）推力油槽稳油板固定方式为 1 颗双头螺栓配 3 颗螺母，螺栓一端与推力油槽盖相连接并采用单螺母固定，另一端与稳油板连接，稳油板上下分别采用螺母固定，固定稳油板的 4 颗螺栓中有 3 颗螺母及 1 颗螺栓脱落造成其整体脱落。由于与固定稳油板的螺母设计中无垫片，该螺母脱落可能为在机组运行过程中，由于机组振动及油流冲击致使稳油板产生振动，造成螺栓松动。造成冷却器铜管损伤窜水。

三、防治对策

（1）将机组推力油槽稳油板厚度增加，提高其运行强度。

（2）将稳油板与支架把合螺栓重新分解，安装时加装平垫、弹簧垫，并在涂抹螺纹锁固胶后将螺栓紧固，防止螺母螺杆脱落。

（3）将稳油板边缘进行圆滑过度处理，防止运行中刮碰冷却器。

（4）加强设备巡回，重点检查推力轴承油位有无异常升高，油质有无乳化，发现问题及时处理。

四、案例点评

由本案例可见，对于装设稳油板的独立抽屉式推力冷却器，机组在泵工况运行时，产生的振动及油流冲击致使稳油板产生振动，从而造成螺栓松动，在设计时应提高稳油板的设计强度，保证机组运行中在油流冲击作用下的稳定性，安装过程中应通过加垫片、打螺纹锁固胶等方式固定稳油板把合螺栓，保证其牢固性，以降低缺陷发生的概率；运行中应加强运维管理，对推力轴承整体运行状态、运行数据、设备健康进行分析整理，及时查找异常，以便及时分析和矫正异常。

案例 2-10　某抽水蓄能电站机组下机架焊缝开裂*

一、事件经过及处理

2018 年 9 月，某抽水蓄能电站 4 号机组上导轴承+Y 方向、水导轴承−Y 方向瓦温出现升高趋势，上导轴承、水导轴承摆度下降。经过专业分析判断，怀疑机组组合下机架内部推力瓦表面或推力头与镜板接合面存在缺陷导致机组轴线发生倾斜。2018 年 10 月 26 日该电站 4 号机组 D 级检修过程中，发电机检修工作班成员在执行组合下机架超级螺母力矩检查工作中，发现组合下机架的下支架上 8 条立筋的 T 形焊缝疑似出现裂纹，如图 2-10-1 所示。下支架结构如图 2-10-2 所示。

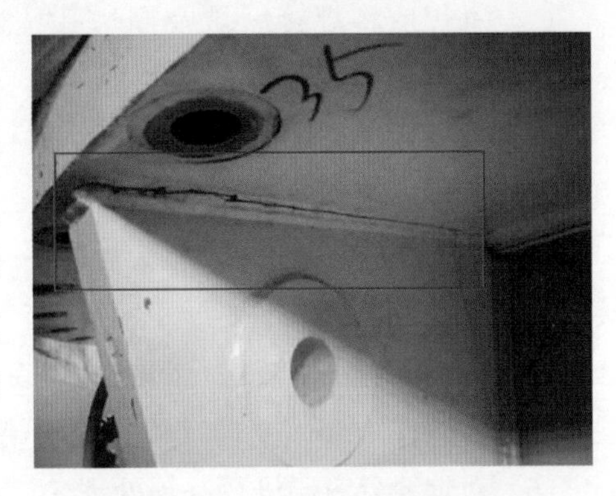

图 2-10-1　4 号机下支架 T 形焊缝疑似开裂位置

电站工作人员立即组织人员对全部疑似裂纹点进行脱漆处理，并安排金属监督专业人员对焊缝进行渗透检测。检测结果表明，4 号机组组合下机架的下支架 8 条立筋的 T 形焊缝均发生开焊缺陷，部分焊缝已全部断裂，开焊情况如图 2-10-3 所示。

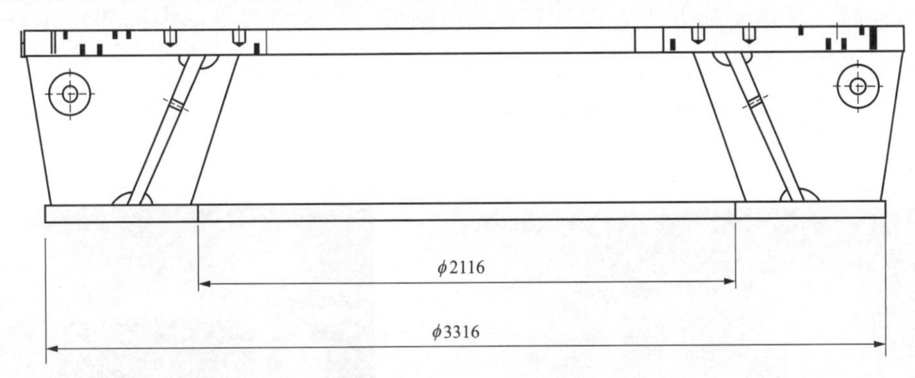

图 2-10-2　下支架结构

针对该缺陷，电站制定了现场处理方案。

1. 处理前准备工作

(1) 拆除水车室内漏油圈等设备，转移转动部件荷重，将组合下机架的下支架拆

* 案例采集及起草人：刘殿兴、胡新文（国网新源控股有限公司北京十三陵蓄能电厂）。

除，并利用长丝杠将下支架落至水车室最低位置便于检查及处理。

(2) 对下支架开裂的T形焊缝进行清扫打磨，去除原有焊脚，确保焊缝表面及两侧50mm范围内无油漆、锈等污物。

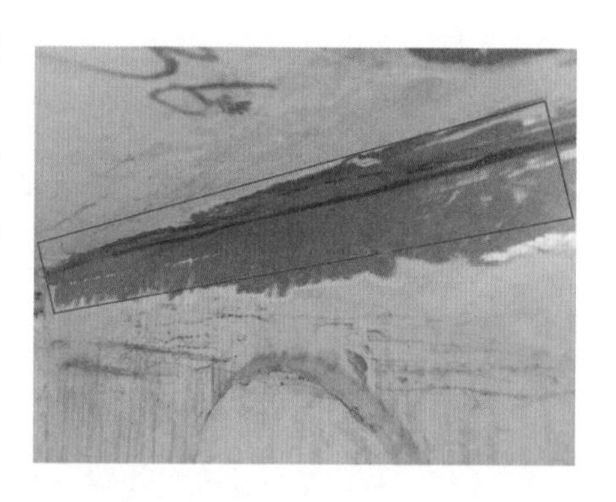

图2-10-3　4号机下支架T形焊缝脱漆后裂纹情况

2. 处理步骤

(1) 焊材选择。母材材质为A516 GR60，焊材为AWS E7015，直径3.2mm。

(2) 补焊前将焊接区域及周边孔位进行可靠封堵，以避免焊渣飞溅落入孔内。

(3) 现场通过火焰预热的方法对母材进行预热，并严格控制预热温度不低于60℃，预热宽度为焊缝两侧100mm范围。

(4) 筋板内侧外侧每次焊接约30～40mm，该焊缝起定位作用，筋板两侧交替焊接，焊接时监控机架水平变形。

(5) 焊接采用小电流进行焊接，焊接电流控制在80～120A，电压8～15V。焊缝每层厚度应控制在4mm左右，焊缝宽度不超过12mm。

(6) 对焊缝分三层进行补焊处理。

3. 过程监控

现场焊接无法确保工件变形量在要求范围内，而下支架水平度将影响推力轴承的水平度，进而影响机组上导轴承、水导轴承摆度。因此，焊接过程中需要通过合理控制焊接温度与焊接顺序，达到控制变形量的目的。因此需要对下支架水平度进行严格控制，具体实施方法为：在下支架内侧推力瓦支撑座平面内圆架设4个百分表、在下支架外圆法兰上架设8个百分表测量焊接过程中水平度。每完成一层焊接，并彻底降温后，使用光学水准仪测量下支架水平度，如图2-10-4和图2-10-5所示。

图2-10-4　光学水准仪测量焊接前后下支架水平变化

图2-10-5　焊接支架横梁放置百分表监测法兰面变型量

焊接工作全部完成后，下支架水平度同焊接前对比如图 2-10-6 所示。可见，焊接前后，下支架法兰水平并未发生明显偏差。在经过金属监督专业人员对修复后焊缝进行渗透及磁粉探伤并检测合格后，修复工作顺利完成。

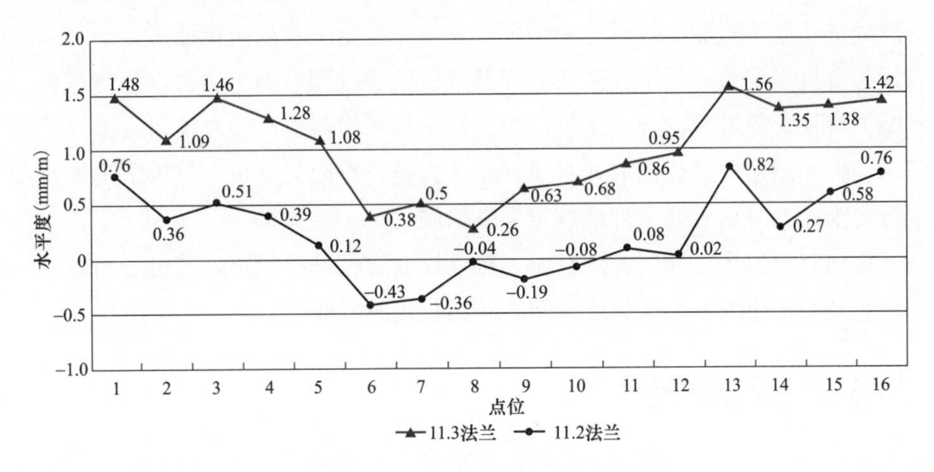

图 2-10-6　组合下机架水平度曲线

4. 回装与运行试验

（1）对补焊完毕的下支架进行彻底清扫并进行回装。

（2）手动开机，监视机组摆度情况。机组上导、水导摆度均未见异常。

（3）机组并网发电、抽水工况下对各部瓦温进行考验，瓦温同修前相比明显降低，4 号机组运行稳定。

二、原因分析

1. 直接原因

联合轴承组合下机架内部安装有推力瓦及镜板，下支架通过 48 颗螺栓与上支架连接，将整个机组转动部件重量及径向水推力传递到固定基础中，4 号机组自 1995 年投运以来目前已经运行 20 余年，初步分析组合下机架长期承受重力运行，并且怀疑焊缝根部存在原始缺陷，最终导致焊缝疲劳开裂。

2. 间接原因

（1）下支架焊缝形式存在争议。目前下支架立筋 T 形焊缝为角焊缝，在焊接过程中，此类焊缝再焊接过程中质量较难控制，并且后期无损检测无法对该焊缝进行超声检测，因此无法发现早期裂纹。

（2）历次检修过程中多次转移转子荷重，造成下支架反复承受较大的交变应力。

（3）日常检查维护不到位。日常巡视检查未仔细观察机架焊缝情况，未能在第一时间发现焊缝油漆开裂情况。

三、防治对策

该电站下支架运行均已超过20年，虽然各台机组下支架已结合大修完成焊缝抽检，但是不排除焊缝内部存在裂纹的可能。但是，由于该电站下支架焊缝采用角焊缝形式，无法对焊缝进行超声检测。针对这一情况，该电站制定一系列防范措施。

（1）结合机组定检，对下支架所有焊缝进行脱漆处理，通过磁粉以及渗透的方式对其余机组下支架焊缝进行检查；结合机组大修策划下机架返厂检修项目。

（2）积极同制造厂进行沟通，对下支架受力进行有限元分析，复核下支架强度是否满足运行要求，并对重点受力部位制定补强措施。

（3）每周对机组运行期间各部瓦温、振动摆渡数据进行收集，通过分析振动、瓦温趋势，判断是否发生因下支架焊缝开焊导致的机组轴线倾斜。

四、案例点评

由本案例可见，半伞式机组下机架立筋焊缝强度将直接影响机组稳定运行。抽水蓄能电站检修导则及金属监督查评大纲等标准规范中要求C级检修对下机架外观检测，要求结合机组A级检修对下机架焊缝进行比例为20%的抽检。上述要求对于运行时间超过20年的半伞式机组来说，该周期设置过长，电站应考虑根据实际情况缩短检查周期。同时，电站宜在条件允许的情况下对承重机架进行强度复核计算，不但可以发现机架设计上存在的不足，还可以针对受力较大的部位进行针对性检查。

此外，通过本案例可知，当承重机架在焊缝出现问题之后，机组轴线将发生偏移。因此，建议在电站设备周分析、月分析中收集并分析机组运行中振动摆度瓦温数据，通过振摆及瓦温异常变化趋势判断发电机组各部轴承以及承重机架是否出现缺陷。

案例2-11 某抽水蓄能电站机组下导风板角铁脱焊及连接螺栓断裂*

一、事件经过及处理

2017年9月20日，某电站1号机组D修期间，在对1号机组发电机转子机械部分

* 案例采集及起草人：李英才、孙政（湖北白莲河抽水蓄能电站）。

进行检查时，发现1号机组转子下导风板固定角铁脱焊严重，进一步检查发现下导风板与固定角铁连接螺杆存在松动、断裂的现象，如图2-11-1所示。

该缺陷发生在发电机转动部件上，断裂的螺杆如果脱落，可随机组运行进入转子磁轭及磁极部分，与磁极铁芯等发生碰撞的可能性极大；脱焊的角铁也可能随机组转动甩出，与下基坑内风闸、高压油管路等发生碰撞，可造成设备损坏、机组停运等严重后果。

发现脱焊现象后，立即对固定角铁连接螺栓进行检查，发现部分螺杆已断裂、松动。

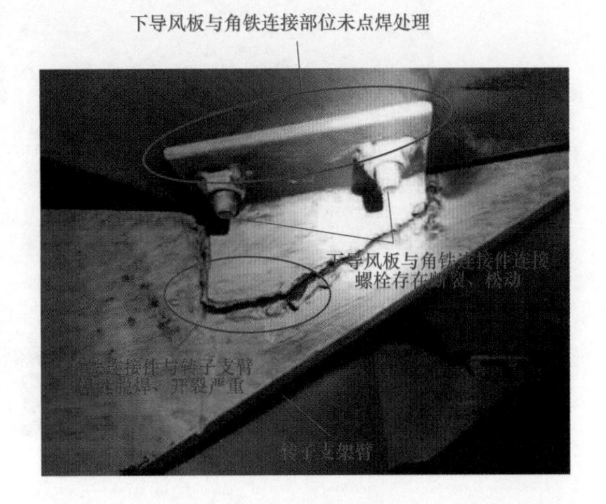

图2-11-1　脱焊的角铁连接件和断裂、松动的连接螺杆

对发电机下基坑及转子磁极极间进行排查，未发现异物掉落。

检查转子支架焊缝，发现支架焊缝良好，焊缝处无裂纹；转子支架外观检查结果良好，未见形变。

对断裂的螺杆进行清除，更换新的高强度螺栓（型号M12×30，8.8级），同时按图纸要求对螺杆点焊，确保紧固措施可靠。

对脱焊的角铁连接件重新打磨焊口，并严格按照焊接工艺要求进行补焊；然后将角铁连接件与导风板底部进行点焊，防止角铁连接件与导风板出现相对位移时，连接螺栓受力过大。焊接工艺如图2-11-2和图2-11-3所示。

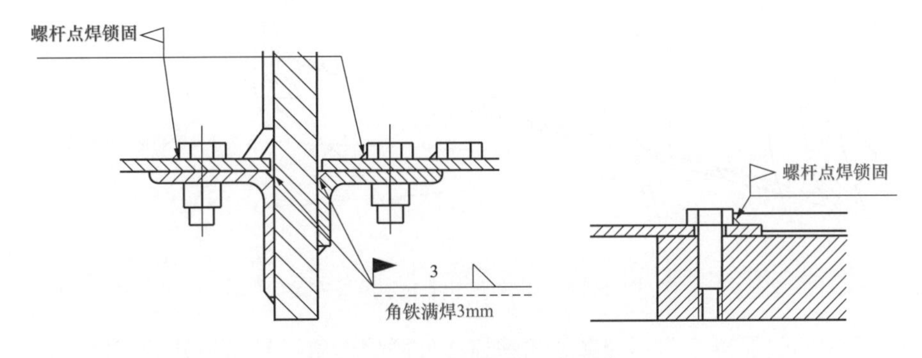

图2-11-2　图纸焊接工艺要求

二、原因分析

分析可能的原因如下：

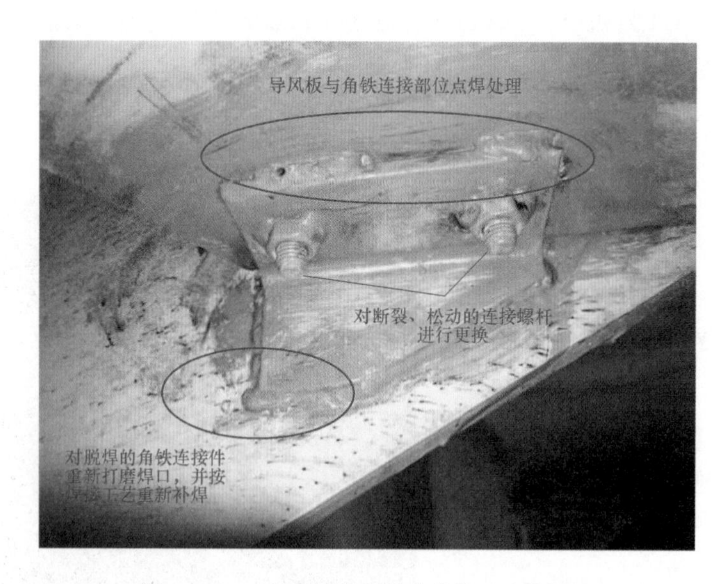

图 2-11-3　处理后的角铁连接件及连接螺杆

（1）发电机转子支架可能存在变形，导致与其连接的导风板受挤压拉伸，在螺杆处产生应力集中，导风板安装如图 2-11-4 所示。

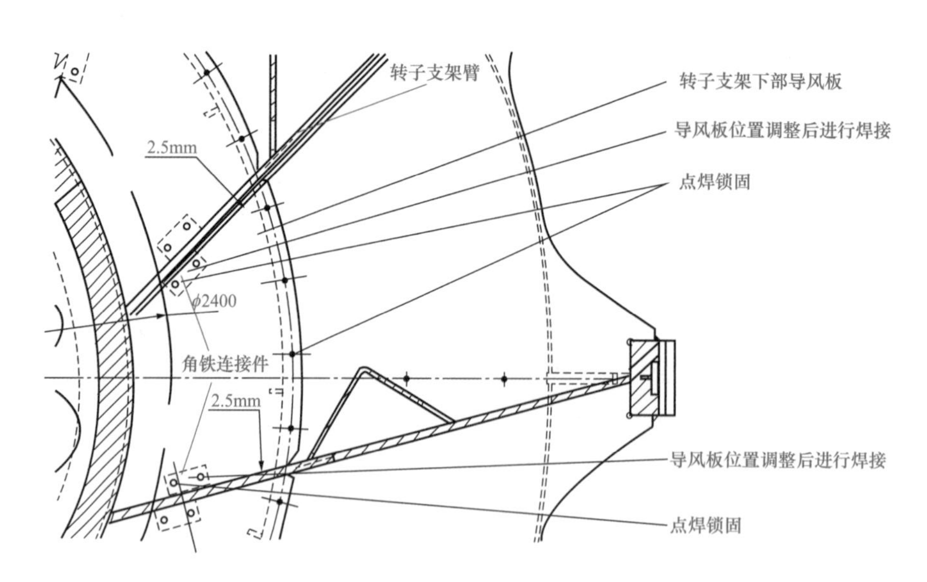

图 2-11-4　转子支臂下导风板安装

（2）安装期间焊接工艺不佳造成角铁连接件脱焊严重，导风板处振动增大，加剧螺杆断裂，角铁焊接如图 2-11-5 所示。

（3）机组运行时，该处受离心力、空气推力相互作用，且发电/抽水工况转换运行频繁，螺杆受力复杂，易产生金属疲劳，受力情况如图 2-11-6 所示。

经排查，转子支架焊缝良好，焊缝处无裂纹，转子支臂未见变形。检查下导风板固定角铁焊接情况及连接螺杆点焊情况，发现固定角铁焊接不均匀，固定螺杆存在漏焊的现象。

综上所述，故障的直接原因为导风板长期受离心力和空气上浮推力作用，螺杆处发生应力集中，造成金属疲劳，且安装期间焊接工艺不佳导致角铁连接件脱焊，导风板处振动增大，加剧了螺杆断裂。

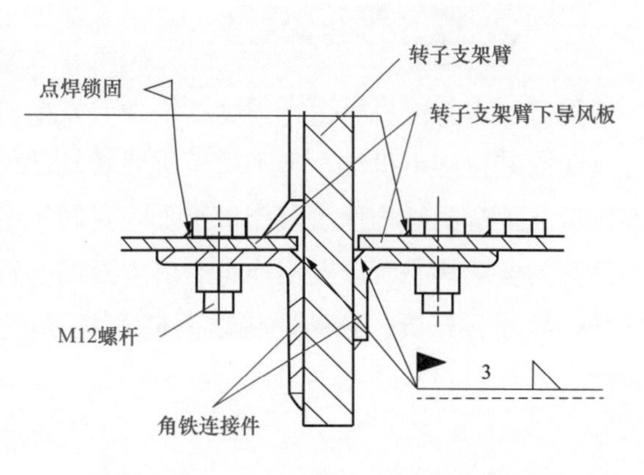

图 2-11-5　下导风板与角铁连接件固定

三、防治对策

（1）对其他机组相同部位进行检查，发现焊缝不均、脱焊等情况，进行打磨、补焊。

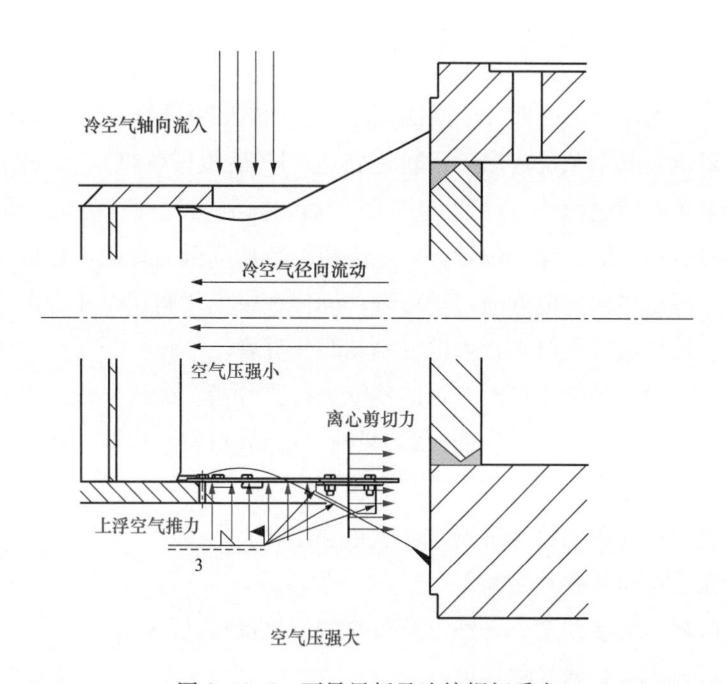

图 2-11-6　下导风板及连接螺杆受力

（2）优化导风板与转子支臂的连接方式，螺杆下端用锁片点焊在导风板上，防止螺杆断裂后由于离心力甩出；在螺孔内侧增加 1mm 厚橡胶垫过渡，降低螺杆因受力剪断的风险。

（3）完善定期检查检测项，将发电机转子支臂下导风板连接螺栓及角铁连接件与支臂焊缝纳入金属监督项目，结合机组检修定期进行探伤，确保及时发现问题、处理问题。

四、案例点评

随着抽水蓄能机组运行强度的增加，发电机转动部件的问题逐渐凸显，转子中心体导风板因其位于下机坑，且不属于重要转动部件，其出现故障后具有一定的隐蔽性。本案例旨在提醒同结构抽水蓄能机组加强对转子中心体导风板连接件的关注、检查，在金属部件的健康状态管理上不能有麻痹大意的心理，应结合电站实际采用尽可能丰富的手段做好检测、分析、判断，将缺陷隐患扼杀在萌芽状态，避免“小”问题酿成“大”事故。

案例 2-12　某抽水蓄能电站发电电动机运行中风洞出现异音*

一、事件经过及处理

2016 年 10 月 26 日 19 时 20 分，某抽水蓄能电站机组 D 修后进行调试工作。动态调试第二步（发电方向空载单步启动，转速到达 70%后机械跳机），当机组机械跳机流程至主进水阀全关、转速低于 50%投电气制动后，风洞内发现有类似于金属碰撞的异音，初步判断异音在靠近中性点位置，声频随机组转速降低而降低，在机组电气制动退出时异音消失。机组再次发电方向启动检查，同样在投电气制动时异音出现，退电气制动时异音消失，机组电气跳机不投入电气制动时无异音。

发现异音后，设备维护人员对异音的特征进行了分析，确认异音产生的方位大致为 $+X$ 方向定子基座上部，异音产生的声源为导磁性金属材料。根据上述分析，将本次异音故障的排查范围锁定为：

（1）机组定子中性点电流互感器，环氧垫块松动。

（2）定子铁芯硅钢片叠片松动。

（3）异音区域内的接线盒、管路以及对应的连接件松动。

（4）异音区域内有金属异物导致。

针对上述可能情况，设备维护人员进行了一一排查：

（1）对中性点电流互感器进行特性检测与现场紧固检查，处理后异音未消除，排除该情况。

（2）使用液压扳手将全部 88 根定子铁芯压紧螺杆按额定力矩紧固后，异音未消失，排除定子铁芯硅钢片松动导致异音可能性。

---

* 案例采集及起草人：陈裕文、蒋坤（华东宜兴抽水蓄能有限公司）。

（3）紧固检查定子铁芯齿压板上 RTD 接线盒，在空冷等冷却管路的金属固定部件用羊毛毡垫牢后，异音仍未消失，排除此种可能性。

（4）用内窥镜详细检查定子铁芯齿压板底部、齿压板压指、定子铁芯梯形槽、上下层线棒缝隙、定转子空气间隙、定转子空气间隙环氧挡风环等区域，在靠近 56 号定子铁芯槽的上端部，19、20 号定子铁芯齿压板（以齿压板压紧螺杆编号命名），机组 $+X$ 方向轴线偏 $+Y$ 方向约 10°方位，发现一金属垫片（内径 10mm，外径 24mm），垫片垂直位于齿压板压齿之间，在定子磁场的作用下碰撞绕组与槽间隔发出金属碰撞异音（见图 2-12-1）。金属垫片与上层定子线棒表面的碰撞轻微破坏线棒防晕层，暂未损伤定子线棒主绝缘，经安德里兹确认，无需对定子线棒做进一步处理。

图 2-12-1　金属垫片

二、原因分析

根据异音的特点，对其产生的原因进行分析：

（1）异音在机组投入电气制动时出现，退出电气制动时消失，而发电空载启动时不出现，说明该异音与风洞内磁场或电场有关，且异音始终在发电机定子中性点附近，说明故障源不在转动部件上。

（2）机组投入电气制动时，定子三相绕组短路，短路电流恒定为 10kA，定子绕组电压近似为 0kV，而发电空载加 100%电压时无异音，调相启动时，定子绕组电流为 650A，中性点处异音明显小于电气制动时，根据上述情形判断产生异音的根源为定子绕组电流，声音的频率随定子绕组电流频率变化而变化，声音的大小随定子绕组电流幅值的变化而变化。

经上述分析可以确定：异音产生的方位大致为 $+X$ 方向定子基座上部；异音产生的声源为导磁性金属材料；异音产生机理为导磁性金属材料在定子电流产生的交变磁场作用下振动导致。最终通过排除法，确认异音是由于线棒上端部遗留的一个导磁性金属垫片所产生。

三、防治对策

机组检修进行拆装挡风板、上机架盖板等工作时，易发生金属垫片掉落、遗留在风洞内部从而造成损坏线棒绝缘等故障，为消除该隐患从两个方面制定了防治对策：

（1）将拆装挡风板、上机架盖板该工序设置 W 点，记录螺栓、垫片数量，以监控螺栓、垫片的数量，防止螺栓、垫片掉落、遗留。

（2）根据国网新源控股有限公司防止发电机损坏事故反措要求“风洞内金属连接材料（如挡风板支架）应采用不锈钢或铝合金等非磁性材料”，计划结合机组大修，将风洞内重要部位的螺栓、垫片都更换为非磁性材料。

四、案例点评

本案例中的故障发生在机组调试时期，临近机组报备投用之际，时间十分紧迫，最终公司人员齐心协力及时将故障处理完毕，避免了检修工期的延误。为避免类似故障再次发生，对本次案例暴露的问题进行分析：工序工艺存在不完善，对重点部位拆装的螺栓、垫片无有效监控手段；从设备设计角度来分析，风洞内金属连接材料的材质选择上存在欠缺，如果选择不锈钢或铝合金等非磁性材料，即使发生了螺栓、垫片的掉落、遗留也不会对线棒等设备造成损伤。针对暴露的问题，运检人员采取了富有成效的防治措施，成功杜绝了以后再发生类似故障而导致定子线棒绝缘损坏事故的可能性，大大提升了电站的稳定运行。

第三章 主进水阀设备

案例 3-1 某抽水蓄能电站机组主进水阀引发输水系统水力自激振动（一）*

一、事件经过及处理

该电站输水系统位于上、下水库之间的山体内，上游侧为一洞二机布置，下游侧为一洞一机布置，在每台机上游侧设置有主进水阀。

该电站在 2014 年 9～10 月期间，两条输水系统先后共发生 4 次水力自激振动现象，压力脉动最大值已接近主进水阀上游静压力的两倍。某次自激振动发生情况如下（以 1 号输水系统水力自激振动为例）：

（1）运行方式。4 号机抽水运行，1 号机抽水调相运行，2 号机抽水调相开机。

（2）自激振动现象。监控信号"1 号机主进水阀工作密封释放/投退""2 号机主进水阀工作密封释放/投退"频繁抖动，1 号机因"1 号机压水过程中工作密封未投入事故停机"。

1 号压力钢管压力波动剧烈，如图 3-1-1 所示。

现场人员检查发现 1、2 号机主进水阀工作密封在不停地投退，动作频率约 360ms（释放-投入 100～120ms；投入-释放 250～270ms）；1、2 号机主进水阀本体有振动，其中 2 号机主进水阀有一根枢轴注油管接头处有水渗出。

在机组停机后，为了减少自激振动源，在 1、2 号机主进水阀检修密封排水管处加装堵头，在主进水阀工作密封"释放"腔排水加装调节阀，以降低水流流速。加大工作密封调节阀开度至 17%～18%（按 90°计），现场以不发生明显振动为依据。

为了及时消除水力自激振动，该电站做了以下措施：

（1）主进水阀上游侧压力送上位机，便于监视。

（2）设置主进水阀上游侧压力报警信号，当压力到达 3.6MPa 时上位机发出自激振荡预报警，当压力到达 3.8MPa 时发出自激振荡报警，自动开启主进水阀旁通阀，消除振动。

---

* 案例采集及起草人：孙逊（华东桐柏抽水蓄能电站）。

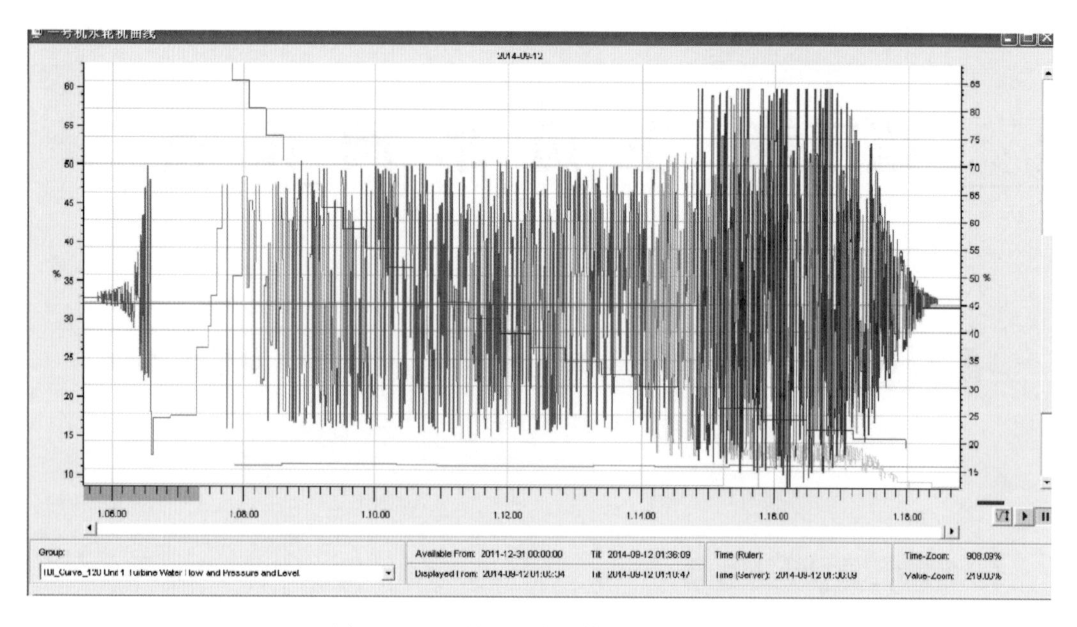

图 3-1-1　1 号机压力钢管压力脉动趋势

（3）上位机增设自动开启主进水阀旁通阀按钮和子流程，在自激振荡报警时可以由人工或者流程自动开启旁通阀。

（4）利用主机检修期间对主进水阀工作密封固定外环铝青铜内表面损伤凹痕进行修复，减少主进水阀本体向工作密封排水腔的窜水。

二、原因分析

自该电站 1 号机 2006 年 5 月投入商用运行以来，电站主进水阀已经过近 9 年的运行，通过平时的检查和机组大、小修发现主进水阀的工作密封/检修密封的“投入”腔和“释放”腔之间以及“释放”腔和主进水阀本体之间存在窜水。该电站在 2012、2013 年依次对 3、1、4 号机组主进水阀工作密封进行检修（检修内容更换滑动环 IDG 密封；补焊修复固定外环）。

2013 年 3 月 6～30 日，1 号机 C 修期间，对 1 号机主进水阀工作密封解体检修，处理了主进水阀工作密封固定外环内铝青铜表面空蚀伤痕。伤痕都是贯穿性磨损后水流冲刷留下的空蚀痕迹，划痕长约 30mm 深约 2mm。1 号机主进水阀工作密封解体划痕处理前后对比如图 3-1-2 和图 3-1-3 所示。

经过讨论分析，自激振动原因为：当作用在工作密封上的压力下降到某一临界值时，工作密封滑动环会稍稍开放一点，形成一小股漏水，这时只要一点点扰动便能使压力钢管内产生很小的正压脉冲，从而使工作密封滑动环趋向关闭，漏水量的减小使传向压力钢管的压力波增大。在一个半周期后由上水库端反射回来的压力波到主进水阀处变为负压波，这个较低的压力使工作密封滑动环重新开放，漏水量增大，负压增值；在下一个半周期后，低压从水库反射回来，又成为高压，促使工作密封滑动密封环闭合，漏

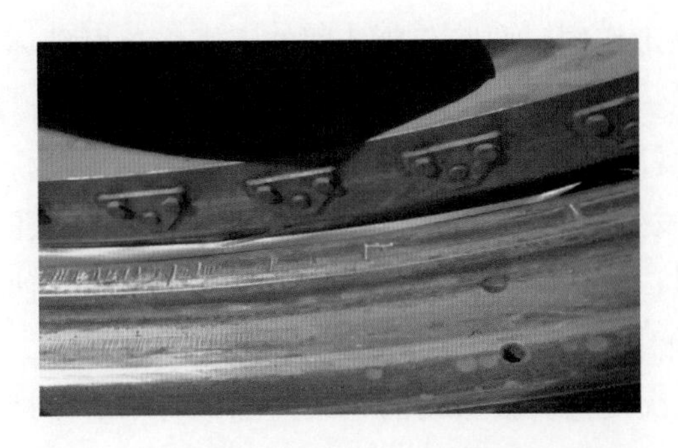

图 3-1-2　主进水阀工作密封解体划痕处理前

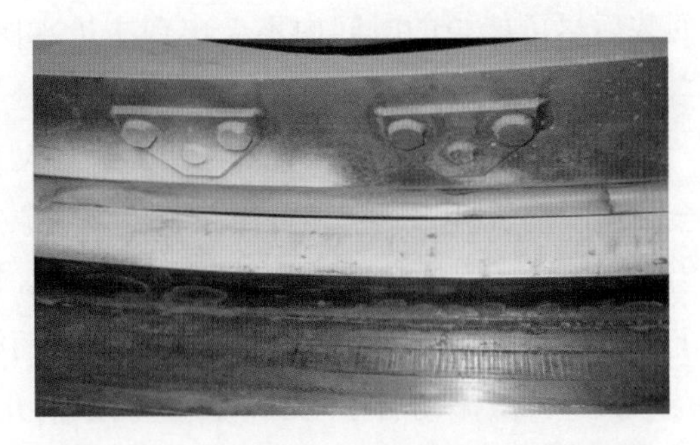

图 3-1-3　主进水阀工作密封解体划痕处理后

水量减小，如此反复交替，终于达到某种状态，工作密封动环上的压力一会儿低，一会儿变得非常高，这样便构成了自激振动的条件。而由于长时间的气蚀冲刷使得主进水阀工作密封“释放”腔和“投入”腔之间，“释放”腔和主进水阀本体之间渗漏严重，导致两腔趋于均压，引起工作密封滑动环压紧处于动作临界状态，系统扰动引起工作密封反复投退，引发主进水阀工作密封漏水，并导致产生水力自激振动现象。

三、防治对策

考虑到抽水蓄能电站在电网调节中的重要作用及机组平时的发电任务和主进水阀工作密封系统整体更换的经济性等客观因素，电站难以在短时间内完成 4 台机组主进水阀工作密封套件的整体更换。为此，该电站多次组织人员根据上述引起输水系统自激振动的原因做出了相应的对策：

（1）修复、更换密封面材料。由于主进水阀工作密封固定外环内为铝青铜表面，强度和硬度都不是特别好，经过多年运行，水力冲刷空蚀影响较大，导致主进水阀工作密封“释放”腔和主进水阀本体之间渗漏，从而导致“释放”腔和“投入”腔趋于均压，使得工作密封在系统扰动时反复投退，导致水力自激振动。为此，该电站对主进水阀工作密封固定外环铝青铜表面空蚀伤痕进行整体修复。将主进水阀工作密封固定外环整体运至机加工厂进行整体堆焊和精车加工（见图 3-1-4）。将原来铝青铜（DIN1733 - CuAl8）表面（厚 5mm）整体切削后，用不锈钢（316L -022Cr17Ni12Mo2）整体堆焊并进行无损检测，再用车床进行表面精加工，使主进水阀工作密封固定外环整体达到原厂的圆度和光滑度，增强密封面硬度，保证工作密封的整体密封效果，使得工作密封固定外环

图 3-1-4　1 号机主进水阀工作密封固定外环机加工后

回装后尽可能长的时间内不会出现主进水阀工作密封两腔与阀体间的窜水，从而破坏自激振动发生的条件。

（2）监控设置自动报警。水力自激振动现对设备损坏较大，如果不能及时发现，将会严重影响机组的运行和备用状态。该现象发生初期，都会伴有机组主进水阀上游侧压力抖动现象，为此，在上位机监控系统增加机组钢管压力超过 3.6MPa 发报警信号，使上位机监盘人员能够及时该异常现象，从而能及时通知人员处理。

（3）自激振动后手动处理措施。从前几次发生自激振动的实践情况来看，快速打开主进水阀旁通阀是一个行之有效的解决办法。为此，在上位机监控画面增加了 4 个按钮，分别为开主进水阀主油阀、关主进水阀主油阀、开主进水阀工作旁通阀、关主进水阀工作旁通阀。一旦上位机监盘人员监盘发现水力自激振动现象，在机组停机工况下，可迅速在上位机点击“开主进水阀主油阀”按钮，然后点击“开主进水阀工作旁通阀”按钮；而当机组处于抽水调相工况时，上位机可通过点击按钮开启同一输水系统的备用机组的主进水阀工作旁通阀，待主进水阀工作旁通阀打开后，可以看到水力自激振动现象逐渐消失。然后再点击“关主进水阀工作旁通阀”“关主进水阀主油阀”按钮，将机组恢复至正常状态。可大大减少事故处理时间，从而减少自激振动对设备的影响。

（4）设置自动处理逻辑。在人为监视的基础上设置监控自动处理流程，当主进水阀上游侧压力超过 3.8MPa 时上位机会发报警信号，延时 6s 开启工作旁通阀，然后延时 55s 后，关闭工作旁通阀。从而可将水力脉动引起的压力突变及时释放，降低发生输水系统自激振动的可能性，减少自激振动对输水系统连接紧固件的疲劳损坏。

自激振动对策实施效果如下：

自 2014 年 9 月发生 1、2 号输水系统水力自激振动以来，该电站已利用机组大、小修期间逐台对 4 台机主进水阀固定外环和动环表面进行补焊修复，上位机增加机组钢管压力报警信号，监控画面增加开工作旁通阀按钮，最大程度降低因压力钢管扰动产生的输水系统水力自激振动发生的可能性。

针对该电站输水系统水力自激振动现象，其上级主管部门主持召开了专家分析会，会议邀请科研院校、设计院、设备厂家等单位有关专家进行讨论，专家们一致认为该电站采取的监视压力钢管压力、设置报警信号和远方及时开启主进水阀工作旁通阀等措施对消除水力自己振动现象是简单有效的。

2015 年 2 月 9 日，该电站 3、4 号机钢管压力在 4 号机停机过程中逐渐上升到 3.8MPa（正常 3.2～3.3 MPa），上位机监控画面立即发出报警信息，进而触发防范逻辑设定“打开 3 号机、4 号机主进水阀工作旁通阀”动作值，及时打开 3、4 号机主进水阀工作旁通阀，钢管压力脉动异常自动消失，避免引起 2 号输水系统产生水力自激振动。

根据近几年的设备运行情况，该电站输水系统发生水力自激振动的原因已经明确。采取的对策经过多次论证和修改后，证明是可靠、有效的。

四、案例点评

本案例暴露出值得引起注意的问题是设备选型问题、主进水阀工作密封相关接触面材料硬度配合不合理。主进水阀密封静环等固定件硬度低于动环密封面等更换件，造成密封磨损后更换难度增大。在工作过程中，固静环先于动环磨损造成密封漏水，进而引起自激振动。

本案例同时提供了一例典型的抽水蓄能机组自激振动的发生、治理及对策研究，经检验该对策是实际可行的，可以对类似抽水蓄能机组提供有效的参考。

案例 3-2　某抽水蓄能电站机组主进水阀引发输水系统水力自激振动（二）*

一、事件经过及处理

2019 年 3 月 21 日，某电站 2 号机组处于定检中，1 号机发电停机，主进水阀旁通阀全关后 3min，1 号机压力钢管压力急剧上升，上位机报“1 号机组引水压力钢管压力高/低报警 是”“2 号机组引水压力钢管压力高/低报警 是”，报警事件刷屏，并发出“1 号机组水力自激振报警、2 号机组水力自激振报警”，现场处理过程如下：

运维负责人立即安排现场辅助运维人员检查，发现主进水阀上游侧压力表计剧烈摆动，2 号机主进水阀工作密封处存在异响，并有较大的漏水声。

运维负责人判断很可能是 2 号机组发生水力自激振现象，命令值守人员上位机远方开启 1 号机主进水阀工作旁通阀。

13 时 45 分 43 秒，1 号机主进水阀工作旁通阀全开后，1、2 机主进水阀前压力很快下降并稳定在 5.2MPa，引水钢管压力报警复归，2 号机组水力自激振动现象消失。

13 时 47 分 27 秒，值守人员远方关闭 1 号机主进水阀工作旁通阀，13 时 54 分 09 秒，2 号机水力自激振现象再次出现，压力钢管最高压力达到 7.4MPa，钢管压力曲线如图 3-2-1 所示，运维负责人遂令值守人员再次打开 1 号机主进水阀工作旁通阀并保持，2 号机组水力自激振动现象很快消失。

---

* 案例采集及起草人：李向阳、钟庆、李思原（福建仙游抽水蓄能有限公司）。

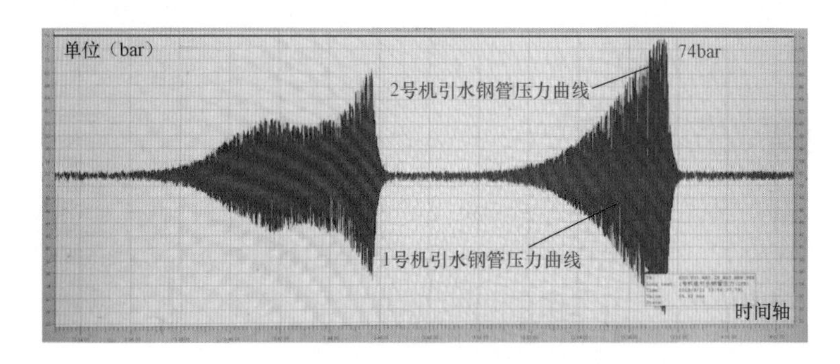

图 3-2-1　水力自激振过程压力曲线

运维人员赶至现场，经排查分析，认为是 2 号机主进水阀工作密封操作水过滤器清洗，投退腔水源被隔离，导致水力自激振发生。

运维人员快速将 2 号机主进水阀工作密封操作水过滤器清洗结束并恢复主进水阀工作密封投退腔水源。

2 号机主进水阀工作密封投退腔操作水源恢复后，值守人员远方关闭 1 号机主进水阀工作旁通阀，水力自激振现象未再发生。

2 号机主进水阀水力自激振处置结束后对 1、2 号机主进水阀前后钢管、各测压管路及本体进行检查，发现 2 号机主进水阀本体往下游侧位移约 1mm，如图 3-2-2 所示，2 号机定检完试转后位移复位，压力钢管与上游侧墙体间涂料轻微脱落，其他各部位检查未发现异常。

图 3-2-2　2 号机主进水阀底板网下游侧方向位移约 1mm

二、原因分析

3 月 21 日，电站 2 号机定检，其中一项工作是 2 号机主进水阀工作密封操作水过滤器清洗，安全措施是将工作密封投退腔水源隔离。

造成水力自激振动的根本原因为 2 号机主进水阀工作密封投入腔动密封磨损，密封不严，定检时隔离 2 号机主进水阀工作密封投入腔水源，工作密封投入腔残余压力水泄漏，无法保压，从而使投入腔压力降低。1 号机停机时压力钢管产生小幅压力波动，造成 2 号机主进水阀工作密封处压力及漏水波动，进而导致水力自激振发生。

2 号机主进水阀工作密封投入腔动密封存在一定磨损，定检主进水阀水滤过器清洗将主进水阀操作水源隔离，工作密封投入腔残余压力水无法保持，导致工作密封投入腔压力不足，当 1 号机停机引起压力钢管小幅压力波动时，造成 2 号机主进水阀工作密封处压力及漏水波动，从而导致水力自激振动。主进水阀工作密封结构如图 3-2-3 所示。

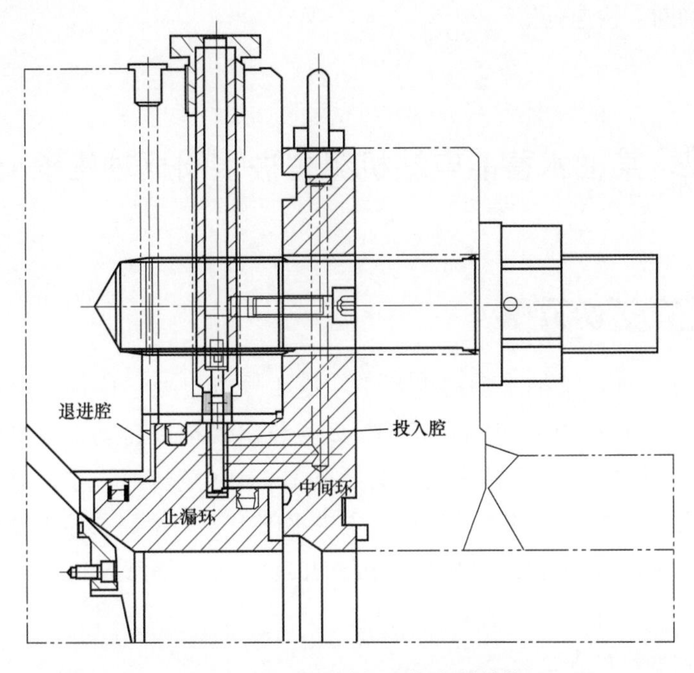

图 3-2-3　主进水阀工作密封结构

三、防治对策

（1）缩短主进水阀水滤过器清洗及工作密封控制阀清洗工作时间；将主进水阀水滤过器更换为反冲洗滤过器，可停机时在线清洗，无需隔离水源。

（2）对主进水阀工作密封增设备用水源，在主水源隔离时采用备用水源供压。

（3）定期测量、记录主进水阀工作密封投入腔密封漏水量，若漏水量逐步增多并超过厂家设计要求，可结合机组检修更换工作密封投退腔密封。

（4）根据《国网新源有限公司运检部关于印发引水系统水力自激振动事故预控措施及现场处置指导意见的通知》（运检〔2018〕4 号），完善水力自激振判断报警逻辑，装设主进水阀工作密封投退腔压力变送器、基座位移传感器，并在上位机画面新增手动开工作旁通阀选项，以达到“提前预控、尽早判断、快速处置”的目的。

四、案例点评

发生水力自激振动现象，压力钢管压力波动幅度大，对引水流道各部件设备、主进水阀系统有很大危害，激烈的压力振荡可能造成压力管路爆裂，导致水淹厂房。从本案例分析，主进水阀工作密封投退腔密封漏水导致活动密封环来回移动引起的压力波动是产生自激振荡现象的根本原因。电站运维过程要密切监视测量主进水阀工作密封投入腔密封漏水量，必要时及时更换新的密封，并落实好水力自激振相关反措要求，做到“提前预控、尽早判断、快速处置”。

案例 3-3　某抽水蓄能电站机组主进水阀枢轴轴承损坏（一）*

一、事件经过及处理

2012 年 4 月 3 日，某抽水蓄能电厂 1、3、4 号机组处于停机备用状态，计划进行 2 号水泵水轮机性能试验。18 时 05 分，2 号机组现地以自动方式水轮机方向启动至 SR（旋转备用状态），机组转速逐步上升至 100％额定转速，监控显示主进水阀一直处于正在开启状态。经现场人员检查，主进水阀上下游密封、接力器拐臂液压锁定处于退出状态，主进水阀开度保持在约 40％开度，立即紧急停机，主进水阀关闭至全关位。

1. 故障发生后的检查过程

4 月 3 日，待 2 号机组停机稳态之后，检修人员随即对主进水阀的拐臂、本体以及液压回路进行外观检查和测试，以初步确定故障原因：

（1）对主进水阀拐臂的铜环间隙进行测量（见图 3-3-1）。

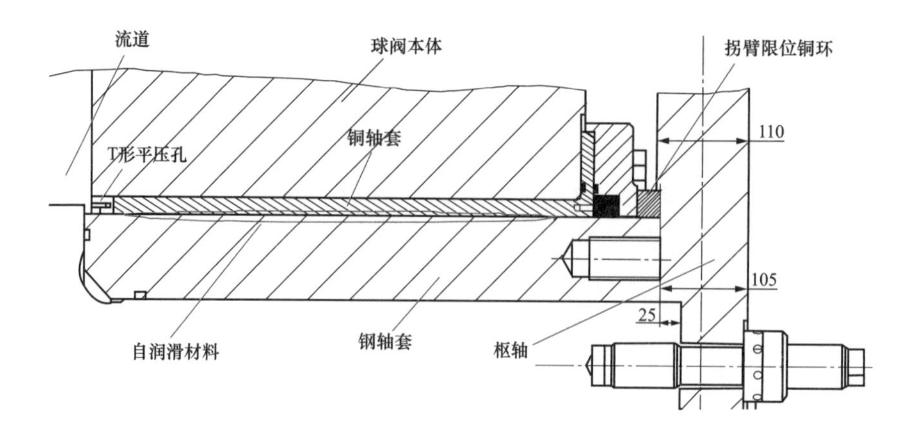

图 3-3-1　主进水阀枢轴装配（单位：mm）

主进水阀右岸拐臂限位铜环与本体的间隙测量结果如表 3-3-1 所示，另外一侧的铜环间隙较小，与 1 号机组的主进水阀拐臂内部铜环的间隙进行对比，未发现明显差异。

---

* 案例采集及起草人：臧克佳、郭贤光（河南宝泉抽水蓄能有限公司）。

同时，拐臂周围并无杂物堆积，液压锁定也处于正常位置。

表 3-3-1　　铜环间隙测量数据表

测点	实测数据	测点示意
1	0.75mm	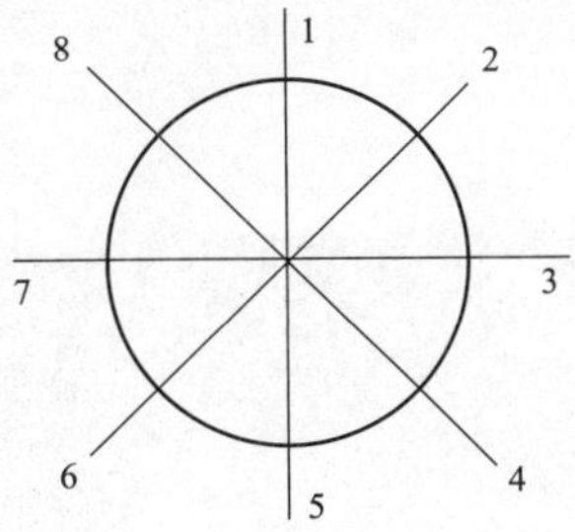
2	0.7mm	
3	0.6mm	
4	0.8mm	
5	0.55mm	
6	0.55mm	
7	0.5mm	
8	0.6mm	

(2) 检查主进水阀上、下游密封处于正常状态。手动投退主进水阀上、下游密封，测试密封效果，检查是否因密封未正常退出影响主进水阀的开启。经测试，上、下游密封均投退正常，且密封效果良好。

(3) 对主进水阀控制阀组回路的压力信号、油位信号进行检查，无异常情况。同时，对主进水阀油、水管路及相关设备进行检查，未发现渗漏、开裂等异常情况。

(4) 经监控历史记录显示，自动 SR（旋转备用状态）启动时，2 号机主进水阀开至约 40%开度时出现卡涩，未能继续开启，直至人工停机时，共用时 142s（主进水阀设定开启时间约 62s）；在主进水阀关闭时，主进水阀接力器动作顺畅，但有轻微抖动。

(5) 查看其他机组的主进水阀动作的历史记录，1、3、4 号主进水阀动作时间均正常（主进水阀设定开启时间约 62s，关闭时间约为 45s）。

(6) 4 月 4 日，在 2 号机主进水阀接力器开启、关闭油腔安装压力传感器，并观察接力器及拐臂动作情况。经过现地手动开启主进水阀试验，发现主进水阀在工作密封及液压锁定均退出后，主进水阀无法开启；接力器在开启供油回路导通瞬间，出现向上窜动的趋势，但未发生位移，主进水阀最终未能开启。通过录波发现，主进水阀接力器的开启、关闭腔回路的压力值正常，均为额定工作压力 6.4MPa。

2. 原因初步分析及新型枢轴铜套更换

根据检查、测试情况可知，主进水阀电气控制回路、液压驱动回路及接力器无异常，初步分析造成故障的原因可能是主进水阀枢轴轴承处卡涩、阀体内可能存在其他卡涩。

拆除主进水阀枢轴钢套及铜套（见图 3-3-2）发现铜套内壁自润滑材料脱落，造成主进水阀枢轴轴承处卡涩，主进水阀无法正常开启。更换为新型铜基自润滑 OILES 铜套后（见图 3-3-3），主进水阀启闭正常，缺陷消除。

图 3-3-2　自润滑嵌板式铜套自润滑料脱落

图 3-3-3　新型铜基自润滑 OILES 轴套

二、原因分析

根据主进水阀故障处理前的检查以及枢轴的拆卸、处理过程，可以确定：主进水阀铜轴套自润滑材料的脱落和损坏，增大了主进水阀开启操作力矩，导致主进水阀最终无法开启。

1. 直接原因

（1）轴套说明书表明其负荷承受力满足电厂现场要求，铜轴套厂家生产工艺和检验过程失误，导致自润滑材料粘贴牢固度不够，在主进水阀运行中出现脱落。

（2）原铜轴套只有一个 T 形平压孔，平压孔堵塞后造成铜轴套上、下面受力不均，使铜套和枢轴抱死，加剧自润滑材料脱落，致使枢轴卡涩。

2. 间接原因

主机厂未选择优良的枢轴铜套产品，主机厂铜套验收时未做好现场见证工作。

三、防治对策

（1）主进水阀枢轴铜套自润滑材料脱落为渐变过程，监测主进水阀的开启/关闭时间及接力器操作压力，若启闭时间增加或压力突变，可及时对主进水阀进行全面检查处理，防止枢轴故障的恶化。

（2）本次主进水阀枢轴故障为主进水阀枢轴铜套的设计选型、生产工艺及检验过程把控不严。铜套只有内端部 1 个 T 形平压孔且自润滑材料粘贴牢固度不够，所以可通过增加平压孔数量、增加自润滑材料粘贴强度等方式进行改进。

（3）选择新型铜基自润滑 OILES 轴套，此种轴套把 PTFE 材料内嵌入青铜基体中，机械性能优良，摩擦系数满足液压驱动要求，经 36500r 摩擦学试验，PTFE 有轻微损失，性能良好。

四、案例点评

本案例暴露出的主要问题为主进水阀枢轴铜轴套的设计选型不优良、生产制造质量管控不严格。主机厂家在设计选型上未充分考虑流道内杂质堵塞平压孔，造成铜轴套上、下面受力不均，致使铜套和枢轴抱死，加剧自润滑材料脱落，导致枢轴卡涩；在生产制造过程中，生产工艺和检验过程失误，造成自润滑材料粘贴牢固度不够，在主进水阀运行中出现脱落。所以设备的设计选型应进行充分论证，选择优良的设备生产制造厂家亦至关重要。

案例 3-4　某抽水蓄能电站机组主进水阀枢轴轴承损坏（二）*

一、事件经过及处理

某抽水蓄能电站 3 号机组主进水阀右侧枢轴 2015 年 12 月 24 日发现漏水，2016 年 1 月 19 日对 3 号机组主进水阀枢轴进行检修，拆开枢轴密封盖，在枢轴轴承端部 10 点钟方向发现轴承润滑层碎片 6 块，而且碎片为活动状态，如图 3-4-1 所示。同时，在碎片区域对应的 U 形密封圈上，发现密封圈内侧被碎片刮坏，并在枢轴端部发现密封圈碎屑，如图 3-4-2 所示。

图 3-4-1　枢轴轴承润滑层碎片

图 3-4-2　U 形密封内侧被刮坏部位

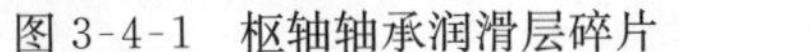

发现枢轴润滑层碎片后，判断为轴承损坏，随即开展更换工作。

---

* 案例采集及起草人：宋兆恺（辽宁蒲石河抽水蓄能有限公司）。

1. 拆卸旧轴套

在轴套拔出200mm时，在枢轴与轴套之间7点钟方向发现润滑层碎片，如图3-4-3所示，两块碎片尺寸为50mm×56mm，如图3-4-4和图3-4-5所示。

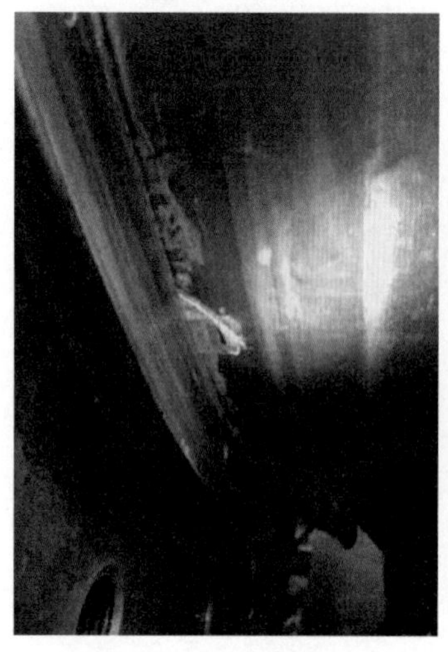

图3-4-3　拔除轴套

图3-4-4　碎片宽50mm

图3-4-5　碎片长56mm

将轴套全部取出后，发现内壁有大面积润滑层脱落，如图3-4-6所示。

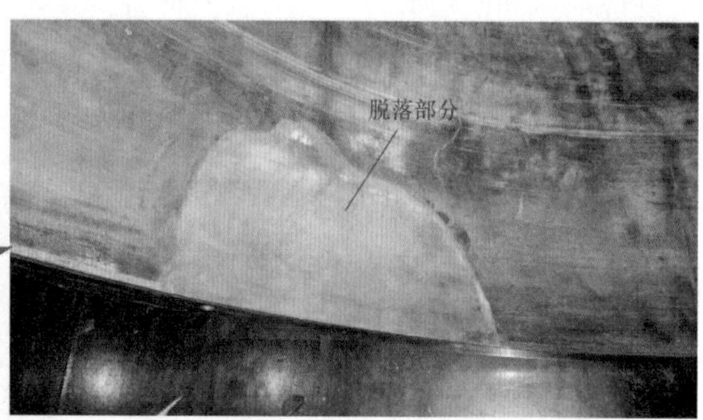

图3-4-6　拆卸的轴套及脱落部位

2. 更换新轴套

用绢布蘸酒精对轴套整体进行彻底清理后，在轴套内壁、内壁密封圈、枢轴腔体边缘倒角处均匀涂抹OILES轴套专用润滑脂，防止压入轴套时损伤密封圈，如图3-4-7～图3-4-9所示。

3. 修后试验

（1）将主进水阀油气罐建压至额定压力6.4MPa，并开启油罐隔离阀，现场检查主进水阀接力器正常回到全关位置。

（2）投入工作密封，测量主进水阀工作密封与活门间是否有间隙，实测时0.02mm塞尺无法进入，测量结果正常。

（3）主进水阀无水开关试验。主进水阀动作灵活，分别记录接力器动作时间，实测开启 38s，关闭 37s，在正常范围内。

图 3-4-7　新轴套

图 3-4-8　轴套内壁涂抹润滑脂

图 3-4-9　轴套外壁涂抹润滑脂

（4）主进水阀充水、运行试验。阀体充水至上水库正常水压 3.8MPa 时对枢轴密封进行检查，未发现漏水情况；调试时对主进水阀带水压进行启闭试验，启闭时间正常，未发生卡涩漏水现象。

二、原因分析

枢轴结构如图 3-4-10 所示。

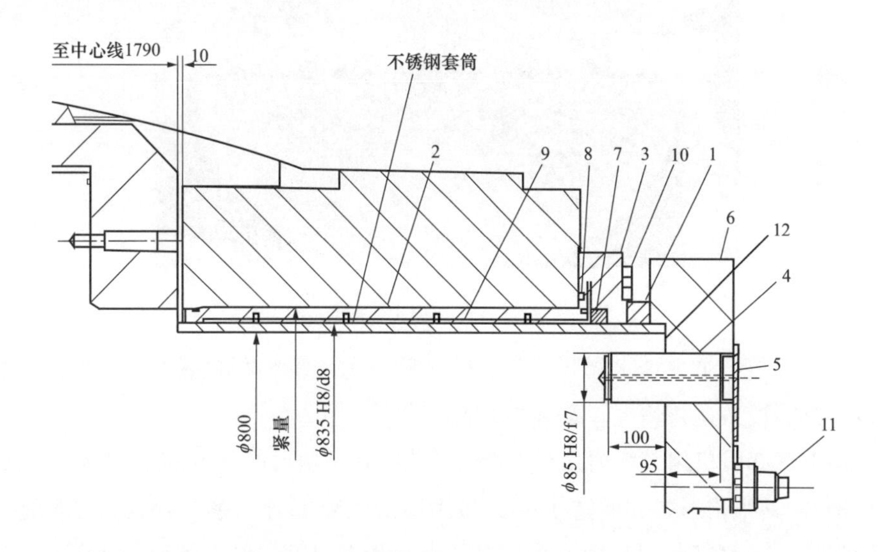

图 3-4-10　枢轴结构图（单位：mm）

1—阀轴支撑环；2—轴承；3—阀轴密封盖；4—销钉（12 颗）；5—销钉挡板（12 个）；6—主进水阀转臂；7—U 形密封圈（内径 835mm）；8—O 形橡皮密封条（ϕ7）；9—轴瓦；10—M30 阀轴密封盖（24 颗）把合螺栓；11—转臂把合螺栓（4 颗）；12—枢轴漏水位置

（1）润滑层制造工艺存在问题。合金粉末在烧结工艺、黏结强度方面存在缺陷，产品质量不合格，直接造成润滑层的脱落。

(2) 存在腐蚀情况。润滑层中的金属成分与水中的盐分形成原电池，产生电化学腐蚀。

(3) 润滑材料本身的耐磨性能存在问题。

(4) 轴套外壁与阀体配合关系为间隙配合，当枢轴与轴套的摩擦力大于轴套与阀体摩擦力时轴套开始随枢轴转动，导致轴套内壁的润滑层没有起到润滑作用，反而使轴套外壁磨损，与阀体间隙增大，导致漏水现象发生。

(5) 枢轴转动时，润滑层及钢衬均受到枢轴的压迫，当钢衬形变量大于润滑层所能承受的形变量时，润滑层产生裂纹，如此反复，润滑层产生脱落现象。

三、防治对策

(1) 更换新型枢轴轴套。采用新型 OILES 轴套，此轴套是把 PTFE 材料内嵌入青铜基体中，如图 3-4-11 所示。在轴套内部设置油槽和减压孔，便于自润滑材料 PTFE 的摩擦系数变大后能提供油润滑。此轴套的基体材料是 OILES-500SP1-SL464，机械性能优良，轴套在干燥动摩擦试验中最大摩擦系数为 0.12，能够满足设备运行要求。

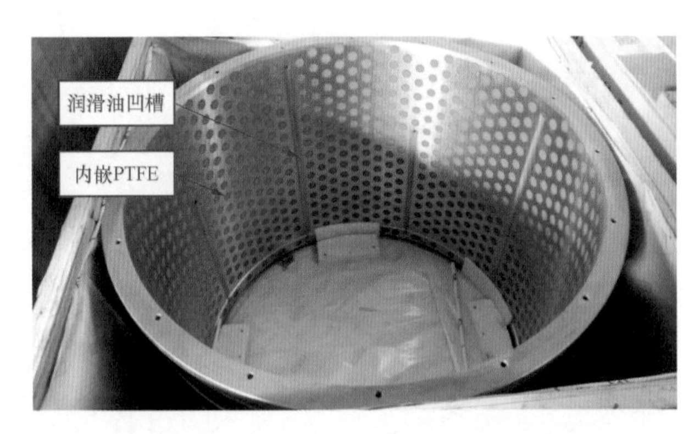

图 3-4-11　OILES 轴套

(2) 运维人员记录主进水阀开启和关闭时间、监测枢轴密封漏水量，并通过详细的运行分析，判断设备运行情况，提前发现缺陷势头。

(3) 该电厂 3 号机组与 1 号机组主进水阀枢轴型号相同，均为铜背自润滑轴瓦（4 节分块结构），其结构形式、制造工艺、与阀体的间隙配合关系等存在安全隐患。2、4 号机组轴瓦形式为 PTFE 材料内嵌青铜基，运行情况良好。结合检修对 1 号机组主进水阀枢轴进行更换。

四、案例点评

由本案例可见，出主进水阀枢轴结构不合理，产品质量无法满足正常的生产运行需求，也反映出抽水蓄能机组在主进水阀部件上认识得不够，应加强技术人员对设备运行条件的研究分析，从设计上进行改造，采用新材质、新工艺，保证设备在各工况条件下稳定运行。而且管理上对主进水阀关注度不够，未制定定期检查制度，缺乏日常维护，未及时发现设备缺陷，造成缺陷扩大，应定期进行设备运行状态分析，更新设备使用寿命制定检修周期，做到早预防、早发现、早处理。同时，本案例对于类似结构的主进水阀设备起到了很好的借鉴作用，应在系统中进行详细排查，避免类似事件发生。

案例 3-5 某抽水蓄能电站机组主进水阀枢轴轴承盖局部偏移*

一、事件经过及处理

某电站 2 号机组主进水阀枢轴主密封压环出现变形、开裂以及枢轴密封漏水的现象，检修期间对主进水阀枢轴轴承盖进行更换，在主进水阀静态调试时，发现主进水阀枢轴轴承盖出现局部偏移。

图 3-5-1 主进水阀枢轴压环变形开裂

2017 年 9 月 13 日 16 时 25 分，电站 2 号机组 C 修，在更换主进水阀枢轴密封时，设备主人发现枢轴压环（铜环）出现了变形、开裂且难拆装的异常现象，如图 3-5-1 所示。

2018 年 4 月 9 日 10 时 10 分，2 号机组发电运行时，设备主人巡检发现 2 号机主进水阀枢轴靠 1 号机侧 16 号密封处出现局部漏水，如图 3-5-2 所示。

2018 年 4 月 15 日 15 时 10 分，在主进水阀枢轴承盖拆除后，对比枢轴钢套的与阀体之间的相对位置，设备主人发现枢轴钢套与阀体之间存在相对移动，如图 3-5-3 所示。

综合上述异常现象判断：随着机组的运行，该电站 2 号机组主进水阀枢轴轴承钢套与阀体之间存在相对移动和磨损，造成 2 号机靠 1 号机侧枢轴已出现明显的偏心。

为了保证枢轴压环的可拆装以及避免枢轴出现渗水故障，该电站在 2018 年 4 月 10～26 日机组 C 修期间，更换经过车削后的枢轴轴承盖（15 号密封止口处尺寸由 ϕ830 改为 ϕ827.6，整圈车削 1.2mm），并对枢轴密封、螺栓等进行更换。

---

* 案例采集及起草人：胡坤、张政、张鹏（华东宜兴抽水蓄能有限公司）。

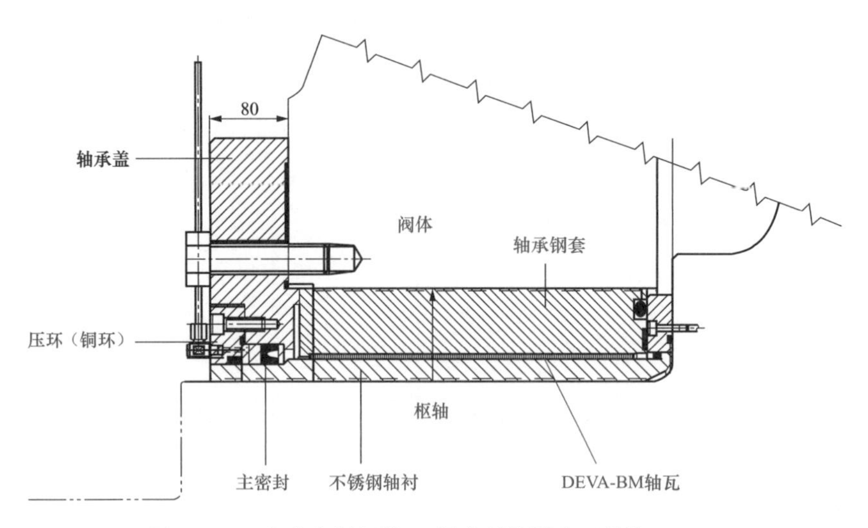

图 3-5-2　主进水阀枢轴 16 号密封处漏水（单位：mm）

图 3-5-3　主进水阀枢轴钢套与阀体之间相对位移

2018 年 4 月 27 日 9 时 40 分，在 2 号机主进水阀静态调试时，主进水阀工作旁通阀开启平压，调试工作人员发现主进水阀枢轴轴承盖有明显移动，并将情况汇报给调试工作负责人。为确认该故障情况，调试工作负责人通知检修单位在主进水阀枢轴轴承盖下游侧和轴承盖螺栓上安装百分表，再次静态开启主进水阀时，通过百分表指示发现主进水阀枢轴轴承盖及 M30×120 固定螺栓均出现向上游侧移动的现象，瞬间最大移动达 0.64mm，最终主进水阀关闭后又恢复原位。

2018 年 4 月 27 日，该电站立即停止各项调试工作，组织相关厂家、技术人员对该故障现象进行充分讨论，并形成一致意见，决定先对车削的轴承盖进行补焊后安装，同时采购原装尺寸轴承盖，厂家现场指导安装。

2018 年 4 月 28 日 9 时 50 分，将轴承盖（15 号密封处止口单边车削 1.2mm）进行补焊，做成偏心轴承盖，将上游侧半圆补焊，下右侧补焊 300mm，并调整轴承盖中心。10 时 50 分，在主进水阀静态调试时，发现主进水阀枢轴轴承盖仍然有移动的现象，最大瞬间位移为 0.22mm，最终主进水阀关闭后又恢复原位。

2018 年 5 月 7 日，该电站组织召开专家会征求各方专家意见，确定造成本次故障的原因后，从避免枢轴轴承盖受力和保证枢轴不发生漏水的角度，确定了最优的处理方案：

（1）制作新枢轴轴承盖，将轴承盖与轴承钢套之间的止口长度更换为原装轴承盖尺寸 11.4mm。

(2) 调整压环尺寸，将压环内径改为由 $\phi680$ 改为 $\phi682.2$（两边各留 1.1mm 间隙），确保水推力不传递到压环上。

(3) 将枢轴主密封的尺寸唇口过盈量加大 1mm，将动密封 10 号 O 形密封条改为 V 形聚氨酯密封，确保密封在主进水阀枢轴上下游来回动作过程中能够有效伸缩，确保密封效果，如图 3-5-4～图 3-5-6 所示。

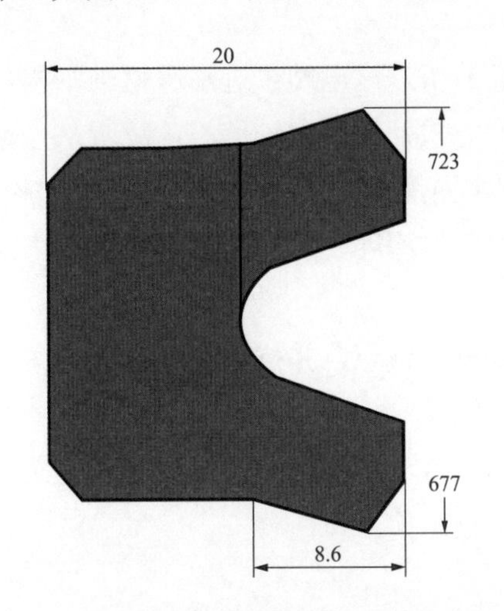

图 3-5-4　原 U 形主密封尺寸（单位：mm）

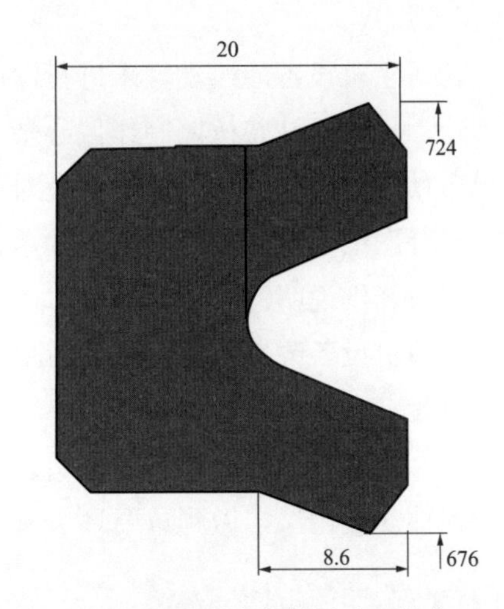

图 3-5-5　现 U 形主密封尺寸（单位：mm）

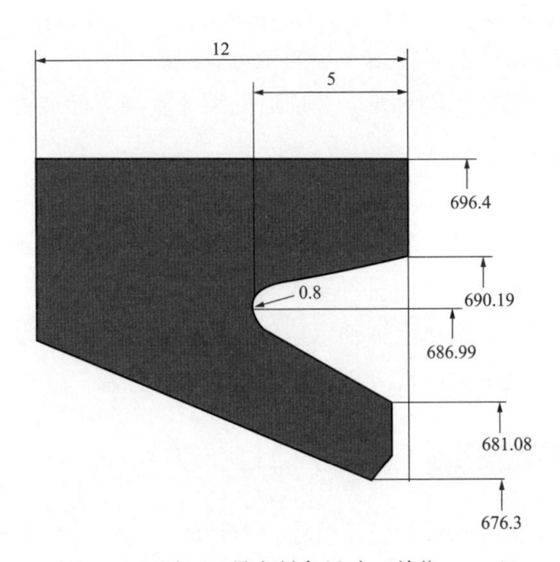

图 3-5-6　新 10 号密封条尺寸（单位：mm）

(4) 将现有轴承盖螺栓更换为高强度螺栓，安装时在螺纹和螺栓头部涂抹润滑剂。

2018 年 7 月 1 日，该电站结合机组定检契机，按照最优处理方案组织现场实施，并对主进水阀进行静态和动态试验后，通过百分表监测未发现枢轴轴承盖偏移，枢轴也未出现漏水现象，圆满完成该缺陷的消除。

二、原因分析

1. 直接原因

（1）主进水阀枢轴轴承盖备件止口偏长，紧固螺栓时，轴承盖产生变形，导致在阀体与轴承盖接触表面形成的正压力不足，摩擦力偏小。

（2）轴承盖与阀体接触表面太光滑，降低了摩擦系数。

2. 间接原因

（1）针对主机设备的改动，未进行深度研究分析。该电站主进水阀枢轴结构与兄弟电站类似，因兄弟电站曾按照制作偏心轴承盖的方式处理过枢轴偏心，故听从厂家建议参照兄弟电站制作偏心轴承盖理，但是对主进水阀枢轴结构不同之处分析得不够细致。

（2）设计图纸上对主进水阀枢轴轴承盖上的止口深度、螺栓的紧固力矩及表面处理工艺没有进行详细说明。

（3）对主机设备改进可能出现的后果应做好事故预想，并按照多套解决方案进行准备，做到万无一失。

（4）检修单位的安装工艺习惯性错误。在轴承盖与阀体接触表面间涂抹润滑脂，不得出现习惯性安装错误，做到重要环节有专人检查监护。

三、防治对策

1. 暴露问题

（1）针对主机设备的改动，考虑不够周全，风险辨识不足。

（2）作业指导书上对枢轴轴承盖安装前后的尺寸复测等标准要求不够完善，检修工艺把控不严。

2. 防治对策

（1）针对主机设备的改动，应邀请行业专家、设备厂家等专业人士进行充分论证，反复斟酌，评估各种方案的安全性后再实施。

（2）修订作业指导书，细化枢轴轴承盖更换的检修工艺和验收标准。

（3）定期测量 4 台机组主进水阀枢轴轴承盖是否有偏移。

四、案例点评

由本案例可见，在主进水阀的设计阶段，枢轴的结构设计存在不足，应充分考虑已投运主进水阀的枢轴运行情况及可能出现的各类因素，合理设计枢轴结构、轴瓦类型、主密封材质等，避免出现主进水阀枢轴漏水、轴瓦脱落、枢轴偏心等风险。

同时，运维人员能够在调试期间发现主进水阀枢轴轴承盖偏移充分体现了认真、细致的工作习惯，但是在设备改动时，对本单位与兄弟单位的设备差异性分析不够深入，对检修单位的习惯性错误工艺纠错不够等各方面原因结合起来就会造成事故。因此，在设备改动时，一定要对设备的图纸、运行状况、施工工艺等各方面进行深入分析和研究，并有多套实施方案和事故预想措施供选择，做到万无一失。

案例 3-6　某抽水蓄能电站机组主进水阀检修时活门中心偏移*

一、事件经过及处理

2017 某电站主进水阀 A 级检修后，对机组段及压力钢管进行充水时，待压力钢管充水至 2.4MPa 时，进行主进水阀工作密封和检修密封正常投退试验工作，试验过程中测量发现主进水阀工作密封和检修密封投退位置指示器离四个方向上的投入退出长度相差较多，主进水阀工作密封和检修密封活塞环移动位置不均匀，导致主进水阀工作密封和检修密封投退不到位，密封面存在大量漏水现象，详细情况如下：

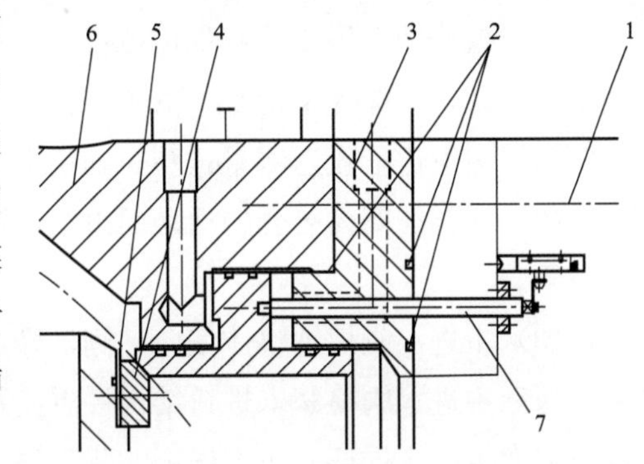

图 3-6-1　活塞位置指示装置

1—螺柱（M56×380）；2—耐油密封条（ϕ8）；3—下游法兰；4—密封座；5—垫板；6—阀体装配；7—活塞指示装置

由于主进水阀在上下游密封活塞圆周方向上均布 4 个活塞位置指示装置，与密封活塞相连并随密封活塞环同时动作，在检修试验和日常检查中时，可以通过测量 4 个位置指示杆投入退出时漏在法兰外侧的距离来判断主进水阀上下游密封投退位置，如图 3-6-1 所示。

主进水阀工作密封和检修密封动作试验过程中，现地用钢板尺测量密封环投入/退出状态下活塞位置指示装置长度如下：

（1）投退上游检修密封，从上游向下游看，投退距离如表 3-6-1 所示。

表 3-6-1　检修密封活塞投退距离

检修密封活塞投退指示器位置	+X+Y 位置指示器	−X+Y 位置指示器	−X−Y 位置指示器	−X+Y 位置指示器
投入状态（mm）	37	32	35	34
退出状态（mm）	43	43	46	40
密封环位移（mm）	6	11	11	6

（2）投退下游工作密封，从上游向下游看，投退距离如表 3-6-2 所示。

* 案例采集及起草人：王宁宁、刘彦勇、刘英贺（国网新源控股有限公司回龙分公司）。

表 3-6-2　　工作修密封活塞投退距离

工作密封活塞投退指示器位置	+X+Y 位置指示器	−X+Y 位置指示器	−X−Y 位置指示器	−X+Y 位置指示器
投入状态（mm）	74	72	73	77
退出状态（mm）	80	83	82	82
密封环位移（mm）	6	11	9	5

通过数据分析可以判断出主进水阀检修密封、工作密封投退行程不均匀，主进水阀工作密封、检修密封活塞环在投退过程中发生偏斜现象，需要进行检查处理，否则密封面将会大量漏水，影响主进水阀的正常工作和机组备用。

1. 原因分析

（1）检修期间采用检修气模拟投退密封与充水后采用上游压力水进行投退密封动作情况不一致，不能完全检查上下游密封动作行程和活塞、密封座压紧情况，需要在额定水头的压力下进行投退测量试验，确认密封座压紧后移动情况。

（2）活塞在阀体衬套的活动面由铝青铜堆焊而成，磨损造成局部低点，导致活塞偏向一侧。

（3）主进水阀枢轴整体偏向一侧，导致活塞动作后，与密封座配合面左右不一致。

（4）主进水阀检修未进行结构件更换及枢轴两端同时拆除，枢轴整体偏向一侧可能存在推力板、止推环、止推压环安装不到位情况。

2. 原因排查

投入主进水阀上下游密封，对蜗壳排水后，打开 2 号主进水阀蜗壳人孔门，检查主进水阀工作密封活塞环在投入位置，这与工作密封位置指示开关动作情况一致；用钢板尺检查密封座与活塞环之间间隙，发现驱动端间隙较小，非驱动端间隙较大；检查非驱动端推力板、止推环、止推压环配合良好，用 0.05mm 塞尺检查无间隙。

拆除 2 号机主进水阀伸缩节、工作密封活塞和密封座，检查主进水阀铝青铜活动面，接触面良好且无高点及毛刺，如图 3-6-2 和图 3-6-3 所示。

图 3-6-2　工作密封活塞拆除

图 3-6-3　活塞环接触面检查

测量密封座止口与活塞活动面距离，左右侧分别为 102、108mm，上下侧距离均为 105mm，初步判断枢轴偏向驱动端 3mm，测量结果如图 3-6-4 和图 3-6-5 所示。

图 3-6-4 工作密封环－X 方向密封环缝隙

图 3-6-5 工作密封环＋X 方向密封环缝隙

3. 确定故障点

检查推力板与主进水阀枢轴轴端相对位置，存在 2～3mm 间隙，枢轴非驱动端轴头与推力板内侧有高 5mm 的配合止口，配合间隙为 0.04mm，如安装固定时推力板凸台与轴端止口压偏斜将使活门与枢轴偏向驱动端，从而导致密封投入偏斜。主进水阀数轴安装结构如图 3-6-6 所示。

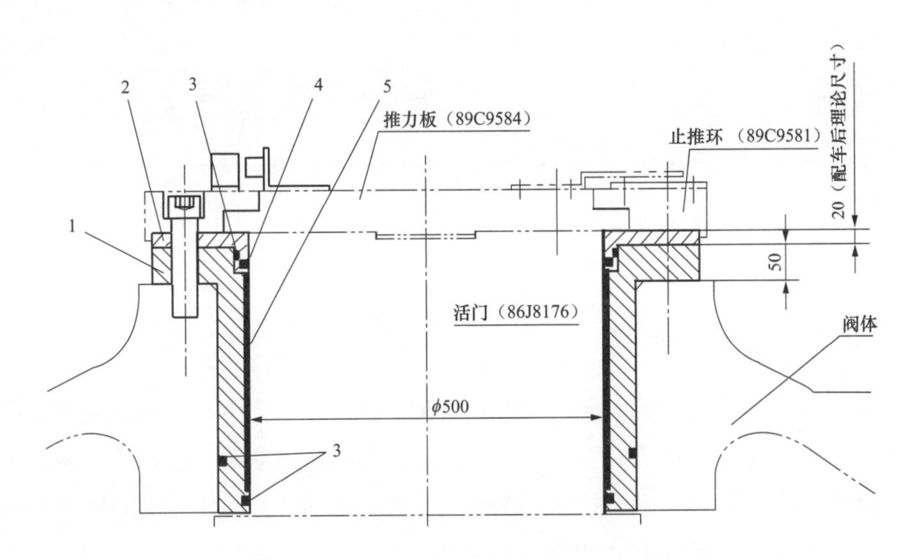

图 3-6-6 主进水阀枢轴轴套安装结构（单位：mm）

1—钢套；2—压环；3—压环密封；4—密封；5—轴瓦

4. 缺陷处理

在推力板固定螺栓孔圆周方向加装 4 颗 M20 丝杆、垫片和螺母，对称带紧螺母，测量活塞滑动面与密封座止口左右侧相对位置，确定枢轴移动后，将活门调整到中心，测量左右侧相对位置分别为 105、105mm。复测密封座平面与法兰面距离，计算接力器行程，满足 990mm±1.5mm 的要求，回装密封座、活塞，进行密封动作试验和工作腔打压试验，活塞最小动作压力 0.4MPa 满足最小动作压力小于 0.5MPa 的要求，工作密封投入后检查活塞与密封座圆周方向压紧情况，用 0.05mm 塞尺测量不通过。

复测密封环投入/退出状态下测量杆长度如下：

（1）投退上游检修密封，从上游向下游看，投退距离如表 3-6-3 所示。

表 3-6-3　　　　检修密封活塞投退距离

检修密封活塞投退指示器位置	+X+Y 位置指示器	−X+Y 位置指示器	−X−Y 位置指示器	−X+Y 位置指示器
投入（mm）	37.5	36.5	39	34
退出（mm）	45	45	47	40
密封环位移（mm）	7.5	8.5	8	5

（2）投退下游工作密封，从上游向下游看，投退距离如表 3-6-4 所示。

表 3-6-4　　　　工作密封活塞投退距离

工作密封活塞投退指示器位置	+X+Y 位置指示器	−X+Y 位置指示器	−X−Y 位置指示器	−X+Y 位置指示器
投入（mm）	71	71.5	72	72.5
退出（mm）	80	81.5	82	81
密封环位移（mm）	9	10	10	8.5

通过表 3-6-3 和表 3-6-4 可以看出主进水阀检修密封、工作密封投退行程基本均匀，行程差值分析由测量误差和制造加工误差引起。

二、原因分析

此次缺陷发生的直接原因是主进水阀枢轴推力板安装过程中，枢轴非驱动端推力板内侧凸台未压入枢轴轴端配合止口，枢轴受安装力影响向驱动端一侧移动，导致主进水阀阀芯相对中心位置移动，造成活塞环和固定密封环不同心，动作后未能压在固定密封座的圆环面，导致密封环左右两侧投入不均匀。

因本次主进水阀检修未进行结构件更换及枢轴两端同时拆除，运维人员未判断出推力板安装不到位情况以及对检修中密封动作行程小及两侧投入不均匀未进行深度分析是缺陷发生的间接原因。运维人员检修时对检修细节预判不足，对活塞动作情况测量不够认真仔细，认为是检修中密封投退压力低于正常投退压力及测量杆测量误差较大所致，各种因素叠加导致检修完成后主进水阀活门位置偏移。

三、防治对策

（1）检修人员认真编制并执行检修作业指导书，落实各项技术标准和要求，严格按照图纸要求进行施工，确保检修工艺和质量。

（2）对主进水阀枢轴进行检修时，检修人员需确保推力板内侧凸台压入枢轴轴端配合止口，且密封座四周间隙均匀，保证活门在中心位置。

（3）加强检修作业全过程管控，技术人员、管理人员、监理人员、监督人员必须到岗到位，履职尽责，认真履行质量签证和三级质量验收制度，确保每一项检修内容都按照检修工艺完成。

四、案例点评

由本案例可见，此缺陷主要是由于检修过程中检修人员及电站运维人员不注意检修细节，未按照图纸要求严格把控检修工艺及检修质量，导致枢轴未压入推力板止口而引起的。设备检修时，应按照厂家及图纸要求编制标准检修作业指导书，细化检修工艺，不放过任何检修细节，确保检修设备修必修好。希望本案例能给具有同类型主进水阀的电站提供借鉴和参考。

案例 3-7　某抽水蓄能电站机组主进水阀接力器机械锁定无法投入*

一、事件经过及处理

2019 年 3 月 12 日，某电站 1 号机组检修布置安全措施时，发现 1 号主进水阀接力器机械锁定无法完全投入，外漏部分距离约 30cm（见图 3-7-1）。主进水阀系统设备主人现场检查 1 号主进水阀液压系统及机械部件，主进水阀液压管路未发现漏油情况。对主进水阀接力器外观进行检查，发现接力器缸体外漏部分全关位置油痕上移大概 10mm。测量 1 号主进水阀全关状态下接力器外漏部分行程，机械锁定侧为 223mm，液压锁定侧为 219mm，两端行程

图 3-7-1　主进水阀接力器机械锁定无法投入

* 案例采集及起草人：孙政、熊永俊（湖北白莲河抽水蓄能有限公司）。

相差4mm。对比2号机组（机械锁定能正常投入），机械锁定侧为215mm，液压锁定侧为214mm，两端行程相差1mm。拆下1号主进水阀接力器机械锁定检查发现接力器拐臂锁定孔与主进水阀本体锁定孔大约错位1mm。

对4台机组做现地开关主进水阀试验，测量主进水阀接力器无杆腔（下腔）在关闭时背压，并记录主进水阀全开全关时间，见表3-7-1。

表3-7-1　主进水阀接力器无杆腔（下腔）在关闭时背压压力及主进水阀开关时间

主进水阀	接力器	关闭过程中压力	完全关闭后压力	全关时间	全开时间
1号主进水阀	机械侧	3MPa	0	35s	42s
	液压侧	6.2MPa	缓慢降至0		
2号主进水阀	机械侧	4.6MPa	缓慢降至0	40s	46s
	液压侧	4.6MPa	0		
3号主进水阀	机械侧	4.6MPa	缓慢降至0	41s	47s
	液压侧	4.7MPa	0		
4号主进水阀	机械侧	4.8MPa	缓慢降至0	44s	52s
	液压侧	4.8MPa	0		

图3-7-2　机械侧节流阀阀芯脱落

其他几台机组主进水阀机械侧和液压侧压力基本平衡，1号主进水阀关闭过程中发现两侧压力偏差较大，液压侧压力是机械侧的2倍。初步分析认为液压锁定侧接力器无杆腔压力异常，接力器底部节流孔可能存在堵塞。

拆除主进水阀接力器无杆腔油管路，检查两个接力器无杆腔节流阀，确认液压锁定侧接力器无杆腔节流阀无堵塞等异常，动作灵活。检查发现机械锁定侧接力器无杆腔节流阀阀芯脱落，阀芯限位销断裂（见图3-7-2），分析认为因限位销长期受冲击后产生疲劳断裂，节流阀芯被冲至接力器活塞杆底部，并在接力器关闭后被压在底部，导致接力器关侧行程受影响。

继续对机械锁定侧接力器进行拆解，对接力器进行固定后拆解下部连接，计划通过退出接力器基座底部连接销后解开基座与接力器的连接（见图3-7-3），后续开展过程中发现轴销无法退出，配合力过大，后通过50t液压千斤顶通过连接螺栓将接力器缸向上顶起一定距离，现场检查发现阀芯在活塞杆底部压缩后已变形（见图3-7-4）。

调整楔子板插入活塞杆与缸底间隙，取出变形阀芯（见图3-7-5），同时检查找到被冲击断裂的限位销（见图3-7-6）。对底部因压缩节流阀芯产生的变形进行打磨处理，对密封部位进行检查，现场经厂家技术人员评定认为不影响接力器动作，回装接力器及相关附属管路，待节流阀备件到位后整体回装。

图 3-7-3　主进水阀接力器基座

图 3-7-4　节流阀阀芯被压变形

图 3-7-5　取出被压变形的节流阀阀芯

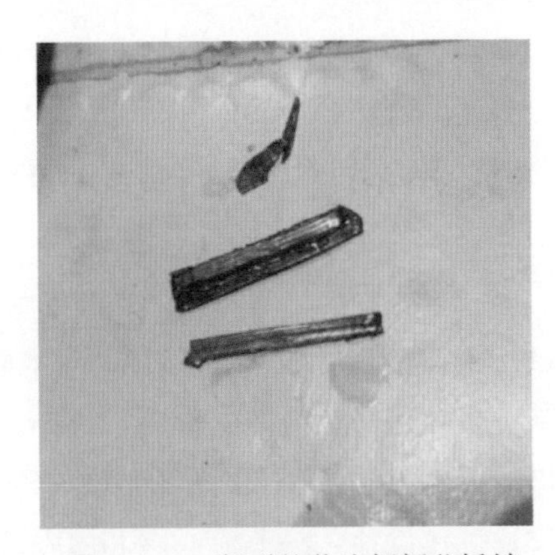

图 3-7-6　断裂的节流阀阀芯插销

更换节流阀备件后检查动作无异常，回装节流阀及相应油管路后对液压系统进行建压。检查油压系统压力正常，启动油站后对各部位渗漏情况进行检查，发现接力器活塞杆上端与拐臂连接处垂直距离均恢复到正常值（215mm），将机械锁定回装到接力器拐臂上，测试机械锁定可以正常投入（见图 3-7-7）。对主进水阀进行 2 次全行程开关试验，无杆腔压力有轻微偏差（机械侧为 4.4MPa，液压侧为 4.8MPa），属正常偏差范围。主进水阀开关时间恢复正常，处理结束。

图 3-7-7　1 号主进水阀机械锁定可正常投入

二、原因分析

1. 直接原因

节流阀工作原理为通过阀芯水平方向运动改变油流截面积大小，从而改变接力器开关过程的油量和油压，进而影响主进水阀接力器的动作速度。阀芯在水平方向运动时会冲击限位销，限位销长期运行受冲击后产生疲劳断裂，导致阀芯失去限制从而脱落。

2. 间接原因

（1）设计不合理。节流阀阀芯动作频繁，冲击力较大，仅靠一根限位销限制阀芯行程，且限位销最大受力点为限位销与节流阀本体连接处（限位销插孔），受力不均匀，更易疲劳断裂。

（2）维护不到位。没有结合机组检修定期检查主进水阀接力器节流阀，没有强制更换运行多年的阀芯限位销。主进水阀开关工作时间查询周期为一月一次，周期过长，没有及时发现主进水阀开关动作时间的突变，应缩短关键数据查询周期。

三、防治对策

（1）全面检查另外三台机组主进水阀接力器节流阀、加工节流阀及配套限位销备件，结合机组检修更换新的阀芯限位销。结合机组定检对另外三台机组的节流阀阀芯限位销进行更换，后续结合每台机组检修定期更换限位销。

（2）优化设计，将节流阀阀芯由限位销限位改为螺纹连接的限位环连接，优化后的设计限位环受力均匀，限位更可靠，检查维护更方便快捷。设计优化后的节流阀图纸，计划发送厂家设计部门进行评估后决定是否采用。

（3）缩短主进水阀关键数据查询周期，制定包括主进水阀开关时间等关键数据记录台账，将每月一次查询缩短为每周一次查询，并对关键数据进行对比分析，及时发现异常问题，避免故障进一步扩大。改为每周查询一次主进水阀系统重点数据后，数据正常，无明显变化。

四、案例点评

本案例是一起阀芯机械构件老化疲劳引起的缺陷。随着机组运行年限的增加，水机设备的主要缺陷由刚投产的自动化元器件缺陷变为设备机械零部件缺陷，而机械零部件出现缺陷，其处理较自动化元器件故障要复杂。因此，对于运行年代较长的水机设备日常维护和检查，要注意加强机械部件的检查，同时缩短设备关键数据指标的查询周期，加强重点数据的分析，做好备件储备，早发现早处理，避免故障扩大化，必要时对不合理的设计进行优化改造，提高水机设备的健康水平。

案例 3-8 某抽水蓄能电站机组主进水阀基础板位移*

一、事件经过及处理

2015 年 2 月 22 日，运维人员现场巡检时发现某电站 3 号机组主进水阀基座二期混凝土有局部开裂现象，随后对主进水阀基座进行详细检查，发现主进水阀基座上游 1 号和下游 4 号两块基础铁板有向上游侧移动现象（约 9mm），导致二期混凝土被推裂。同时，运维人员发现监控系统报警，该电站 3 号机组主进水阀工作密封无法投入。

1. 检查基础螺栓

将主进水阀基础螺栓螺母松开并取下垫片（见图 3-8-1 和图 3-8-2），检查测量基础铁板整体有移位情况，与外部观察相符。发现垫片与基础铁板的接触面有杂质、油污、锈迹，使两者不能紧密结合，减弱了垫片对基础铁板的固定力。图 3-8-3 所示为拆除螺母和垫片后主进水阀脚、基础铁板与螺栓的位置分布情况。

图 3-8-1 拆下的螺母

图 3-8-2 拆下的垫片

2. 复位基础铁板

勘察现场施工条件后发现，由于主进水阀重量压在基础铁板上，很难用敲击的方法使基础铁板归位，并且现场空间有限，工作面难以施展。因此，利用焊接在主进水阀脚部的肋板作为千斤顶的借力点，通过两台液压千斤顶（每台 50t）从基础铁板侧面将其顶回原位，如图 3-8-4 所示。从螺栓部位检查测量，基础铁板确已归位。

* 案例采集及起草人：高申（山西西龙池抽水蓄能电站）。

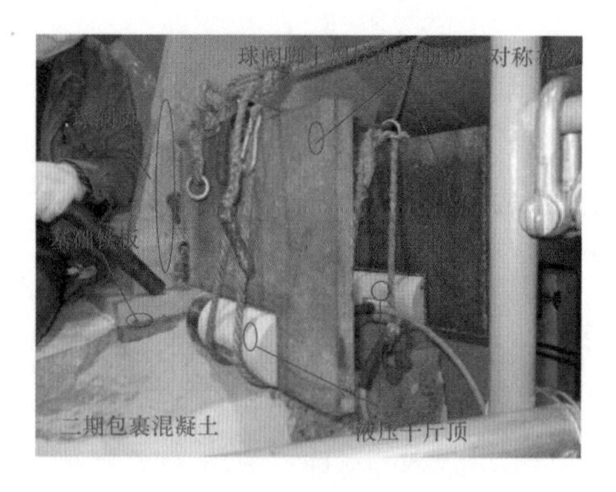

图 3-8-3　螺栓与基础板　　　　图 3-8-4　基础铁板的复位

3. 旋紧螺栓

清理螺栓部位坑槽内面，保证无杂质；利用砂纸打磨基础铁板和垫片两者的接触面，清理干净后旋紧螺母，其预紧力为扳手臂长 1m 时，加力 5.5t（其他以此换算）。因现场空间有限，难以使用长臂扳手，也可按照丰富经验先旋紧螺母找到“0 点”，在螺母与螺栓上做好标记后，再次旋紧螺母 38°。最后，在螺栓螺母以及垫片上做好用来观测螺母及垫片松动的标记，如图 3-8-5 和图 3-8-6 所示。

图 3-8-5　复位后对螺母进行标记　　　　图 3-8-6　复位后对垫片进行标记

4. 复位后试验

依照图 3-8-7 所示架设仪器，测量主进水阀脚与混凝土基础及主进水阀脚与基础铁板之间的相对位移。从数据分析得知，主进水阀本体（即主进水阀脚）设计允许位移量正常，基础铁板几乎未发生位移。证明紧固螺栓、固定基础铁板后，消除了基础铁板移位的现象。

二、原因分析

整理机组运行数据和现场资料，结合设备图纸展开分析。

图 3-8-7　架设测量仪器（摄像机和百分表）

1. 运行数据分析

查阅监控记录，机组运行参数均在正常范围内，包括负荷、转速、各部位振摆数值、管路压力脉动等。

2. 监控报警排查

对监控报警工作密封无法投入进行检查处理。拆卸检查工作密封投退操作液压阀，发现阀体腔室内有异物，造成操作水压力降低，导致工作密封无法投入。对液压阀进行清理回装并对工作密封进行投退操作，试验结果正常，证明工作密封投入失败与基础铁板的位移无关。

3. 混凝土基础检测

对 3 号机组主进水阀一、二期混凝土基础进行 CT 探伤检查，发现二期包裹用混凝土有部分开裂，一期承压混凝土正常无损伤。对主进水阀基础螺栓进行 UT 探伤，证明螺栓结构正常。

4. 基础铁板位移测量

如图 3-8-7 所示，分别在主进水阀脚与混凝土基础、主进水阀脚与基础铁板之间架设百分表用以测量开关主进水阀时两者间的相对位移。数据结果显示 1、4 号主进水阀脚与基础铁板几乎同时运动（最大为 0.42mm），而 2、3 号主进水阀脚与基础铁板未发生同时运动。根据设计要求，基础铁板半埋在二期混凝土内禁止移动，考虑到高压钢管水推力且主进水阀脚位于基础铁板之上，主进水阀脚可以在设计裕量（约 20mm）内沿着水流方向发生微小运动。

5. 查找基础铁板位移原因

根据设备厂家设计图纸资料，主进水阀基础螺栓压紧垫片后，将压紧力传递至基础铁板，通过垫片与基础铁板接触部位的摩擦力进行基础铁板的固定。

进水阀自重 127.5t，阀体内水重约 9.7t，合计约 137t。进水阀由 4 支脚支撑，每支脚承重约 $W=34.3$t。厂家要求螺栓紧固度为测得“0 点”后再旋紧 38°，查得螺栓预紧力为 15kg/mm²，基础螺栓 M140，则压紧力为 $15\times(\pi/4)\times140^2/1000=230.9$t，取金属间摩擦系数 $f=0.15\sim0.25$，静摩擦约为 0.25。主进水阀脚与基础铁板之间的摩擦力为 $F=Wf=8.6$t，可以理解为主进水阀脚因水推力正常移动时为基础铁板提供了 8.6t 的动力。当主进水阀接力器全力开启时，对主进水阀有向上的提升力约为 130t，抵消了部分螺栓紧固力，此时基础铁板的摩擦固定力为 $(230-130)\times0.25=25$t。

计算结果证明，螺栓提供的紧固力远大于主进水阀脚运动时提供给基础铁板 8.6t

的运动趋势，所以基础铁板固定不动。在详细检查螺栓紧固程度时，发现将专用工具（扳手）套装在螺母上，依靠人力便可拧动螺母，证明基础铁板处在“完全”松动的状态。

6. 结论

通过以上检查分析得知，由于主进水阀基础螺栓松动，导致基础铁板失去固定力，在主进水阀正常运动时主进水阀脚摩擦带动基础铁板，基础铁板位移导致二期混凝土开裂。

三、防治对策

1. 人员巡视

运维人员应加强对设备巡视检查的精细度。据现场痕迹分析，二期混凝土裂缝断面并不是最近发生的，却未被巡视人员及时发现。因此，应制定合理有效的设备巡检制度，对设备进行全面观测检查。

2. 定期工作

定期检查设备螺栓紧固程度，结合检修开展螺栓紧固的校核工作。

3. 加装锁定装置

螺栓上可以加装背母、锁母。根据现场情况，可以利用螺栓顶部预留的小螺纹孔，制作如图 3-8-8 所示的锁定装置。

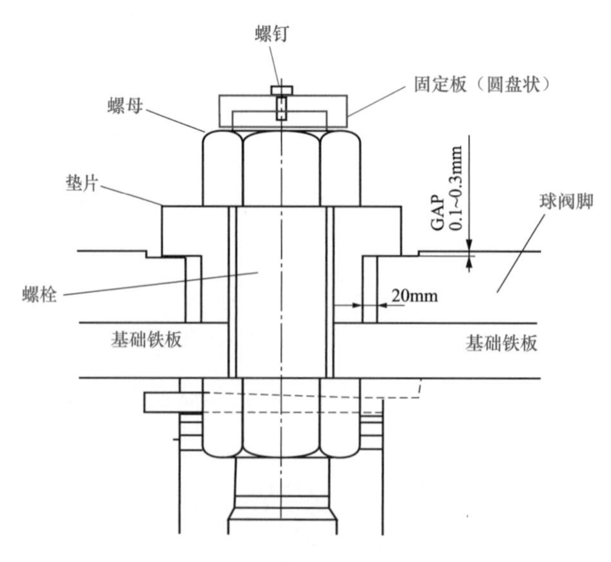

图 3-8-8　螺栓锁定装置示意

四、案例点评

本案例中主进水阀基础铁板移位缺陷反映出运维人员对设备的专业巡检不仔细，巡检周期不合理。对于机组重要部位螺栓应该结合机组检修以及设备定期工作开展周密细致的检查校核，对于易松动部位螺栓还应该设置防松动锁定装置。

案例 3-9　某抽水蓄能电站机组主进水阀工作密封退出失败（一）*

一、事件经过及处理

2015 年 1 月 9 日，某抽水蓄能电站 1 号机组发电工况启动过程中，流程执行到主进水阀开启步骤，值守人员发现主进水阀未正常开启（退出位置节点 532 未收到），立即手动执行正常停机流程。

5 时 51 分 24 秒，1 号机组发电操作，主进水阀锁定正常退出，旁通阀正常开启，5 时 52 分 06 秒，机组主进水阀工作密封投入位置 CG533S、CG531S 复归，5 时 53 分 27 秒，机组执行停机操作。

当班值守人员发现“1 号机组主进水阀工作密封投入位置 CG532S 复归”没有动作，流程无法继续执行，对 1 号机组执行手动停机命令，同时通知现场人员进行处理。

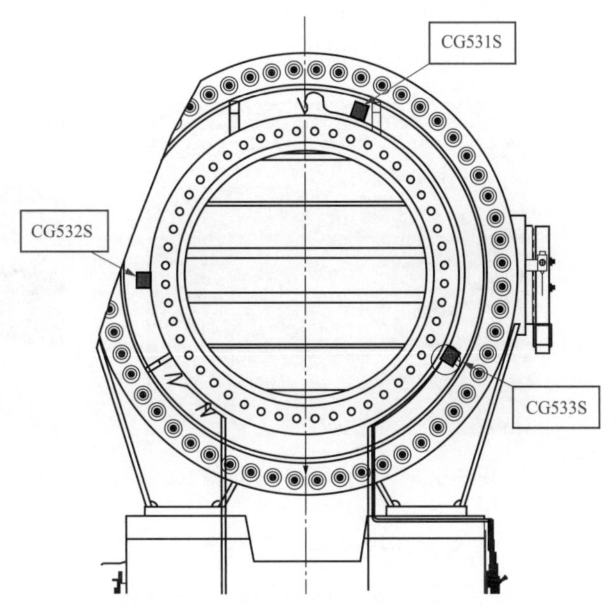

图 3-9-1　主进水阀工作密封指示装置位置

该电站主进水阀工作密封退出位置设有 3 个位置信号传感器（CG531、CG532、CG533），位置如图 3-9-1 所示，只有 3 个位置信号器同时满足投入位置复归信号时，逻辑才认为下游侧密封退出。

主进水阀工作密封指示装置由指示杆、渐进式位置开关等组成（见图 3-9-2），当工作密封移动时推动指示装置进而使渐进式位置开关动作/复归。

运维人员现地对 1 号机主进水阀进行动作试验，投退 1 号机组主进水阀工作密封 3 次，均投退正常，现地三个位置开关信号动作正常，监控画面显示正常。但后两次试验时发现 CG533S 点位处的工作密封指示装置异常，投入工作密封后，工作

* 案例采集及起草人：宋兆恺（辽宁蒲石河抽水蓄能有限公司）。

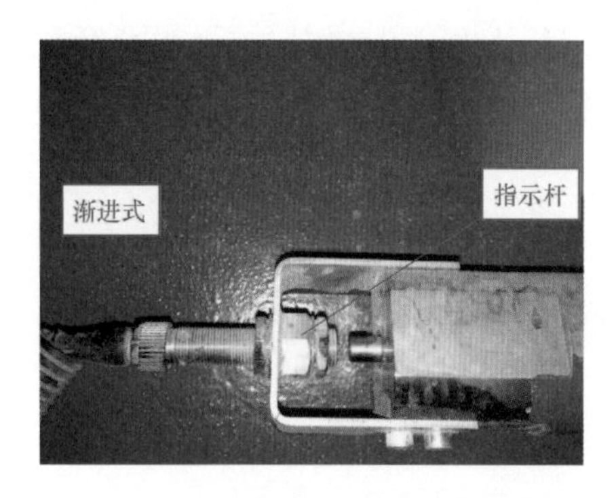

图 3-9-2　主进水阀工作密封指示装置

密封指示装置指示杆向投入位置行走 7mm 左右距离，相隔 1s 后伴随着一声异响，CG533S 点位上的工作密封指示装置指示杆向退出方向行走 2mm 左右距离，其他两个点位上的工作密封指示装置无异常。同时，主进水阀工作密封减压孔内持续有压力水释放。

为更好地验证 1 号机组主进水阀工作密封的可靠性，对 1 号机组进行旋转备用试验，主进水阀工作密封投退均正常。

初步判断原因为设备本体密封问题，计划结合大修进行分解排查。

在 2015 年 4 月 1 号机组大修期间，对 1 号机主进水阀工作密封进行分解检查：

（1）工作密封环锈蚀严重，对锈蚀地方使用清洗剂进行除锈清理，使用百洁布将表面擦拭干净，清理前后如图 3-9-3 和图 3-9-4 所示。

图 3-9-3　工作密封环锈蚀情况

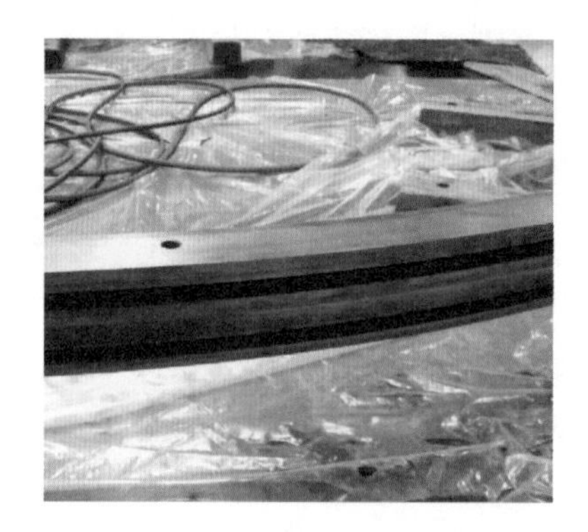
图 3-9-4　清理后的工作密封环

（2）工作密封环投入腔密封圈磨损严重，最大磨损量 2mm，对密封进行更换。

（3）工作密封环密封面有划痕，对划痕进行打磨修复处理，处理前后如图 3-9-5 和图 3-9-6 所示。

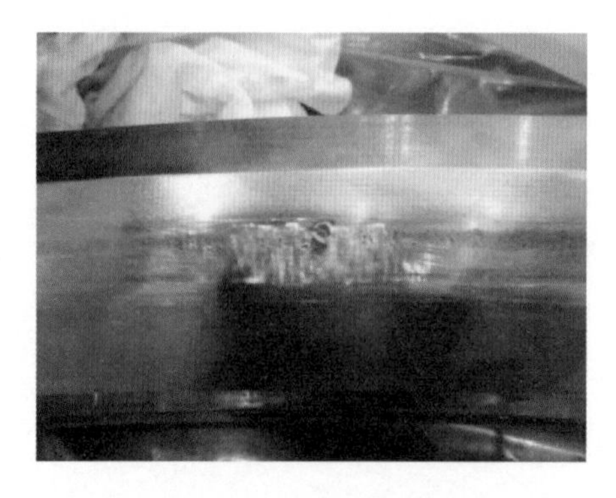
图 3-9-5　密封面划痕

图 3-9-6　处理后的密封面

经过对锈蚀密封环除锈处理、划痕密封面修复处理，更换新的密封圈后进行发电、抽水两个方向的持续开机试验。

经过 4 次开机试验，发现工作密封传感器 CG532S 测点与 CG531S、CG533S 两个测点最小动作时间差分别为 0.959、1.265、1.446、1.2s，说明工作密封退出灵活，整个密封环动作无迟缓、卡涩等现象，同时在工作密封投入时，工作密封三个位置传感器能够完全投入，工作密封减压孔已无漏水现象。

二、原因分析

经分析判断，当主进水阀工作密封投入时，由于投入腔密封效果不良，投入腔与减压腔窜水，导致 CG533S 点位处工作密封未完全投入，卡在一个中间位置，同时工作密封减压孔处有持续的来自投入腔的压力水释放；当工作密封退出时，由于工作密封投入腔密封磨损后封水效果不良，来自活门处的工作密封退出压力水从投入腔密封处窜水（见图 3-9-7），最终导致工作密封退出时间缓慢。确定缺陷的直接原因为主进水阀工作密封环的投入腔密封损坏；间接原因为密封材质不良、人员不了解设备更换周期、水中含有杂质、缺少日常投退时间分析判断。

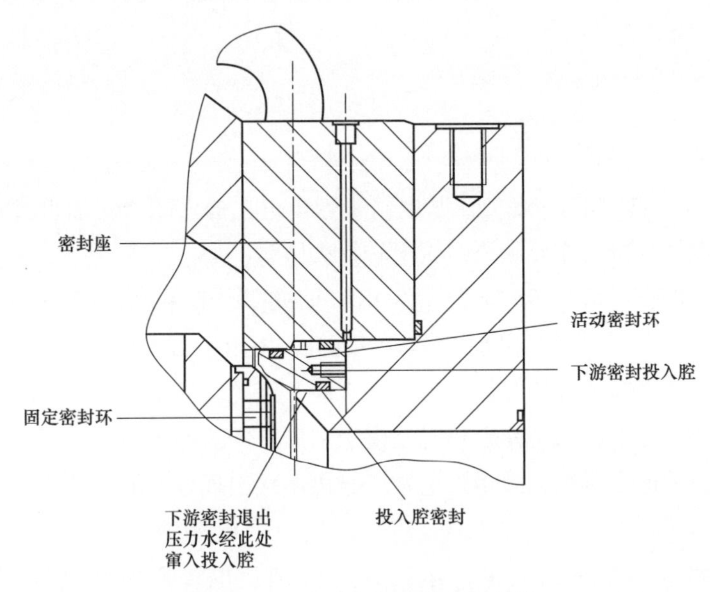

图 3-9-7　主进水阀工作密封结构

三、防治对策

（1）定期监测主进水阀工作密封三个传感器动作时间，做好数据支撑，提前预防，发现缺陷苗头后在最近一次检修期内消除缺陷。

（2）与厂家沟通，确定密封使用寿命和更换周期。

(3) 定期对滤水器进行检查维护，确保密封腔内水质满足要求，避免杂质对密封的损伤。

(4) 对主进水阀工作密封投退腔由单点供水改为三点供水，增设投退腔泄压孔，使工作密封投退操作力不平衡。

四、案例点评

由本案例可见，主进水阀工作密封投退灵活性对于机组稳定运行尤为重要，应加强对此设备的重视，加强人员技术学习，掌握设备结构，定期对设备运行状态进行分析，制定合理密封更换周期。对于结构类似的主进水阀，应在设计阶段考虑操作水源供给方式，避免出现单一受力点，造成力矩不平衡。同时，对于使用中的主进水阀，应排查有无类似隐患，根据设备现场使用实际情况，制定合理有效检修或改造计划，避免发生同类缺陷。

案例 3 - 10　某抽水蓄能电站机组主进水阀工作密封退出失败（二）*

一、事件经过及处理

2016 年 3 月 17 日 11 时 58 分，某电站 1 号机组在抽水调相转抽水过程中由于回水二级功率机械保护跳机动作导致机组工况转换失败。

查看监控事件表，11 时 56 分 23 秒发出 1 号机抽水命令后 54s 到达回水二级功率，11 时 58 分 07 秒出现 1 号机组回水二级功率跳机，中间未出现主进水阀位置信号。运维人员立即检查主进水阀位置情况，发现主进水阀在工况转换流程中开启超时导致回水二级功率保护动作，而主进水阀开启超时是由于主进水阀工作密封在主进水阀开启自流程中过程中没有正常退出所致。同年该电站 1 号机多次出现该故障，其他三台机组也出现同样的故障。

针对主进水阀工作密封故障，运维人员分别从电控回路和液压回路进行排查分析：

(1) 对主进水阀工作密封控制阀控制回路进行检查。主进水阀现地控制柜中 K18 为工作密封退出控制继电器，运维人员对 K18 进行外观检查未发现异常，单步开主进水阀至第二步（输出退工作密封指令）并用万用表对继电器节点进行导通试验检查，K18 继电器指示灯正常、导通情况正常。

* 案例采集及起草人：吴同茂、张涛、谭信（福建仙游抽水蓄能有限公司）。

（2）运维人员拆下工作密封控制阀 SV04 退出侧电磁阀线包，测量电磁阀直阻，直阻测量值正常。手动强制励磁 K18 继电器动作，用万用表测量电磁阀线包接收到 24V 电压，输出正常。综上，基本排除电气控制回路故障。

（3）运维人员通过手动按工作密封控制电磁阀 SV04 阀芯（见图 3-10-1）时，发现需要用较大力气才能推动阀芯，工作密封控制阀 SV04 动作时，现地检查工作密封退出正常。

图 3-10-1　主进水阀工作密封控制电磁阀 SV04

运维人员经讨论分析认为可能是主进水阀工作密封控制电磁阀卡涩导致工作密封未正常退出，从而使主进水阀开启超时，最终造成机组跳机，随机电站针对主进水阀工作密封控制电磁阀卡涩做出如下处理：

（1）拆卸主进水阀密封操作水过滤器，清洗滤芯和滤筒。

（2）将主进水阀工作密封控制阀 SV04 线包拆除，拆下工作密封控制阀，拆除两侧线圈，拆下阀芯（见图 3-10-2），打磨阀芯并涂凡士林，回装后手动投退、自动退出工作密封动作正常。

图 3-10-2　主进水阀工作密封控制阀阀芯

（3）检查工作密封水操作回路发现主进水阀密封过滤器的滤芯精度为 100μm，而工作密封电磁阀精度为 25μm，两者精度不匹配，故将过滤器更换为精度 25μm 的滤芯。

（4）为彻底解决电磁阀卡涩问题，2018 年电站对主进水阀工作密封控制系统进行优化，将工作密封操作电磁阀 SV04 改成德国进口的重载水用换向阀，控制电磁阀（SV04）转为油压操作，由控制电磁阀（SV04）控制重载水用换向阀，如图 3-10-3 所示。

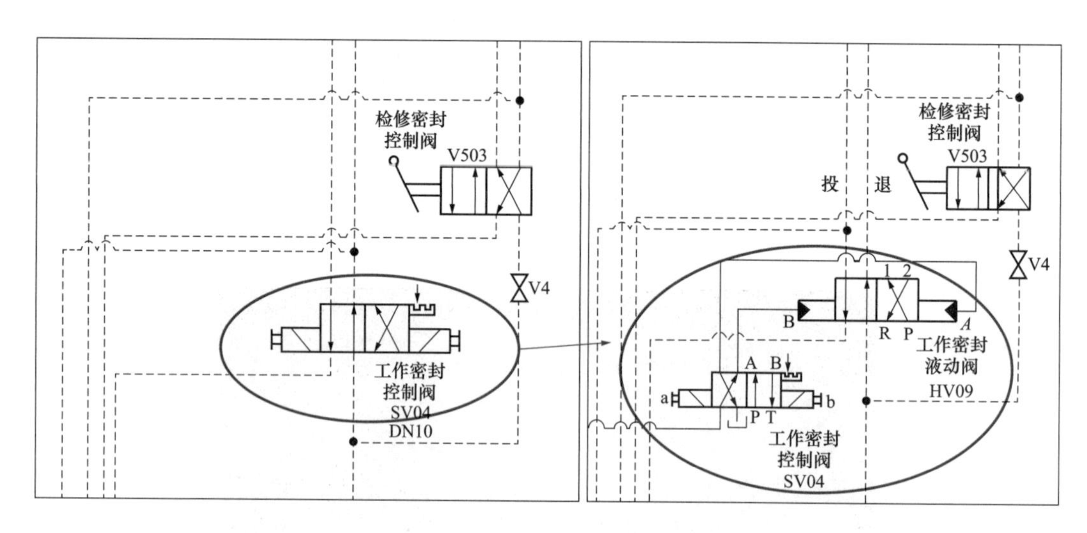

图 3-10-3　改造前后的液压系统

二、原因分析

通过问题排查过程可以得出本次故障的原因是开机流程走到退主进水阀工作密封处停止，由于主进水阀工作密封未退出导致主进水阀未正常打开，造成机组抽水调相转抽水工况转换失败。造成工作密封未退出的具体原因为工作密封控制阀 SV04 阀芯卡涩，导致主进水阀工作密封无法正常投退。

本次事故的根本原因是工作密封控制电磁阀为水压操作，电磁阀污染耐受度过低，过滤器精度过低，经过长时间运行后，管路中不可避免会有锈水、水垢等污染物进行入电磁阀，因电磁阀污染耐受度低，容易产生卡阻拒动。

三、防治对策

彻底解决此类问题需要改善水压操作的工作密封水源条件，并尽可能采用污染耐受度较高的重型电磁阀，保证该电磁阀工作可靠性。

（1）改造前，定期对 1～4 号机组主进水阀过滤器滤芯及工作密封投退电磁阀进行检查清洗。

（2）将原设计错误的精度为 100μm 主进水阀密封过滤器的滤芯更换为与电磁阀精度相配的 25μm 的滤芯，同时过滤器改造成不锈钢壳体的。

（3）优化主进水阀工作密封控制系统，工作密封操作电磁阀（SV04）的污染耐受度过低，改造成德国进口的重载水用换向阀，控制阀（SV04）采用油压操作的电磁阀。

（4）液压系统只有一个电磁阀（SV04）用于控制工作密封的投退，因电磁操作力较小及滑阀结构容易卡阻，导致其污染耐受度过低，长时间运行后容易发生卡阻。将其改为二级液压放大系统，采用油压操作的电磁阀来控制高度耐污染的水操作阀。

四、案例点评

本案例产生故障的实质是设计阶段考虑不全面所致。精密电磁阀耐污能力差，不宜直接用在水路中控制主进水阀工作密封投退，应采用高耐污能力水操作阀或油源液压阀，同时水过滤器选型也尽量采用不锈钢材质，不宜使用易生锈的碳钢材质。

案例 3-11　某抽水蓄能电站机组主进水阀伸缩节漏水（一）*

一、事件经过及处理

2017 年 3 月 1 日，机组日常巡检过程中发现 2 号机主进水阀在停机稳态时有水从伸缩节密封压板四周渗出（约 60 滴/min），同时伸缩节渗漏排水管中也有水流出。启停机过程中，漏水量会变大，尤其是停机过程中，旁通阀关闭瞬间会有较多水从伸缩节漏出，同时伸缩节渗漏水排水管中排水量明显增大。处理过程如下。

1. 退出外道密封压板

工作之前先对配对法兰 1 紧固螺栓螺帽、压板紧固螺栓及配合面进行编号标记以便回装时进行参考。利用 M30 敲击扳手依次松动、拆除密封压板固定螺栓（24 颗）并放在指定位置。利用 4 颗 M30 丝杠将密封压板向主进水阀侧移动直至伸缩节凸台处，此过程中注意由专人统一指挥 4 个方向同步缓慢移动，避免盖板卡涩无法退出，如图 3-11-1 所示。退出密封压板之后清除外道密封槽内的密封条。

2. 退出配对法兰 1

清理配对法兰 1（见图 3-11-2）与密封压板之间伸缩节表面的涂漆并涂抹黄油以便于配对法兰 1 退出。利用 M100 敲击扳手依次松动、拆除密封法兰 1 固定螺帽（24 颗）并放置在指定位置。利用挂在桥机上的两条 5t 导链托住配对法兰 1 上方吊孔，配合 4 个方向的 M30 丝杠同步缓慢地将配对法兰 1 退至密封压板处。退出后清除内道密封条以及径向密封条，拆下的旧密封条如图 3-11-3 所示。

---

* 案例采集及起草人：高申（山西西龙池抽水蓄能电站）。

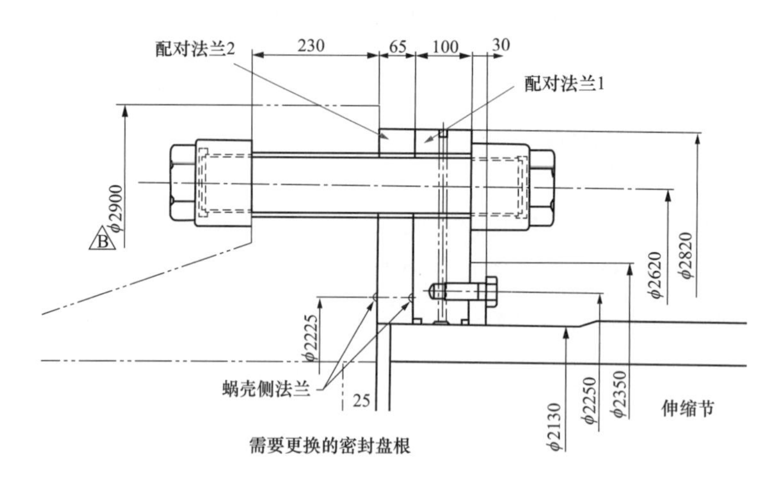

图 3-11-1 伸缩节需更换密封示意（单位：mm）

图 3-11-2 退出配对法兰 1

图 3-11-3 拆下的密封条

3. 清理内道以及径向密封槽

利用砂纸、清洗剂将内道密封槽及径向密封槽清理干净，表面无高点。同时将配对法兰 1 与伸缩节初始配合表面进行清理至表面无高点。

4. 安装内道以及径向密封条

分别取 φ12、φ9.5 密封条套在密封槽内，在松紧度适中的位置切斜口用速干胶进行黏合。先进行径向密封条的安装，再进行内道轴向密封条的安装。

5. 回装配对法兰 1

在配对法兰 1 与配对法兰 2 间伸缩节表面涂抹黄油以便于配对法兰 1 回装。利用 M30 丝杠配合法兰片在 4 个方向同步缓慢得将配对法兰 1 靠近配对法兰 2，将清理干净的螺柱以及螺帽（清理后涂抹二硫化钼）回装，用小锤对称敲至预紧，利用专用工具液压扳手对称紧固螺帽（以力矩 20MPa 为标准，兼顾角度 54°～66°），注意在紧固过程中须防止对侧螺帽在紧固时跟随扳手转动而无法达到预定的标准力矩。

6. 清理外道密封槽并安装密封条

利用砂纸以及清洗剂将外道密封槽清理干净，将外道密封条套在伸缩节表面松紧度调整至适中时切斜口，并用速干胶黏合，在外道密封槽内用胶枪均匀涂抹平面密封胶后将密封条退至密封槽处。

7. 回装密封压板

利用 M30 丝杠在 4 个方向同步缓慢将密封压板靠紧配对法兰 1，最后用 24 颗螺栓对称紧固。回装工作完毕后需要对所有破坏掉的漆面进行补漆，并对所有螺栓进行紧固标记，方便后续巡视检查。

二、原因分析

1. 密封盘根磨损老化

查看设备图纸资料并结合现场实际情况分析可知，如图 3-11-1 中所示的两道密封盘根密封效果不良，导致伸缩节内的水穿过两道密封后最终通过配对法兰 1 底部的渗漏排水管以及外道密封压板向外漏出。通过图 3-11-3 可以明显看出旧密封盘根的磨损以及老化。

2. 伸缩节在主进水阀启闭过程中动作

设计安装伸缩节的一个作用就是缓冲主进水阀启闭过程中水推力的变化从而引起主进水阀沿压力钢管轴线方向的位移。因此，伸缩节启停机过程中渗水量变大可以理解为旁通阀动作过程中引起的水推力使伸缩节发生微小位移，而在位移过程中密封盘根也会随之变形并且与伸缩节外表面发生摩擦。考虑到密封盘根本身已经磨损严重且失去弹性，在上述过程中密封效果最差，导致大量的水沿轴向经两道密封泄漏，同时也解释了密封盘根磨损的原因。

3. 结论

综上所述，伸缩节密封盘根在运行过程中的老化与磨损是导致漏水的最终原因，因此更换伸缩节密封盘根是解决漏水的关键。

三、防治对策

（1）结合日常专业巡检，同时综合考虑机组运行频次，应对疲劳损耗密封件及早做更换处理，避免发生不可控的结果。

（2）建立并定期更新主进水阀易磨损易老化密封件台账，分析密封件运行年限以及运行状态，提前制定更换方案与计划。

（3）正确购置并且妥善保管密封备件，确保密封件在保质期内不老化变质，更换时满足质量与数量要求。

四、案例点评

由本案例可见，对设备设施寿命周期的评估应纳入日常设备运维管理工作。对于接近寿命极限的设备需进行重点观察巡视，并结合检修进行更换。本案例中伸缩节密封属于易耗易损件，需要结合机组运行频次以及密封正常寿命作出备件更换周期计划，以保证机组正常运行。

案例 3-12　某抽水蓄能电站机组主进水阀伸缩节漏水（二）*

一、事件经过及处理

某抽水蓄能电站1号机组运行时主进水阀伸缩节处有渗水现象，采用接水盒引流至排水沟方式处理（见图3-12-1），暂时不影响机组运行。

图3-12-1　主进水阀伸缩节渗水临时措施

在1号机组A修期间，现场检查发现伸缩节密封槽局部宽度偏大，造成密封压缩量不足导致渗水。

结合机组A级检修，在密封槽局部宽度偏大处加装直径8mm密封条，以增加密封安装后的压缩量，提升密封效果。安装后达到了预期效果，伸缩节渗水现象得到控制。处理过程如下：

1. 伸缩节拆除

（1）搭设脚手架作为工作平台，验收合格后使用。

（2）拆除伸缩节上下游螺栓并进行探伤。

（3）伸缩节下落，将伸缩节下落于地面固定处。

拆除后发现，因为渗水，橡胶密封条老化严重（见图3-12-2），伸缩节下游侧密封压环有明显的锈迹（见图3-12-3）。

* 案例采集及起草人：卢彬、赵雪鹏（河北张河湾蓄能发电有限责任公司）。

图 3-12-2　旧橡胶条密封

图 3-12-3　密封压环锈蚀情况

2. 密封压环处理

（1）将主进水阀伸缩节下游侧密封压环清洗干净。

（2）使用金属修补剂进行修补。

（3）进行打磨，检查密封压环表面平整、无高点。

（4）测量处理后的密封压环（见图 3-12-4）内侧密封槽。橡胶密封不受力时宽度为 27mm，密封槽大部分宽度为 24.5～26.0mm，符合要求；面向下游侧的 6～9 点钟方向，密封槽宽度为 26.0～26.8mm，密封压缩量偏小，判断为之前伸缩节漏水的原因。

图 3-12-4　处理后的密封压环

3. 密封更换

（1）在宽度为 26.0～26.8mm 的密封槽对应密封开口内部加装 1800mm 密封条（直径 8mm），以增加密封安装后的压缩量，提升密封效果。

（2）在加装密封条的两侧，分别加装 300mm 密封条（直径 7mm）和 600mm 密封条（直径 7mm）作为过渡。

（3）不同直径密封条使用 406 胶水黏结，黏结位置需进行打磨，使连接顺滑。

二、原因分析

1. 直接原因

对伸缩节密封压环进行尺寸测量发现，导致漏水的直接原因是由于密封槽局部尺寸偏大，无法满足橡胶密封压缩量，在机组运行时，水压增大，进而发生渗水现象。

2. 间接原因

伸缩节橡胶密封与密封压环之间为空腔，机组运行时，水流充满空腔从而使密封膨胀达到止水效果。机组运行时间已达到 10 年，此处的水流易导致密封槽空蚀，从而导致密封槽局部尺寸变大。说明之前的检修工作对设备的检查不够仔细，未能及时发现尺寸变化情况。

三、防治对策

结合主进水阀检修，对主进水阀伸缩节进行拆除，对主进水阀伸缩节密封进行检查，对压环密封接触面进行检查处理，对严重锈蚀部位进行焊接打磨处理使其达到设计光洁度要求。同时，检查伸缩节专用膨胀密封，确认密封性能良好，及时更换密封，确保密封有效不渗水。在拆除过程中，严格把关回装质量工艺，确保伸缩节四周装配间隙均匀。利用检修机会对其他机组伸缩节密封压环内侧密封槽进行详细的拆卸检查，对尺寸偏大处橡胶密封结构进行填充优化处理。

四、案例点评

此案例在设备实际运行中很常见，暴露的密封接触部位气蚀问题存在共性。应结合主进水阀检修对与各密封件接触部位进行一次全面仔细排查，尤其对于主机有可能造成较大后果的部位需进行全面分析和检查，必要时开展修补或更换。

案例 3 - 13　某抽水蓄能电站机组主进水阀液压换向阀组故障*

一、事件经过及处理

2017 年 9 月 24 日 9 时 39 分，某电站 2 号机组抽水转停机过程中，监控系统出“INLET VALVE DRIVE FAULT（进水阀驱动故障），PUM/GEN STOP SEQUENCE FAILURE（机组停机流程失败）”报警，主进水阀转子（活门）全开信号保持，主进水阀工作密封未动作，主进水阀旁通阀未动作，2 号机组抽水转停机流程超时，停机失败。

事故发生后，运维人员现场检查，发现 2 号机组主进水阀转子（活门）未正确执行关闭命令，仍处于全开位。因此，监控系统送出进水阀驱动故障报警。经排查，初步判断主进水阀转子（活门）开关液压换向阀组 KA022 故障。

（1）处理步骤。

1）布置安全措施。

2）拆除在装主进水阀液压换向阀组 KA022。

* 案例采集及起草人：刘殿兴、张光宇（国网新源控股有限公司北京十三陵蓄能电厂）。

3）安装新主进水阀液压换向阀组 KA022。

4）恢复安全措施，将主进水阀液压回路充压。

5）把主进水阀控制方式打到现地，现地开关主进水阀，主进水阀工作正常。

6）把主进水阀控制方式打到远方，监控远方开关主进水阀两次，主进水阀工作正常，缺陷消除。

（2）处理结果。2 号机组主进水阀可以正常工作，恢复正常运行状态。

二、原因分析

1. 问题排查

（1）控制回路检查。对监控至主进水阀控制柜关主进水阀命令回路进行检查，未见端子松动、接触不良等缺陷。从监控系统工程师站查询并确认监控系统已发出关主进水阀命令。手动送出关主进水阀命令，并确认主进水阀控制系统收到该命令，从而排除控制系统故障。

（2）液压回路检查。主进水阀液压系统工作正常，未见液压系统出现渗漏等情况。通过分析，主进水阀不能正常关闭有三种可能原因：

1）主进水阀转子（活门）关闭控制电磁阀 Y020 未正常工作。

2）主进水阀转子（活门）关闭回路液压阀 KA021 未正常工作。

3）主进水阀转子（活门）关闭回路液压换向阀组 KA022 未正常工作。

检查发现主进水阀控制回路中转子（活门）关闭电磁阀 Y020 工作正常；通过试验确认主进水阀转子（活门）关闭回路液压阀 KA021 工作正常；通过试验发现主进水阀转子（活门）关闭回路液压换向阀组 KA022 未正常工作，事故原因确认。

2. 直接原因

通过拆卸主进水阀转子（活门）关回路液压换向阀组 KA022，发现其内部节流阀控制转子（活门）关闭方向的活塞杆发生断裂，导致该节流阀拒动，因此造成主进水阀转子（活门）无法关闭。

液压换向阀组 KA022（见图 3-13-1）由换向阀本体和阀体上部节流阀两部分组成。KA022 阀体本体是主进水阀转子（活门）开关液压回路主油路切换载体，阀体上部节流阀可以有效调节换向阀本体油流量。拆开 KA022 换向阀本体，其内部活塞杆无损伤，工作平滑，未发现异常。拆开阀体上部节流阀发现节流阀关闭侧活塞杆断裂，如图 3-13-2 所示。

图 3-13-1　KA022 阀组

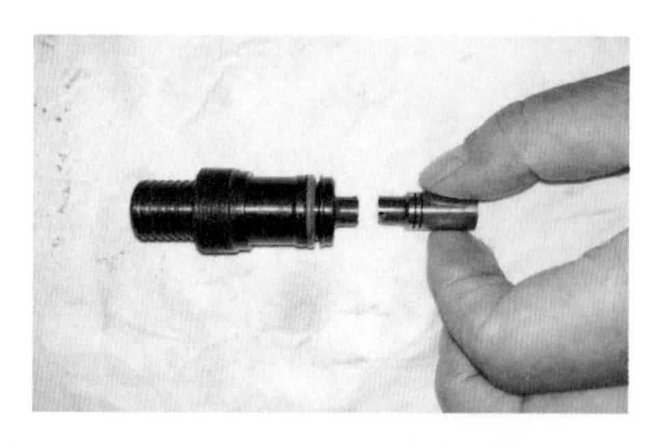

图 3-13-2　节流阀活塞杆断裂

3. 间接原因

（1）维护周期不合理。主进水阀液压换向阀组 KA022 已运行 5 年，由于机组运行强度大，缩短了该阀门各部件的使用寿命，导致主进水阀液压换向阀组 KA022 内节流阀阀杆断裂，使主进水阀不能正常动作。

（2）设备选型不合理。节流阀内部活塞杆直径较小，长期在高油压下工作更容易造成其结构损坏。

三、防治对策

（1）对其他三台机组主进水阀相关设备进行排查，统计其他三台机组主进水阀液压回路液压阀组更换使用情况，制定主进水阀液压阀组更换台账及检修计划时策划检修维护项目。

（2）对主进水阀液压回路相关阀组做好全生命周期管理，统计阀组安装更换时间，制定主进水阀液压阀组更换周期表，提前预控，到期更换，保证主进水阀安全稳定运行。

（3）积极同设计厂进行沟通，更换新型节流阀，提高安全性能及主进水阀液压系统设备稳定性。

四、案例点评

由本案例可见，水电站机械设备液压操作系统内部分液压控制元件的结构并不能满足长期稳定运行的需求。尤其是常年存在往复运动或转动的部件更容易产生金属疲劳，进而导致设备失效。通过查阅抽水蓄能电站检修导则及金属监督查评大纲等标准规范，并未发现对液压阀组结合年度检修进行解体检查的要求。

建议电厂维护人员记录各液压阀组更换日期并统计其使用时间、动作次数，针对设备说明书以及日常检修经验制定合理的更换周期，按期进行更换。若有条件，对结构形式薄弱的部件进行更新换代，从而提高设备运行稳定性。

第四章　辅　助　系　统

案例 4-1　某抽水蓄能电站机组并网进入反水泵区跳机*

一、事件经过及处理

2015 年 4 月 10 日，某电站 2 号机组发电启动，机组并网稳定运行后监控系统出现 2 号机组保护逆功率保护动作报警，机组电气停机。

现场检查确认为 2 号机组发电工况逆功率保护动作导致机组电气停机，保护正常动作，停机后检查机组相关设备无异常。分析此次机组发电运行时水头为 190m，低于正常水头 195m，并网后导叶未正常开启至带负荷状态，水轮机进入反水泵区（S 曲线不稳定区域），调速器无法正常调节，功率保护动作导致启动失败。

确认故障后，检查调速器液压回路正常，调速器油站启动正常，无渗油漏油现象。进行 2 号调速器系统现地开关导叶测试，动作正常。

检查监控至调速器控制回路，接线牢固，无异常。检查机组出口开关位置至调速器信号正常，通过工程师站强置 2 号机组功率信号，调速器系统功率显示与监控系统一致，监控至调速器通信正常。

检查确认调速器系统无异常，从监控系统历史曲线（见图 4-1-1）分析发现机组并

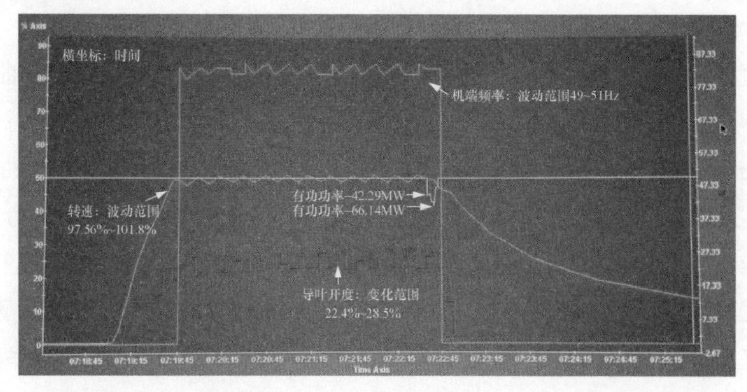

图 4-1-1　2 号机运行历史曲线

* 案例采集及起草人：张成华、熊永俊（湖北白莲河抽水蓄能有限公司）。

网后有功功率由 0 突变为－42.8MW 并持续降低，导叶开度由空载开度缓慢增长，5s 之内未能将有功功率调节至正常区间（见图 4-1-2），逆功率保护动作，分析判断为 2 号机组运行时水头过低，水轮机进入反水泵区导致并网时导叶开度不稳出现逆功率。

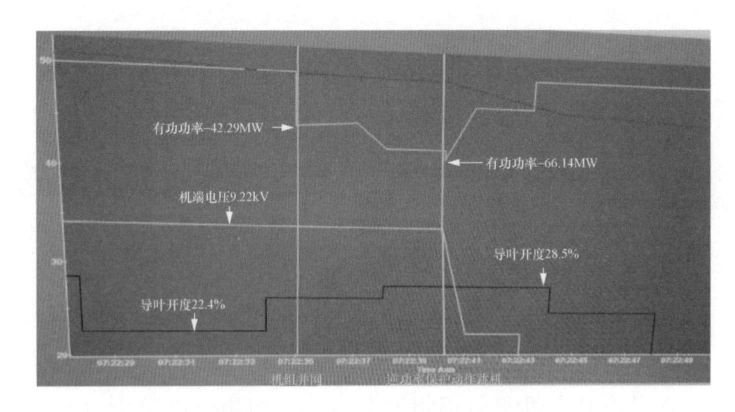

图 4-1-2　2 号机组故障点曲线

申请调度进行抽水至额定水头，再次启动 2 号机组测试无异常。

二、原因分析

此次机组发电启机失败的直接原因为低水头下并网异常导致逆功率保护动作，发电工况逆功率保护是为防止机组在发电工况运行时吸收有功，检测由系统流向发电电动机的有功功率而配置的保护，当保护装置监测到机组有功功率低于－30.1MW，延时 5s 跳机。

查看监控历史曲线记录：2 号机组并网瞬间有功功率突变为－42.29MW 并且持续降低，导叶开度存在摆动现象，5s 之后有功功率仍低于低功率保护定值－30.1MW，2 号机组电气停机（此时上水库水位 296.23m，下水库水位 100.96m，2 号机组净水头为 190m，低于额定净水头 195m）。

造成逆功率保护动作的原因为低水头工况下水轮机进入反水泵区（S 曲线不稳定区域），调速器无法正常调节。

2 号机组运行时水头较低（净水头 189.46m 低于额定值 195m），在机组空载并网前，转轮处于反 S 区不稳定工况，机组在水轮机工况和制动工况来回摆动。并网时刻，机组受到冲击，但调速器并不能迅速开大导叶，将机组调节至水轮机发电工况，从而转轮滑入反水泵工况区，水轮机输出力矩不足，致使发电机电磁力矩与功角反向，电机进入功角不稳定运行区，从而使机组在发电的方向抽水，不断吸纳电网功率且持续增大，超过逆功率保护动作阈值及时限，造成逆功率保护动作，电气停机。

1. 水轮机方面

并网时刻水轮机相关参数见表 4-1-1。

表 4-1-1　　并网时刻水轮机的参数

转轮直径	5.177m	流量	$32m^3/s$
水头	189.46m	转速	250r/min

转轮单位参数（水泵工况为正方向，且不考虑修正）

$$\text{单位转速}\ n_{11}=\frac{nD_1}{\sqrt{H}}=\frac{-250\times 5.177}{\sqrt{189.46}}=-94.03\ (\text{r/min})$$

$$\text{单位流量}\ Q_{11}=\frac{Q}{D^2\sqrt{H}}=\frac{-32}{5.177^2\sqrt{189.46}}=-0.087\ (\text{m}^3/\text{s})$$

据此确定转轮并网时刻处于模型综合特性曲线的反S区（见图4-1-3），此工况区为转轮的一个不稳定工况区，非线性特性严重，机组并网时如调节不当，转轮极容易滑入图4-1-3的左上方区域，即反水泵工况区。

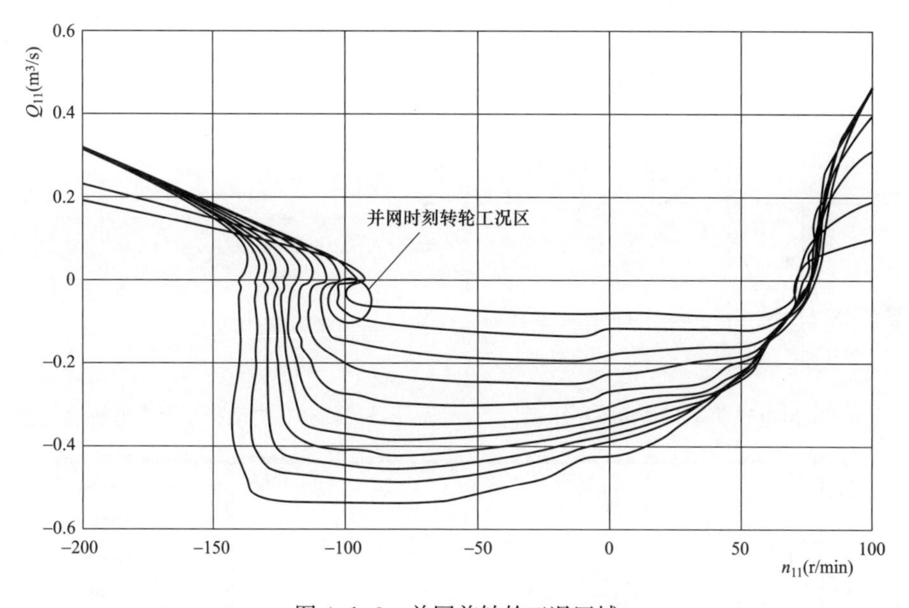

图4-1-3　并网前转轮工况区域

2. 发电机方面

在正常运行时，水轮机的转矩 M_T 推动转子旋转；发电机的电磁转矩 M_e 制止转子旋转，两者互相平衡，发电机以恒定速度旋转，机组对电网输出电磁功率 P_e 。

在正常发电工况下，发电机端电压超前电流，如图4-1-4所示，E_q 是发电机的空载电势，U 是发电机端电压，φ 是功率因数角。

正常发电机时，功角处于0°～90°之间的稳定区，如图4-1-5所示，δ 是发电机的功角，P_e 是发电机的电磁功率。

机组并网之前平衡点就是图4-1-5的原点，当这种平衡受到破坏，如果原动机力矩大于电磁力矩，那么电机就会进入图4-1-5中的稳定区，功角为正，此时并网，电机将会处于发电机工况；如果原动机的力矩小于电磁力矩，电机会进入图4-1-5中不稳定区，功角为负，此时电机将处于电动机工况。

2号机组在低水头发电工况启机，并网前水轮机的力矩 M_T 做往复振荡，机组并网后，水轮机的力矩时而大于电磁力矩，时而小于电磁力矩，并且没有进一步增大，2号机组在图4-1-5的原点处沿正弦曲线往复振荡后滑入不稳定区，即图4-1-5的－90°～0°区，功角为负，此时机端电流、电压波形如图4-1-7所示，机端电压与电流的相位差几乎为180°，机组进入电动机工况，从电网不断吸取功率且持续增大，导致逆功率保护动作。电动机工况下电机电气相量如图4-1-6所示。

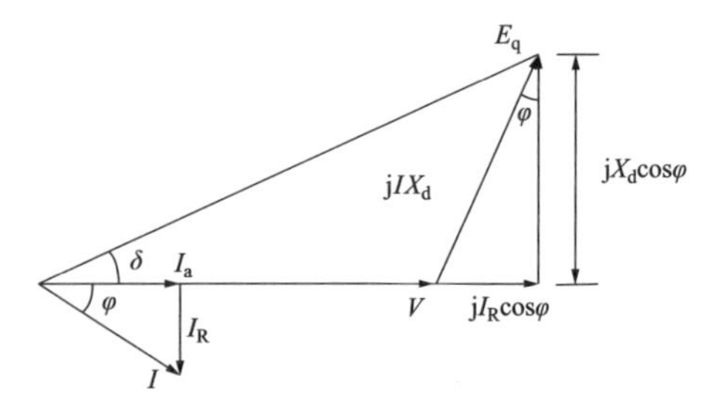

图4-1-4　发电机工况下电机电气相量

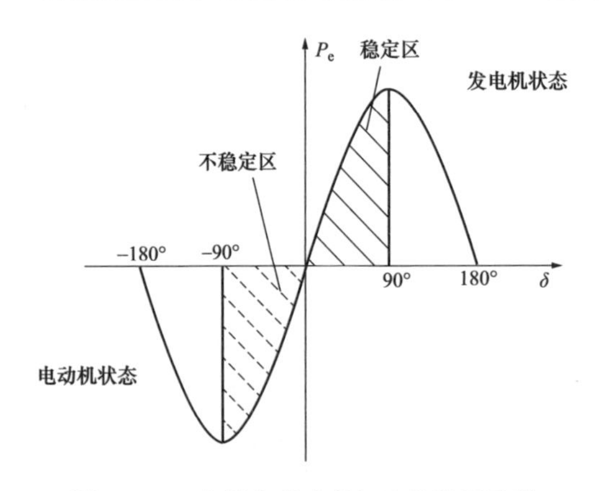

图4-1-5　电机电磁功率与功角关系示意

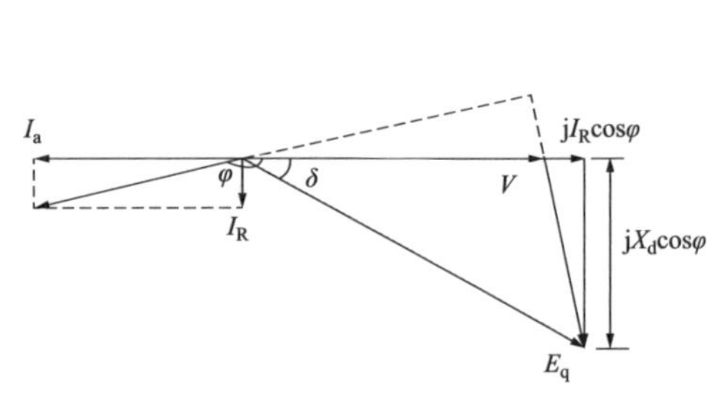

图4-1-6　电动机工况下电机电气相量

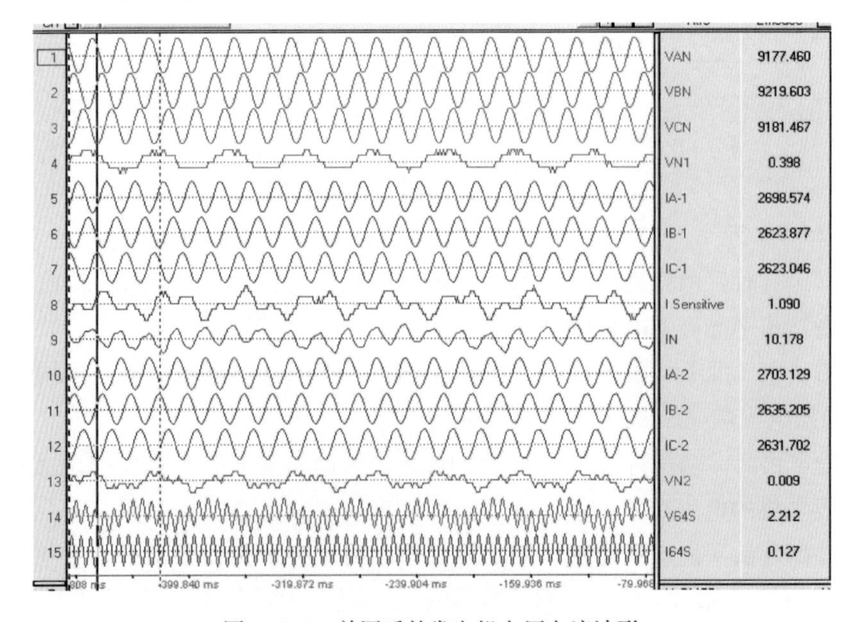

图4-1-7　并网后的发电机电压电流波形

三、防治措施

(1) 加强机组运行状态分析，因地制宜制定运行策略。分析各台机组运行历史数据，总结规律，针对每台机组的最优运行水头特性制定对应措施避开各台机组运行的不稳定区域，同时制定不同水头下功率分析状况特性表为运行人员作指导，避免同类故障再次发生。

(2) 强化值守人员专业培训，进一步熟悉掌握机组运行规律。开展针对性的培训及处置演练，加深值守人员对机组不同水头下运行特性的了解，尽量避免机组进入不正常运行区间。

(3) 优化调速器参数，满足更广泛水头下的调节应用。调试阶段调速器参数设置未充分考虑低水头工况，无法避免低水头下的反水泵区间，及时联系厂家结合机组检修，对调速器相关参数进行调整以适应低水头工况。

四、案例点评

本案例充分表明了机组在基建阶段就需充分考虑机组如何应对各类极端的环境条件，未雨绸缪，针对性地完备试验方案，确保机组投运后相关参数（调保计算）能够满足不同工况下的运行需求，另外需要考虑投产后机组、流道及其他设备设施的运行状态与调试初期可能存在差异，必要时应开展针对性的复核性试验，及时调整运行参数，同时在运行阶段强化运行人员的专项培训工作，强化机组运行人员对电站机组各工况特性的了解，多项措施保障机组始终保持在最优运行状态。

案例 4-2　某抽水蓄能电站机组调速器电液转换器电磁线圈断线*

一、事件经过及处理

2016 年 2 月 18 日 15 时 16 分，某电站 4 号机发电工况开机失败，机组转速上升过程中导叶异常关闭，机组转电气事故停机。

2016 年 2 月 18 日，根据调度指令，该电站运行人员执行 4 号机由停机备用转发电流程，上水库水头 381.5m。流程发出后，各辅助设备正确启动，机组进入停机热备态。换向刀合闸，主进水阀打开后，流程至“启动调速器”（见图 4-2-1）。调速器发出 RO-T命令（发电工况启动令），导叶打开 9%开度开始冲转机组。15 时 16 分，机组转

* 案例采集及起草人：李承龙（辽宁蒲石河抽水蓄能有限公司）。

速上升至74%，导叶突然关闭。运行人员发现监控报“调速器大故障 R29-G 停机动作”，机组执行事故停机流程。

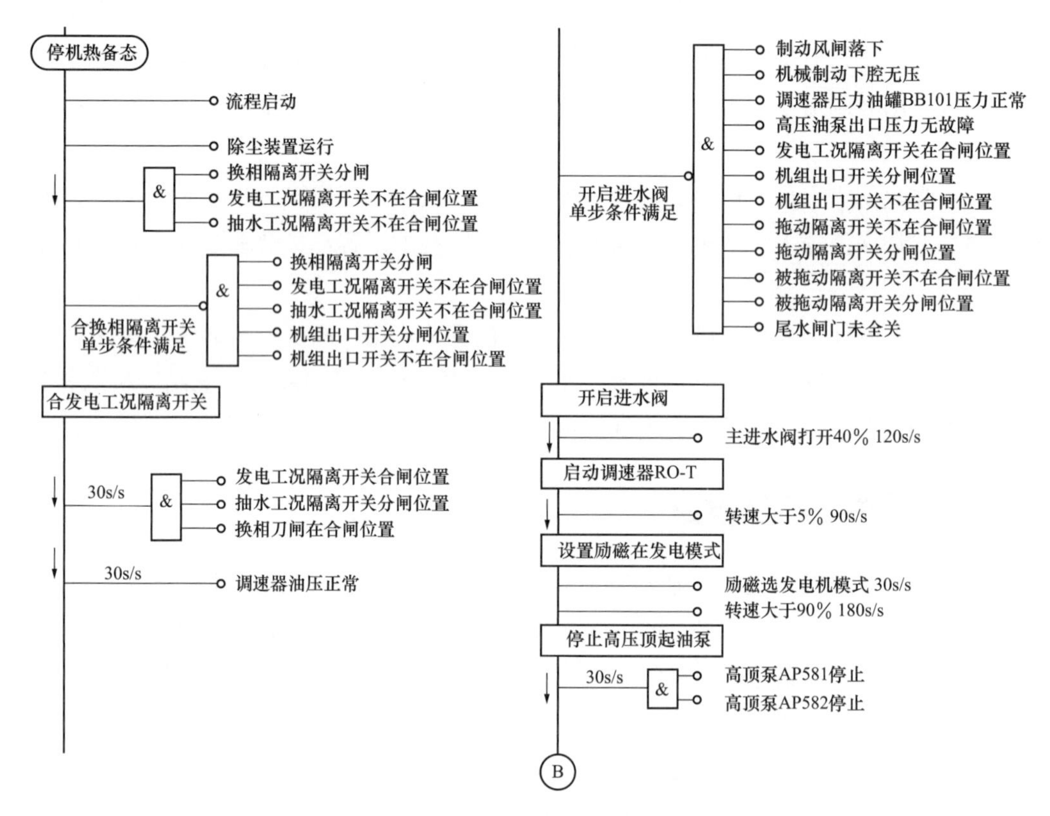

图 4-2-1　开机流程

机组停机后，运维人员现场对 UPC（调速器机组过程控制器）检查，发现调速器主备 UPC 同时报大故障信号，可以复归，UPC 工作正常没有死机迹象。模拟导叶拒动情况，主备 UPC 同时报大故障，与事故情况一致。进行油压装置启动试验，压力管路压力表计示数正常。模拟紧急停机电磁阀 AD200 投退试验，反馈正常。

运维人员进行导叶静水开闭试验，试验过程中导叶拒动而未能正常开启，传感器反馈为 0%与现地情况一致。调速器电液转换器控制回路电压正常。运维人员对 4 号机调速器电液转换器（见图 4-2-2）进行线圈电阻测量，测量电阻值为 1.7MΩ（见图 4-2-3），正常情况下调速器电液转换器电磁线圈阻值应为 26Ω 左右，确认电液转换器故障。

运维人员测得电液转换器备件线圈电阻为 26.6Ω，确认正常。在电液转换器周围做好防护，松动固定螺栓，排尽残油后更换电液转换器。完成安装后，运维人员对新安装电液转换器进行校准，测定平衡电压为 2.3VDC（标准为 2～3VDC），对导叶进行动作试验，试验结果正常。现场进行机组启动试验，机组启动成功，试验结果正常。

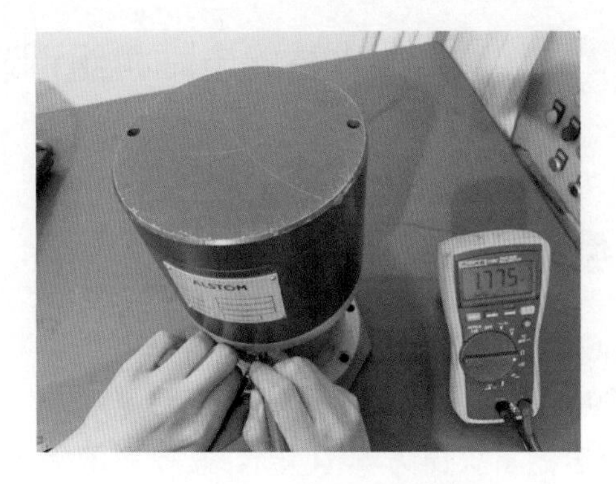

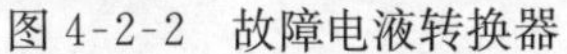

图 4-2-2 故障电液转换器

图 4-2-3 线圈电阻测量

二、原因分析

此次事故停机的直接原因为 4 号机调速器电液转换器电磁线圈断线，导致 4 号机调速器电液转换器回到关导叶位置，因而导叶在开启过程中异常关闭，调速器 UPC 判断导叶拒动报大故障后跳机。

本次事故的直接原因暴露出该厂缺乏对电磁阀线圈的监测措施，未能发现线圈老化趋势，此为本次事故的间接原因。

三、防治对策

本次事故中，引发事故的直接原因是电液转换器电磁线圈断线，此为偶然事件。但该厂此前没有针对调速器电液转换器电磁线圈的检修检查项目，因此没有针对此问题的数据统计，无法提前发现线圈老化趋势，必然导致电液转换器电磁线圈最终断线情况的发生。

针对本事故发生的原因，可采取如下措施进行防治。

（1）定期检查各机组电液转换器运行情况，联系设备厂家，掌握设备维护周期。对于运行时长较长，线圈关键指标变化明显的设备进行更换、返厂维修。

（2）对于调速器电液转换器电磁线圈等机组正常运行过程中无法直接观察的位置，应采取间接方式检查。完善机组定检项目，增加对电液转换器电磁线圈的阻值测量记录，完善相应台账数据，掌控线圈老化程度，确保提前发现，及时处理。

四、案例点评

由本案例可见，设备管理应重视关键指标数据的统计与分析，从保持设备稳定运行的角度出发，落实设备定期健康状态分析要求。日常定检时，强化对设备日常巡检不易排查的位置的检查，并做好数据统计，有效掌握如线圈内阻、开关触点电阻、开关/探头位置变化等趋势变量。因此，建立并执行一套标准、可更新的定检、检修标准制度是十分必要的。

案例4-3　某抽水蓄能电站机组调速器控制油管路卡套接头漏油*

一、事件经过及处理

2016年7月30日，某电站2号机组在发电工况带30MW负荷稳态运行，调速器导叶开度18%，调速器系统压力6.7MPa，监控系统无异常报警。9时50分，现场巡视人员发现2号机组调速器控制油管路卡套接头处漏油（见图4-3-1），9时57分值守人员立即向调度申请2号机组紧急停机并退出备用进行处理。

图4-3-1　现场漏油情况

检修人员现场确认为调速器控制油管路卡头接头处出现裂纹导致漏油。完成对油压系统的隔离后，对存在裂纹的管路部分进行更换，更换完毕后保压试验正常，2号调速器油控制油管路无漏油，发电开机并网，机组正常运行，缺陷消除。

二、原因分析

1. 直接原因

（1）调速器控制油管路卡套接头处管路出现裂纹导致调速器压力油罐内压力油泄漏。

（2）在安装或者紧固接头过程中用力过大，导致管路与卡套接合面产生缺陷，缺陷随运行时间扩展，最终造成漏油。

2. 间接原因

（1）制作、安装2号机组调速器控制油管路时，施工工艺把控不严，制作的管接头质量不能满足现场运行寿命要求。

（2）由于卡套接头现场安装依靠手工紧固，因此存在紧固力矩过大导致接头下方管路变形进而出现损伤。加之多年来运行环境振动情况恶劣，使管路产生裂纹（见图4-3-2），导致漏油。

---

* 案例采集及起草人：李江涛、刘殿兴（国网新源控股有限公司北京十三陵蓄能电厂）。

三、防治对策

图 4-3-2　存在裂纹的管路

（1）严格落实安装过程质量管控。检修过程中对类似部位和管件的施工和安装进行重点监督，杜绝因安装工艺、紧固力矩超标所导致的设备缺陷。

（2）提高检修时的质量验收水平，严格把关，确保各项材料、工艺水平满足各级检修周期之间的运行寿命要求。

（3）提高采购材料质量标准，满足现场最恶劣运行条件。

（4）合理设置设备定期检查周期。对高压管路及接头进行定期检查，尽早发现渗漏等情况，及时发现并消除因管路自身质量及寿命因素导致的类似缺陷。

（5）根据《国家电网公司水电厂重大反事故措施》要求，应定期检查水轮机高振动区域管路连接部位，水轮机高振动区域避免使用卡套接头。

四、案例点评

由本案例可见，电站在卡套式接头材料选择、安装等环节中未给予高度重视，安装过程中造成卡套接头部分产生缺陷，最终导致漏油事故。查阅 GB/T 32574—2016《抽水蓄能电站检修导则》等标准规范，均未发现高压管路卡套式接头的维护保养建议。但是，由于卡套式接头广泛应用于电站油压系统控制及测压回路中，一旦发生卡套失效将造成油压控制及测量回路无法正常工作，甚至造成油压系统压力下降所导致的机械事故停机。因此，建议各电站完善卡套接头选材标准及安装工艺，并将卡套式管路接头纳入日常巡视项目中去，及时发现并处理接头故障。

案例 4-4　某抽水蓄能电站机组主进水阀油泵卸载阀卸载失败*

一、事件经过及处理

2014 年 9 月 28 日 23 时 21 分，某抽水蓄能电站 1 号机抽水工况出力为－300MW运行稳定过程中，值守人员听到现场存在异音，现场检查发现 1 号机组

---

* 案例采集及起草人：初晓倩、刘宏源（辽宁蒲石河抽水蓄能有限公司）。

主进水阀油气罐安全阀动作，油气罐压力缓慢下降，经调度同意转移负荷，事故机组正常停机。

事故发生时，油压装置2号油泵作为主泵运行，地下厂房值守人员听到现场异音，同时在监控系统发现1号机组主进水阀油气罐压力以0.1MPa/min左右速度缓慢下降（额定压力6.4MPa，事故低油压定值5.3MPa）。值守人员现场检查发现，1号机组主进水阀油气罐安全阀动作，油气罐压力缓慢下降。值守人员向调度申请转移负荷，经过调度同意后，开启4号机组抽水运行，4号机组并网后执行1号机组停机。

事故机组停机后，运维人员迅速对现场进行再次检查，确认1号机组主进水阀油气罐安全阀动作，并造成气罐压力持续下降。操作人员立即对1号机组主进水阀油气罐进行泄压进行缺陷处理。

通过查阅监控气罐压力曲线确认，油气罐安全阀动作时压力为7.0126MPa，且动作前油压装置油泵持续补压，达到6.4MPa停止补压定值时也未停止，主进水阀压力油罐压力上升曲线如图4-4-1所示。

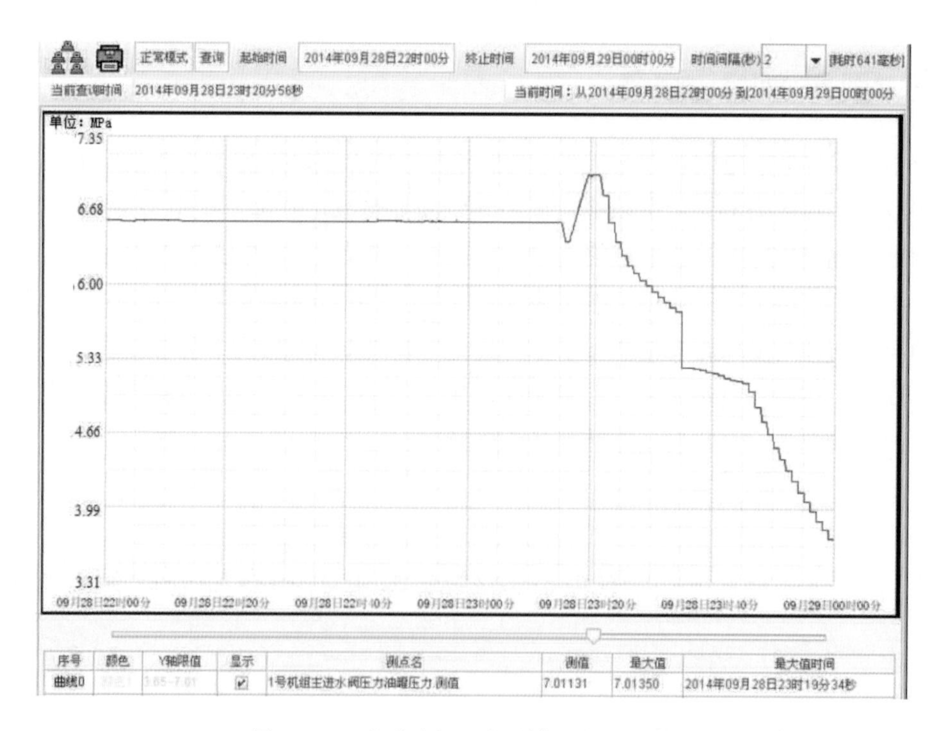

图4-4-1　主进水阀压力油罐压力上升曲线

现场对“压力正常，停止补压”压力开关进行校验，其动作值为6.42MPa（见图4-4-2），反馈信号正常。

检查油泵空负载情况，在油压装置控制柜上手动执行空载命令，电磁阀阀芯没有发出正常的碰撞声。将插头拔出，用万用表测量其线圈阻值为∞，而正常值应为15Ω左右（见图 4-4-3），确认电磁阀线圈断线。更换 1 号机油压装置 2 号油泵空载电磁阀。测试其他油泵空载电磁阀线圈阻值及控制回路，均正常。

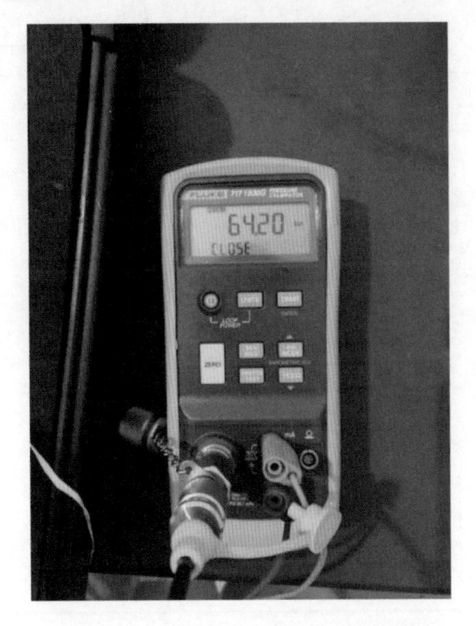

图 4-4-2　压力开关进行校验结果

图 4-4-3　电磁阀线圈阻值检查

检查所有油泵出口溢流阀定值，实际发现除 2 号油泵外其余各泵溢流阀均能在 6.8MPa 时动作，将 2 号油泵出口溢流阀重新调节，再次试验压力上升至 6.78MPa 时溢流阀动作成功。

对油压装置整体试验。连接油压装置 PLC，将出现故障的 2 号油泵设置为主泵，启动油站，待两油罐压力正常（6.4MPa）后，手动将主进水阀压力油罐压力泄至 6.21MPa，2 号油泵开始加载，当主进水阀油罐压力上升至 6.4MPa 时切换空载，故障消除。

二、原因分析

机组抽水运行时油压装置 2 号油泵作为主泵运行。当油罐压力达到正常值 6.4MPa 时主油泵保持空载运行状态，当主进水阀压力油罐压力降低至 6.21MPa，达到主泵加载压力，此时空载的 2 号油泵开始加载。当主进水阀压力油罐压力上升至 6.4MPa 时，原本应执行空载命令的 2 号油泵空载电磁阀 AD112 没有动作，油泵一直负载运行，油罐压力持续上升。

该电站油泵出口设置有卸载阀 AL112，整定值为 6.8MPa，油泵空负载油回路如图 4-4-4 所示。事故发生时泵出口压力已经上升至卸载阀动作值，但没有正常卸载，导致压力仍然进入油罐，此缺陷直接导致油罐安全阀动作。

综上所述，本次事故的直接原因为：

（1）空载电磁阀线圈损坏，导致油泵持续加载，向油气罐内补压。

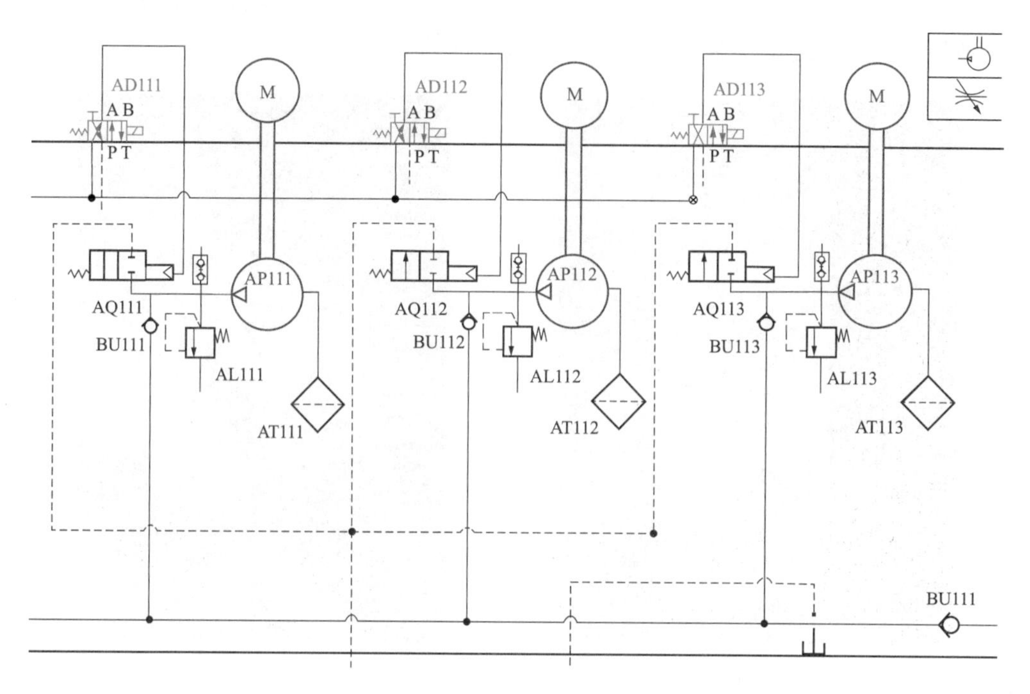

图 4-4-4　油泵空负载油回路

（2）油泵出口卸载阀定值发生漂移，在油泵空负载状态异常时未能及时泄压，导致油气罐安全阀超压动作。

引发事故原因的缺陷暴露出该厂未采取有效的电磁阀线圈监测措施，未能发现线圈老化趋势。对于空载电磁阀电磁线圈等机组正常运行过程中无法直接观察的位置；同时定期检查试验项目不够全面，未能及时发现油泵出口卸载阀定值漂移。

三、防范对策

本次事故中，引发事故的直接原因是电磁阀线圈断线与卸载阀定值漂移，此为偶然事件的叠加情况。但该厂此前没有针对电磁阀线圈的检修检查项目，对卸载阀的检查也仅限大修，频率也较低。因此没有针对此电磁阀健康状态的数据统计，不可能发现线圈老化趋势，也无法及时发现卸载阀定值漂移，必然导致此类事故情况的发生。

针对本事故发生的原因，可采取如下措施进行防治。

（1）机组定期检修时对机组所有电磁阀线圈进行检查，针对线圈老化断线问题，加强机组定检中对电磁阀电磁线圈的阻值测量记录，完善相应台账数据，掌控线圈老化程度，确保提前发现，及时处理。

（2）完善定期检查试验项目，对试验难度低、较为重要的定值点进行检查。定期对每台机组的油泵进行空载负载转换试验，对机组油泵出口卸载阀动作定值检查、复核，确保其动作压力符合设备定值。

四、案例点评

由本案例可见，设备管理应重视关键指标数据的统计与分析，从保持设备稳定运行的角度出发，灵活的设置定期检查试验项目，落实设备定期健康状态分析要求。日常定检时，强化对设备日常巡检不易排查位置的检查，并做好数据统计，有效掌握如线圈内阻、开关触点电阻、开关位置变化、探头位置变化等趋势变量。结合自身实际，合理安排定期检查试验项目，有计划验证如油泵出口卸载阀动作定值等设备关键定值。因此，建立并执行一套标准、可更新的定检、检修标准制度十分必要。

案例 4-5　某抽水蓄能电站机组机械过速保护装置液压管路接头渗漏*

一、事件经过及处理

2018 年 4～12 月，某电站 4 台机组完成机械过速保护装置的增设。机械过速装置的液压管路采用 $\phi18$ 不锈钢钢管，接头采用 $\phi18$ 锥密封接头，正常情况下整个管路带压运行，工作压力 6.3MPa。自机械过速装置投运至今，已发生多起管路接头渗漏的缺陷，对电站机组运行的可靠性造成影响。

该电站机械过速保护装置管路接头采用锥密封接头，接头内部采用 O 形橡胶圈密封，该类型接头渗漏一般是由于接头松动（小概率）或者内部 O 形圈损坏（大概率）导致。对于偶发的管路接头渗漏问题，警示意义并不大，因为机组运行过程中的振动、接头密封圈的老化、接头安装过程中的不当操作等都可能引起单个接头的渗漏缺陷，所以对于偶发的单个接头渗漏问题，可以作为一般缺陷处理对待。但在短时间内出现多次同类型接头的渗漏缺陷，必须思考缺陷的根源。

1. 初步处理

针对机械过速保护接头的渗漏，初步处理方法为直接更换渗漏接头的 O 形密封圈，更换后渗漏消失。但未彻底根除渗漏问题，渗漏问题不间断发生。

2. 后续处理

通过对多次缺陷的分析，结合现场消缺的情况，判断缺陷原因为锥密封的 O 形密封选型不当，造成 O 形圈在安装过程中易损坏而导致接头渗漏。因此对所有机组过速

---

* 案例采集及起草人：王亮（华东宜兴抽水蓄能有限公司）。

保护更换了合适的O形密封后，渗漏现象消除。

二、原因分析

完成多起接头渗漏的处理后，维护人员根据现场处理时的情况对该起机械过速保护装置接头渗漏的缺陷提出如下问题：

（1）O形密封圈是否为耐油材质。更换接头密封时发现接头的O形密封圈均存在损坏，且不是单点损坏，而是周向性的整圈损坏，是否因O形密封圈不是耐油密封材质，导致O形圈长时间接触液压油后腐蚀。

（2）O形密封圈的尺寸是否合适。如锥密封接头采用较大、较小或较粗的O形圈，则可能在接头紧固时的剪切力作用下断裂。

（3）锥密封接头的安装方法是否正确合适。现场检修人员对该接头的安装是死拧到底，为防止可能出现的接头松动，在接头安装过程中都会将接头拧到拧不动为止，这样的操作是否合适。

对上述问题，做了以下论证和分析：

（1）密封件材质为NBR70B丁腈橡胶，具有较好的耐油性和耐磨性，而耐低温、臭氧性能差，因此不会因材质问题造成密封件损坏。

（2）现管路接头为$\phi18$，接头安装的密封件尺寸为16mm×2.4mm，询问供货厂家得知最合适的密封尺寸为18mm×1.6mm（见图4-5-1），如果锥密封内部密封件过粗，在锥接头紧固过程中极易损坏密封圈。通过现场拆除接头（见图4-5-2）的检查可以验证上述说法：16mm×2.4mm规格密封件完全压扁损坏。

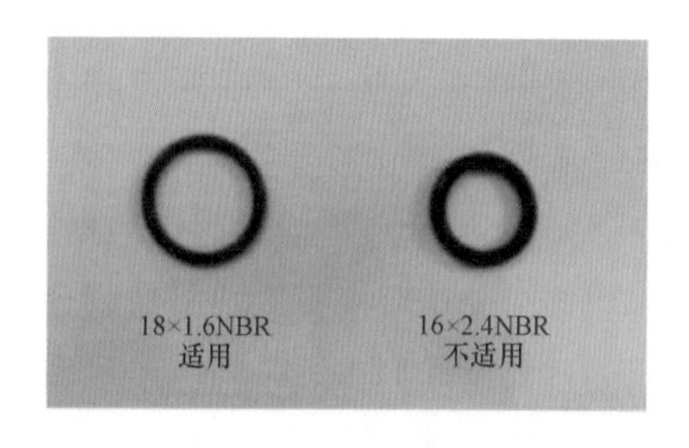

图4-5-1　不同参数规格的密封件

图4-5-2　16×2.4密封件现场拆卸

（3）锥密封接头的安装方法。查找相关资料，并在厂家技术人员的指导下确定正确的安装方法为：接头用手带紧后，再用扳手拧紧1/4圈（见图4-5-3）。

为验证厂家的紧固方法，做了相应的实验。实验说明：当锥密封接头O形圈尺寸合适时，接头安装对安装方法具有较大的容错性，18mm×1.6mm规格的密封圈拧紧1/4圈及1/2圈后拆卸检查发现，O形圈均完好如初；O形圈尺寸不合适时，需要严格按照相关标准紧固，其容错性较小，16mm×2.4mm规格的密封圈拧紧1/4圈及1/2圈后拆卸检查发现，1/4圈时O形圈出现较大的变形，拆除后不能完全恢复原样，1/2圈时O形圈出现周向性的破坏，无法使用。

图4-5-3　16mm×2.4mm规格密封件现场安装

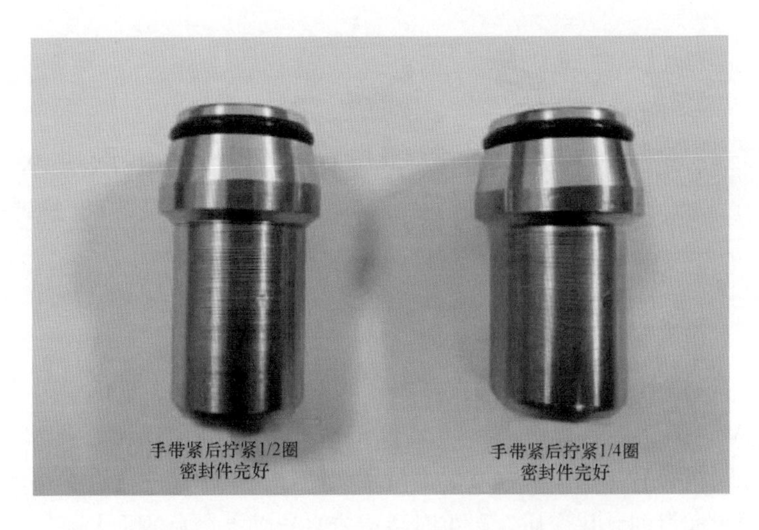

图4-5-4　18mm×1.6mm规格密封件现场安装

故障原因如下：

（1）机械过速管路在安装时未采用合适的O形密封，原O形密封较粗，是导致渗漏缺陷频繁发生的主要原因。

（2）在O形密封选型不当的情况下，锥密封的接头安装方法不当造成密封件在安装过程中损坏，从而导致渗漏频繁发生。

（3）机械过速保护改造项目初期的备品件验收时未对密封件此类小配件进行严密论证，导致设备投运后频繁出现故障。

三、防治对策

（1）结合机组检修，对4台机组机械过速保护装置的O形密封进行更换，将原有16mm×2.4mm的密封更换为18mm×1.6mm的密封。

（2）接头更换过程中做好安全、技术交底，向施工人员明确接头的安装方法。

（3）加强机械过速保护装置的日常巡检工作，确保机械过速保护装置正常投入运行。

（4）强化项目全过程管理，设备验收环节要求全面、严谨，对于辅件、配件等小物件也要验收到位。

四、案例点评

由本案例可见，机组检修技改项目应做好全过程管理，尤其需要加强初期材料、备件等验收环节，将废品、次品及不合适的备品件拒之门外，同时在施工过程中做好质量、工序的把控，确保施工安装相关标准执行，避免因人为原因为设备投运留下隐患。同时，对于接头、密封类的备件验收可以增加验收打压试验，以确保设备的质量。

案例4-6　某抽水蓄能电站机组水导轴承进水*

一、事件经过及处理

2019年2月11日，某抽水蓄能电站值守人员监盘时发现4号机停机状态下监控显示“GDEBEAR OIL/WATER　ALARM（水导油混水报警）”，现地检查水导油位计油位偏高。排除误报警后排油检查，发现大量絮状物，证实水导油盆进水。水导油盆进水会导致水导轴承润滑油乳化变质，严重时会造成水导轴承烧瓦的重大事故。运维人员立即进行处理，主要处理过程如下。

1. 确定故障点

根据水导轴承结构特点，推测故障报警原因可能有四个：

（1）油混水报警装置二次回路故障误报警。

（2）水导冷却器铜管破损导致冷却水进入油盆。

（3）水车室内水位较高淹没水导油盆。

* 案例采集及起草人：郭洪振（山东泰山抽水蓄能电站有限公司）。

(4) 主轴密封甩水沿主轴窜入水导油盆内。

针对上述四种可能性进行针对性检验:

(1) 对水导油混水报警装置二次回路进行检查,二次回路均正常。打开水导油盆底部注排油阀放油检查,排出的油中有大量絮状沉淀,油混水明显,判断为油混水真实报警。

(2) 水导冷却器1主1备,分别对2台冷却器后进行1.5倍打压试验,保压30min,无渗漏,压力未下降,判断冷却器完好。

(3) 4号机组由于导叶套筒漏水量严重,水车室水位较高,但顶盖自流排水及顶盖排水泵工作正常,顶盖水位控制在正常范围内,不可能淹没油盆。

(4) 4号机冲转检查发现主轴密封甩水严重,主轴密封水盆水位过高,导致水沿主轴通过轴领翻过挡油圈进入水导油盆。

2. 临时处理

考虑到4号机距离检修工期较近,且油质并未出现明显恶化趋势,水导瓦间隙、瓦温正常,判断采取临时措施后4号机可以继续运行。采取的临时措施如下:

(1) 油水混合物大部分沉淀在油盆底部,通过底部排油阀进行排油,添加新油使油位正常,连接滤油机进行连续滤油。

(2) 调整开机顺序,将4号机优先级调至最低。4号机运行过程中严密监视瓦温升高情况,若出现瓦温异常升高现象,立即停机处理。

(3) 在主轴密封水盆上方主轴上加装临时挡水装置,防止水流窜入水导油盆。临时挡水装置采用分瓣结构,挡水装置和主轴间装有胶皮止水,靠螺栓把合在主轴上,并设置若干筋板增加挡水装置强度。

采取以上措施后,4号机运行情况良好,从放油检查结果看,汽轮机油油质逐步改善。

3. 彻底处理

结合4号机C修对水导轴承进行彻底清理。对水导瓦进行宏观检查无硬点、用刀口尺检查无高点,用百洁布蘸汽轮机油对瓦面进行擦拭,擦拭后用绸子布蘸酒精将瓦面擦拭干净,对瓦面进行探伤检查,均无异常。

经检查,发现水导油质劣化较严重,不能满足正常运行需求,水导油盆检查清理完成后,对汽轮机油全部进行更换。4号机水导油盆内部情况如图4-6-1所示。

拆解主轴密封装置,发现主轴密封防护环与固定环之间密封严重老化,密封效果变差,水流从主轴窜入主轴密封水盆导致水盆水位升高,水压增大,水流随高速旋转的主轴甩入水导油盆内,更换老化密封后,主轴密封甩水情况得到明显改善。

4号机C修后,经过一段时间运行,检查主轴密封水盆水位、水压正常,对水导油样进行检测,油质合格。

图 4-6-1　水导油盆内部情况

二、原因分析

（1）主轴密封水盆缺少挡水环是造成油混水的直接原因。机组运行时，主轴密封水盆内的水在离心力和水压作用下，以较高速度沿着主轴喷出，由于缺少挡水环，水流直接撞击在油盆底部，严重时越过挡油圈溅入油盆。

（2）主轴密封甩水严重是造成油混水的间接原因。主轴密封防护环与固定环之间密封严重老化，密封效果变差，水流从主轴窜入主轴密封水盆，造成水盆水位水压过高，水流沿主轴喷出。

三、防治对策

（1）增加主轴密封挡水环，阻止水盆内的水沿主轴进入水导油盆。适当增加水盆容积和排水能力，保持水平内水位和水压正常。

（2）油盆必须加装油混水装置并定期校验，一旦发生油混水应能及时报警。

（3）完善检修项目，加强主轴密封检修，对主轴密封漏水、甩水、偏磨等现象及时进行处理，对老化的密封件及时更换。

（4）严格执行化学监督，定期对油样进行化验，发现指标超标及时进行滤油。

四、案例点评

轴承油混水是影响机组安全运行的重大缺陷之一，如果发现和处理不及时，会导致轴承润滑油乳化变质，严重时会造成轴承烧瓦的重大事故。发现油混水现象，应立即采取处理措施，查明进水原因，对劣化油及时进行处理，必要时立即安排检修，避免事故扩大。

本案例发现油混水报警后，及时查找进水原因，根据设备状况和检修计划，合理安排处理方式，调整机组开机顺序，使事故影响降到最低，为类似事件的处理提供了借鉴意义。

案例 4-7 某抽水蓄能电站技术供水管路水生物繁殖影响机组冷却*

一、事件经过及处理

2017 年 5 月 28 日，2 号机 C 修复役试验过程中水轮机空转运行 15min 后，出现水导瓦温高报警，4 个水导瓦温 RTD 均出现明显上升现象，水导瓦温上升至 65℃且继续上升。试验负责人通知运行配合人员将机组由运行转停机。

现场处理：

（1）关闭水导轴承冷却水进出水阀，拆除水导冷却器前水管路，检查管路内无异物卡住。

（2）检查水导冷却器进口，发现有较多贝壳类水生物，由于进口管路较长无法完全清除异物。

（3）利用技术供水系统的水压，打开水导轴承冷却水出水阀，对水导冷却器进行反冲洗，确保无异物残留。

（4）对机组技术供水系统进行分析，发现机组检修后可能造成贝壳类水生物堵塞的部位为水导冷却器、下部组合轴承冷却器、技术供水滤过器等处，为确保机组复役后不再发生类似情况，对以上部位进行检查清扫，必要时进行冲洗。

（5）机组充水试运行后未发生瓦温高情况。

（6）由于停机状态时，技术供水为退出状态，各冷却水管道内水体不流动，有利于水生物附着定居；冷却水管道直径偏小，机组各轴承冷却器冷却水管容易被堵塞，造成冷却水压力降低，流量偏小，最终导致机组各轴承冷却效果降低，严重时会导致机组烧瓦事故，影响机组稳定运行；若流量表计被堵，将导致机组不满足开机条件，开机失败。

二、原因分析

（1）初步分析瓦温和油温同时上升的原因有：

1）瓦面与主轴之间有异物，或受力不均。

2）油温冷却效果不佳，油质不符合要求。

---

* 案例采集及起草人：孙逊、陈小强（华东桐柏抽水蓄能发电有限责任公司）。

3）水导冷却器故障或水导冷却水管路堵塞。

4）水导冷却水进水温度过高，冷却效果不明显。

5）自动化元件故障，误报警。

（2）查看监控信号，水导瓦温在15min内持续上升至65℃，水导油温上升至60摄氏度，水导冷却水流量由$40m^3/h$降至$12m^3/h$。水导振摆数据均无明显异常。分析2号机10块瓦温数据，可以判断瓦温实际温度升高。

（3）本次机组检修未对水导轴承进行拆装，基本可以排除原因1）、2）。

（4）查看监控信号，发现技术供水系统中主轴密封冷却水流量、上下导冷却水流量等均正常。

（5）经过分析，可以判断造成瓦温升高的原因为水导冷却水管路堵塞。结合机组检修时在主进水阀活门表面、技术供水滤过器内表面见到的贝壳类水生物（见图4-7-1），怀疑管路内部的贝壳类水生物在检修期内逐渐长大，机组充水后全部堆积在水导冷却器前端无法通过（见图4-7-2），造成冷却器堵塞，降低冷却水流量。

图4-7-1　主进水阀活门表面水生物

图4-7-2　水导冷却器前端管路

三、防治对策

（1）机组复役充水后先对上述部位进行检查清扫，必要时对整个技术供水管路进行反冲洗，再做复役试验。

（2）加强对设备维护工作，机组检修时对流量计进行清理，以免影响机组正常运行。

（3）关注上、下水库水质变化情况，避免发生富营养化污染。

四、案例点评

由本案例可见，需重视水生物的快速繁殖对电站冷却系统的影响。在日常维护过程中应加强对水生物管路、阀门等组件的检查，做到早发现早处理，避免影响设备运行。

案例 4-8　某抽水蓄能电站机组技术供水滤水器滤芯脱落*

一、事件经过及处理

2009 年某电站 4 号机组检修，检修人员对技术供水管路阀门行进消缺维护，检修人员拆卸下某只冷却水阀时发现阀中卡有异物，被卡的异物是机组技术供水滤过器滤芯。

现场打开 4 号机技术供水滤过器检查，发现 4 号机 1 号技术供水滤过器滤芯存在支架散架，并有滤芯大量脱落、遗失现象（见图 4-8-1）。每台技术供水滤过器共有 18 个滤芯，打开滤水器时发现滤水器内仅剩 9 个滤芯，除 1 个卡在 4 号主变压器负载冷却水阀处，还遗失了 8 个。分析认为遗失的滤芯已经随技术供水管路冲走，可能对机组技术供水管路造成堵塞，进而影响机组设备的冷却效果。4 号机组 2 号技术供水滤过器滤芯未发现脱落、位移现象。

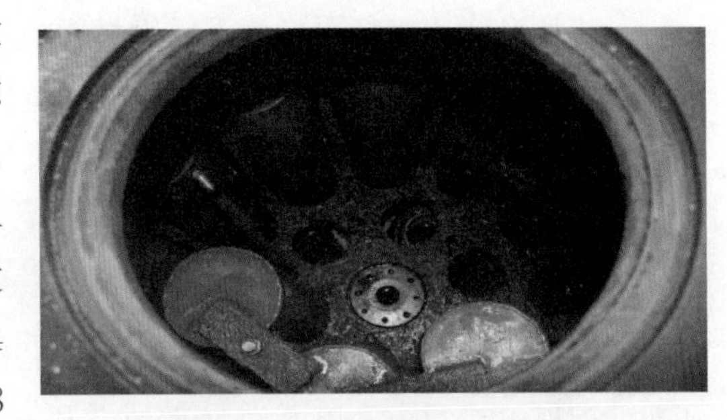

图 4-8-1　脱落滤芯的滤水器

现场处理：

（1）寻找遗失的滤芯。通过技术供水回路反冲滤过器滤芯，制定相关技术方案，通过技术供水排水管反向冲洗技术供水回路。反复进行多次反冲洗试验后找回 8 个已经脱落的滤芯。加上之前卡在 4 号主变压器负载冷却水阀的 1 个滤芯，所有滤过器滤芯已被找回。

（2）加固滤水器滤芯。对 4 号机 1 号技术供水滤过器滤芯进行整体更换并对滤芯压盖进行加焊，使所有滤芯连成一体，即便松了一个滤芯盖板也不会造成滤芯脱落。全部滤芯回装后，4 号机 1 号技术供水滤过器恢复运行。

二、原因分析

（1）设计缺陷。穿心螺帽固定方式，无防松动设计；此类滤芯连接方式不适用于高

* 案例采集及起草人：孙逊、陈勇（华东桐柏抽水蓄能发电有限责任公司）。

图 4-8-2　对滤芯压盖进行焊接加固

速旋转的滤水器；连接方式不牢固，高速旋转后产生的离心力会将滤芯甩出。

另外，此滤水器穿心螺杆采用普通碳钢材质，长期运行后易锈蚀损坏，不适用于滤水器等潮湿环境使用。

（2）制造、安装工艺不标准。滤水器制造时未按标准力矩紧固滤芯压盖上的螺栓；运输途中剧烈抖动造成滤芯压盖上的螺栓松动；现场安装时整体安装，未打开重新紧固。

（3）检修项目执行不到位。在机组检修时未拆开滤水器检修滤芯及滤芯支架。

三、防治对策

（1）将所有穿心螺杆更换为不锈钢材质。

（2）对所有机组滤水器进行滤芯更换和整体焊接改造。

（3）机组检修时对所有机组滤水器滤芯及压盖焊缝进行检查，防止滤芯再次脱落。

四、案例点评

由本案例可见，该电站技术供水管路滤水器设计上存在缺陷，结构待优化；同时平时日常维护也不够到位，未及时发现滤芯松动、脱落，造成滤芯冲至技术供水管路下游，对其他阀门正常隔离造成影响。在日常维护和设备检修过程中，应加强滤水器的检查，做到及时发现、早做处理，避免影响设备事故停机，提升设备的健康水平。

案例 4-9　某抽水蓄能电站机组技术供水滤水器破裂跑水*

一、事件经过及处理

2018 年 6 月 21 日 23 时 20 分，某电站 4 台机组停机备用，中控室值守人员通过工业电视定时巡检时发现主厂房蜗壳层地面有积水现象，通知检查人员现地检查。现场检查人员发现机组 2 号技术供水过滤器（管径 350mm，工作压力 0.7MPa）底部破裂造成漏水，蜗壳层地面大量积水，局部最深约 10cm，立刻关闭过滤器前后隔离阀，隔离水源，防止漏水持续扩大。

* 案例采集及起草人：莫亚波（华东宜兴抽水蓄能有限公司）。

经检查发现过滤器底部裂开一道长10cm左右的断口，且断口处区域（约占整个底部1/4）厚度只有1mm左右，如图4-9-1所示。

图4-9-1　破裂的过滤器

处理过程如下：

（1）立即将过滤器前后隔离阀关闭，隔离水源，拉开过滤器及附近电气设备电源，并进行现场打扫，清除现场积水。

（2）清除附近设备上的残水，并用电吹风对电机、电动阀等电气设备进行烘干，然后进行绝缘检测，未发现明显异常。

（3）将故障过滤器拆除吊出（见图4-9-2），对壳体底部破损处进行补焊处理，对焊缝进行渗透探伤，确认没有问题后进行过滤器内外防腐（见图4-9-3），最后回装过滤器，建压无渗水现象，过滤器试运行无异常。

图4-9-2　拆出的过滤器

图4-9-3　修复后的过滤器

二、原因分析

1. 直接原因

（1）机组检修时，根据标准项目对过滤器滤芯进行解体清洗（见图4-9-4和图4-9-5），并完成过滤器内部除锈防腐工作。但由于一直有前方管路残留水流进过滤器，无法清除过滤器底部积水（见图4-9-6），所以机组运行近10年未对过滤器底部进行有效防腐，导致过滤器底部壳体受锈蚀变薄，最后承受不住下水库压力破裂。

图 4-9-4　修前过滤器滤芯

图 4-9-5　修后过滤器滤芯

图4-9-6　由于残留水未完成全面防腐

（2）拆除过滤器发现底部有许多直径 3～8mm 的焊渣颗粒，颗粒表面较为光滑，分析认为这些金属颗粒可能在过滤器底部长时间滚动、击打，导致过滤器底部壳体磨损变薄，最后承受不住下水库压力破裂。

2. 间接原因

机组检修时，只对承压管道进行测厚和无损检测，未考虑过滤器有破裂的可能，所以未对过滤器进行金属监督检测工作，未能及时发现过滤器薄弱缺陷。

三、防治对策

1. 临时解决措施

（1）对全厂其他过滤器进行整体壁厚检测，确保没有类似问题存在，并将壁厚检测纳入机组 C 级及以上检修金属监督工作中，记录过滤器运行工况。

（2）结合机组检修，将全厂过滤器拆除吊出，清除残水和异物杂质，对过滤器内部进行定期清扫、防腐（见图 4-9-7）。

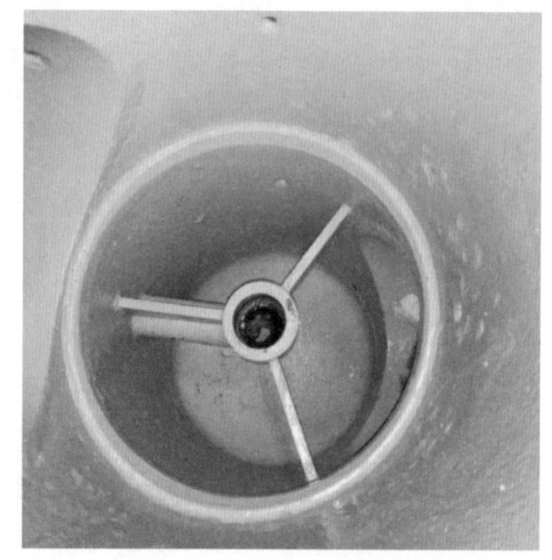
图 4-9-7　完成全面防腐的过滤器

2. 彻底解决措施

将原铸铁过滤器逐步改造为新型不锈钢里衬形式，有效根治过滤器锈蚀等问题。

四、案例点评

由本案例可见，水系统设备部件在前期选型时应尽可能选用耐腐蚀型材质，可有效降低运维阶段维护成本，提升设备运行可靠性。运维阶段应做好设备的除锈、清扫和防腐工作，防止因为长时间运行腐蚀而造成设备损伤，同时应加强金属监督检测工作，对管路、过滤器等承压设备需重视定期无损探伤、测厚等工作，通过多样手段，全面掌握该类部件的健康状态，杜绝防控因材质磨损锈蚀引发的渗漏问题。

案例 4-10　某抽水蓄能电站机组上止漏环供水软管开裂漏水*

一、事件经过及处理

2018 年 9 月 15 日 01 时 48 分，某抽水蓄能电站 3 号机组抽水调相转抽水后，运维人员巡检发现＋X 方向上止漏环供水金属软管漏水（见图 4-10-1），同时止漏环供水管路振动剧烈并伴随有规律的“咚咚”声。为防止现场进一步恶化，运维负责人立即关闭止漏环出口隔离阀，并安排值守人员向调度申请负荷转移，待负荷转移后将 3 号机组手动转停机，同时安排操作人员进行 3 号机组排水，通知值班人员消缺。

图 4-10-1　上止漏环供水金属软管开裂

消缺人员根据缺陷描述初步判断为止漏环冷却水供水管路振荡，首先对止漏环冷却水供水回路进行拆解检查，拆除止回阀后发现止回阀密封处磨损严重（见图 4-10-2），打压试验过程中止回阀严重漏水，逆止功能失效。更换止回阀和止漏环供水金属软管后进行抽水调相转抽水试验，整个工况转换过程中止漏环供水管路及其他技术供水管路振动消失，但止漏环供水电动阀关闭时有异常声音，机组停机后将供水电动阀拆除检查，发现电动阀密封开裂且磨损严重（见图 4-10-3），更换供水电动阀后再次进行抽水调相

* 案例采集及起草人：王考考、姚尧（安徽响水涧抽水蓄能有限公司）。

转抽水试验，电动阀关闭正常（见图 4-10-4）。

图 4-10-2　止回阀密封失效

图 4-10-3　电动阀密封损坏

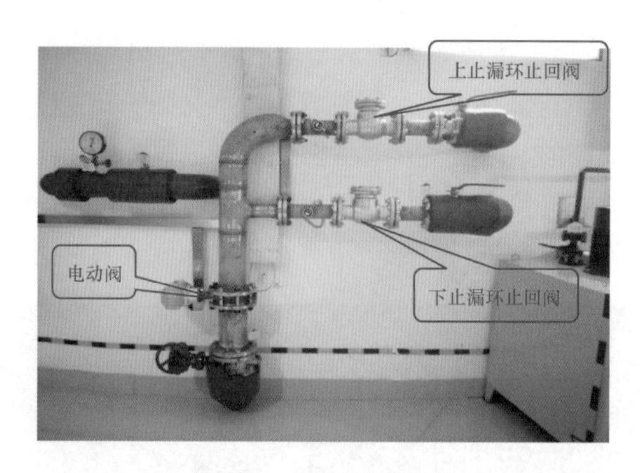

图 4-10-4　更换后阀门

二、原因分析

1. 波纹管开裂的原因分析

（1）机组上止漏环供水管路金属软管法兰密封垫损坏。

（2）金属软管与法兰焊接质量不佳导致焊口处开裂。

（3）止漏环供水管路自激振荡导致金属软管开裂。

2. 问题分析处理过程

（1）经检查，法兰连接处的密封垫正常，连接螺栓紧固无松动，供水管路金属软管法兰密封垫损坏不是主要因素。

（2）拆除金属软管后发现金属软管与法兰连接处焊缝开裂导致漏水，所以金属软管与法兰连接处焊缝开裂是导致漏水的直接因素。

（3）在机组抽水调相转抽水工况过程中，当转轮室内造压由 0.6MPa 上升至 1.8MPa 时，上下止漏环供水管路开始产生剧烈振荡，技术供水管路压力脉动增大，整个技术供水管路也随之振动，此时手动关闭上、下止漏环出口隔离阀振荡现象消失。

综上所述止漏环供水管路自激振荡导致金属软管开裂漏水。

3. 止漏环供水管路自激振荡的原因分析

止漏环供水电动阀在机组抽水调相压气时由 PLC 控制自动打开，调相过程一直保持开启状态，抽水调相转抽水过程中该电动阀自动关闭。在工况转换过程中，转轮室内造压由 0.6MPa 上升至 1.8MPa，上下止漏环供水管路由于止回阀和止漏环供水电动阀同时内漏，导致工况转换中的气水混合物反向进入止漏环和其他技术供水管路，此时转轮室中的压力不稳定，止回阀受前后交变压力的作用来回动作从而使管路产生压力振荡，随着频率的升高止漏环供水管路的瞬间压力过高导致该软管破裂、漏水。

三、防治对策

（1）机组抽水调相转抽水工况转换时，现场安排专人对止漏环供水管路的运行情况进行监视，尤其对电动阀的开关情况以及止回阀运行情况进行专项巡视，发现有异音、异常振动等情况及时处置。

（2）结合机组 C 级及以上检修对止回阀和电动阀进行检查、保养，发现密封损坏及时更换。

（3）对 4 台机组止漏环供水电动阀的开启关闭时间进行趋势分析和对比，分析是否正常，并对电动阀和止回阀是否有内漏和射流声音等进行专业巡检。

四、案例点评

由本案例可见，上止漏环供水金属软管开裂渗水原因为止漏环供水电动阀和止回阀同时失效，引起止漏环供水管路自激振荡，导致波纹管开裂渗水。运维人员发现故障第一时间处置得当，反映出运维人员运维水平、业务能力较高，对设备熟悉、了解程度较深，但在日常运维中，缺少对设备运行情况关注、趋势发展的分析。本案例指出发生管路自激振荡的一方面因素，对系统内各单位同类管路自激振荡问题处理提供借鉴参考，具有较高指导意义。

案例 4-11　某抽水蓄能电站渗漏排水泵轴承支架损坏*

一、事件经过及处理

2017 年 10 月 14 日，某电站运维人员巡检时发现 2 号集水井渗漏排水泵现地控制柜

* 案例采集及起草人：谷文涌、郭洪振（山东泰山抽水蓄能电站有限公司）。

显示“2 号集水井 1、2 号渗漏泵出现启动超时报警，2 号泵止回阀关闭不严”报警。该电站 2 号集水井共安装 3 台渗漏排水泵（长轴深井泵结构），2 台泵退备影响 2 号集水井正常使用。

运维人员立即进行检查，对 2 台排水泵进行启泵试验，2 号排水泵启动时声音、振动、电流基本正常，但止回阀无法打开，启动超时报警，判断主要为止回阀故障。对 2 号泵止回阀进行解体处理，发现止回阀内被金属支架卡住，止回阀有流量保护动作导致排水泵出口电动阀关闭，再次启动时出现启动超时报警，对其进行清理，回装后动作试验正常。

1 号排水泵运行时发现电机振动大、出口压力明显偏低、泵运行电流小等问题，判断排水泵故障。对 1 号泵进行解体处理，发现泵体支架、轴承损坏严重，对 1 号泵进行大修。主要处理过程如下：

1. 电气回路检查

对 1 号排水泵电机、绝缘及直阻进行测量，对电源回路、软启动器进行检查，对渗漏排水泵 400V 抽屉开关检查，未见明显异常，进行多次启泵试验，异音未消除。

2. 电机吊出检查

电机吊出检查，发现电机轴的轴承磨损较为严重，盘车发现推力盘卡涩，存在较大的摩擦阻力，判断为水泵本体存在缺陷。逐渐松开泵轴锁定螺母并盘车，发现情况未发生改变，在锁定螺母全部松开后，泵轴整体滑落。为确定水泵位置，运维人员至集水井观察口观察，发现水泵的泵体与扬水管已经分离。

3. 水泵吊出

泵底座吊出后发现泵轴脱落长度约 3m，用专用夹具将井下扬水管部分吊起一定高度后夹上夹板，用两把管钳旋转联轴器拆卸夹板以上部分，吊走后发现泵体未与扬水管彻底分离，用泵轴专用夹具将泵轴固定在扬水管上，确保泵体不会进一步下坠。继续对扬水管与泵轴进行起吊，为保证安全，在起吊前对固定泵轴，确保其不会滑落。

4. 检查情况

水泵整体吊出后检查发现轴承支架多数已经破损严重，与传动轴分离，橡胶轴承磨损严重，其中第 9、10 节扬水管螺栓松动并已完全分离，有 9 级导流壳与泵轴配合处存在破损情况，上导流壳法兰整体脱落，下导流壳与过滤网完全分离，破损严重。损坏情况如图 4-11-1 所示。

5. 打磨清理

对扬水管打磨、锈迹、刷漆；打磨泵轴、电机轴，去除高点、毛刺，检查轴有无严重磨损；对泵轴进行弯度校验，必要时进行更换；打磨叶轮和泵壳，去除叶轮高点，露出金属本色；更换新支架和轴承。

（a）

（b）

图 4-11-1　水泵检查

（a）支架损坏情况；（b）导流壳脱落

6. 泵体装配、扬水管回装

回装第一级叶轮和泵壳，锁紧泵轴端部锁定螺母，打紧叶轮，用套筒（注意与拆卸时方向相反）打紧锥套，测量提升量；更换牛皮纸垫和双头螺栓并拧紧。依次完成 13 级叶轮、泵壳的回装；测量泵轴总窜动量，数据合格后对泵壳进行刷漆；依次回装扬水管、支架。

7. 试验

泵座及电机回装后，手动盘车检查正常。首次启动前先手动供润滑水（20s 三次），充分润滑盘根；手动启泵、试验，观察电力、出力、振动情况和止回阀动作情况均正常，检查泵和电机温度均正常。

二、原因分析

（1）排水泵支架损坏未及时检修更换是造成排水泵损坏的直接原因。长轴深井泵支架起到限制传动轴径向位移的作用，支架损坏会造成水泵振动加大，引起传动轴径向摆渡过大，传动轴轴系弯曲，对支架和轴承造成破坏，最终导致泵壳脱落。

（2）橡胶轴承润滑不足是造成排水泵损坏的间接原因。橡胶轴承对传动轴起着减振、润滑作用，检查发现橡胶轴承磨损较为严重，传动轴存在一定程度的干磨，润滑和减振效果减弱，使橡胶轴承失去径向支承作业，加重水泵的振动和传动轴的摆渡。

三、防治对策

（1）长轴深井泵应定期检修，检查支架和轴承情况，对不合格的及时更换。日常巡检时加强对深井泵振动、电流、出口压力等的监测，发现异常及时进行检查。

（2）适当增加润滑水投入时间，保证长轴深井泵橡胶轴承充分润滑。

（3）长轴深井泵启停要控制好液位，停泵水位应控制在导流壳下法兰最低处，防止吸入空气，由水位控制自动启停的泵应定期检查液位开关，避免因液位开关失灵导致打空泵。

（4）长轴深井泵装置需做好质量控制，轴承过盈配合防止脱落，扬水管和传动轴同轴度控制在单侧偏差 0.5mm 以内。

四、案例点评

长轴深井泵故障主要由振动引起，在安装、检修时，必须严格执行工艺要求，严格检测各零部件尺寸，从源头上控制振动异常发生。同时，在泵的运转过程中，定期检查水位控制开关和泵振动情况，以便及时发现异常情况，避免事故扩大。

案例 4-12　某抽水蓄能电站机组调相压水气罐人孔门漏气*

一、事件经过及处理

2013 年某电站 3 号机 C 修期间，调相压水气罐进人孔封门后，4 月 15 日 14 时，运行人员进行 3 号机调相压水气罐 03SPR735AQ 检修转运行。在充气测试过程中，罐内压力充至 4MPa 时发现进人孔法兰面漏气。

对 3 号调相气罐执行隔离、泄压安全措施后，打开进人孔检查，发现调相气罐进人孔法兰面有 3 个螺孔内螺纹有明显突出位移（见图 4-12-1 中圆圈部位和图 4-12-2），1 个螺纹孔有轻微突出位移（见图 4-12-1 中方框部位），造成法兰密封面不规则，无法密封严实漏气。

图 4-12-1　气罐进人孔法兰

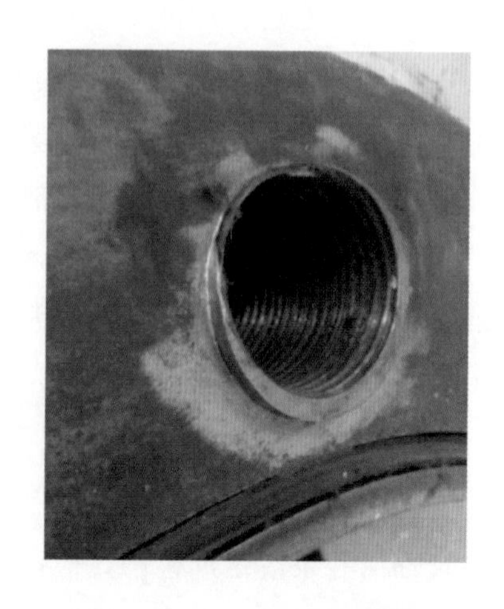

图 4-12-2　突出位移的螺纹

* 案例采集及起草人：贾瑞卿（河南国网宝泉抽水蓄能有限公司）。

电站组织专业检测人员到现场进行故障部件的金属探伤和材质光谱检测，根据金属探伤及材质检测结果，判定调相压气罐法兰面有4个螺纹孔（内套式焊接螺纹）与法兰母材的金属材质不一致且内部出现缝隙，属于厂家严重制造缺陷。

为彻底消除缺陷，召开专题分析会后确定将3号调相压水气罐的进人孔法兰进行整体更换：

（1）将调相压水气罐法兰从正面采用气割沿法兰内侧割透，法兰整体移出。用气割在气罐正面开20°～35°坡口为焊接做准备工作，打磨坡口处无碳化层，露出金属光泽。

（2）新法兰加工后到达现场，测量新法兰并与原法兰盖板进行螺栓把合测试。

（3）将法兰按照标记的位置移入孔内，要求四周间隙均匀。用电焊机将法兰固定点焊后，用焊炬加热焊接部位，要求四周均匀加热至100℃以上。在法兰正面用电焊机填芯10层，使用ϕ4的507焊条，焊接电流150～170A，每层焊后清渣干净。从法兰背面用碳弧气刨清根，将第1层焊渣清除后检查无夹渣。从背面焊接3层，第1层用ϕ3.2焊条，2、3层使用ϕ4焊条。最后，在法兰正面继续均匀焊接8层，根据变形情况调节焊接顺序，将外部坡口填满（见图4-12-3）。

（4）进行焊接后热处理以消除应力。用陶瓷加热绳对焊缝部分进行加热，并用硅酸铝进行全面保温。设置三个温度传感器进行监测，升温速度小于80℃/h，温差不大于80℃，达到600℃，保温130min，降温冷却速度小于100℃/h。

（5）待冷却至环境温度后对法兰焊缝进行磁粉探伤及超声波探伤检测。检测工作由厂家和试验院分别进行，检测结果为焊缝无缺陷，然后对压力容器内部进行全面的清理和防腐补漆。

图4-12-3　重新焊接后的法兰

（6）按照TSG 21—2016《固定式压力容器安全技术监察规程》的要求进行水压试验，并由地方锅检所现场监检。安装调相气罐进、出气阀闷头及进人孔堵板后进行充水耐压试验。调相气罐充满水后用电动打压泵升压至设计压力（7.7MPa）的1.25倍，即9.7MPa，保压30min，检查无渗漏、无异常声响、无可见变形；随后降至设计压力，保压40min，检查无渗漏、无异常声响、无可见变形。

（7）3号调相压水气罐进人孔封闭，螺栓扭力按3000N·m执行；安装进出气阀、安全阀及排污阀，分阶梯充气，检查法兰、密封无漏气现象，最终压力气罐充至工作压力7MPa。

二、原因分析

进人孔漏气的直接原因是调相气罐进人孔法兰面螺孔内螺纹突出，造成法兰密封面不规则，无法密封严实。造成法兰面螺孔内螺纹突出的原因是螺纹孔为内套式焊接螺纹，与法兰母材的金属材质不一致，不同材质之间的焊接质量较差，焊缝长期受螺栓拉力后开裂，内部出现缝隙，最终造成螺纹突出变形。后了解到气罐生产厂家在加工气罐进人孔法兰时将法兰螺栓孔打偏，未重新更换新的法兰进行加工，而是在原螺栓孔内套接新的螺纹，造成漏气，属于制造缺陷。

运维人员在气罐投入运行后，未对气罐进人孔法兰及螺栓孔开展金属探伤、材质分析等检验工作，未能提前发现该处制造缺陷，在电站特种设备的运行管理上存在不足，是气罐进人孔漏气的客观原因。

三、防治对策

（1）立查立改，防微杜渐。3号机调相气罐缺陷发现后，立即对其他机组调相压水气罐进行金属探伤和材质光谱检测，未发现异常。

（2）完善技术监督执行项目。将气罐进人孔法兰焊缝检查纳入年度技术监督计划项目中，定期开展检测。

（3）加强设备全过程管控。对压力容器等特种设备的生产制造阶段加强管控，重要部位法兰的螺栓孔加工禁止采用螺纹镶套的方法。

四、案例点评

目前国家对于特种设备的管理逐步完善，要求也越来越严格、细致，由本案例可见，水电行业要加强对压力容器等特种设备全过程质量管控，前期安装制造阶段应注重材质检验及出厂验收环节，设备运行阶段应注重金属监督、年检等检测工作的执行刚性，做到设备缺陷、隐患及时发现，避免设备进一步损坏并造成人身伤害，同时，严格按照国家特种设备管理要求，在特种设备发生缺陷后应及时反馈地方特种设备管理部门。

案例4-13 某抽水蓄能电站调相压水气罐人孔门与罐体焊缝存在裂纹*

一、事件经过及处理

某抽水蓄能电站2号机组额定容量300MW，为立轴混流可逆式水轮发电机

* 案例采集及起草人：王君、王伟（湖南黑麋峰抽水蓄能有限公司）。

组，4 台机组于 2009 年和 2010 年相继投入运行。2013 年 10 月 6 日，压力容器检验中心对该抽水蓄能电站储气罐进行年度全面检查。对 1～4 号机组 1、2 号调相压水气罐的气罐人孔门与罐体焊缝进行超声波外部检测，均发现存在未焊透现象。

2013 年 10 月 10～11 日，对 4 台机组的 8 个调相压水气罐消压后开罐磁粉探伤检查，发现人孔门与罐体焊缝内外侧圆周不同程度都存在焊缝裂纹缺陷（见图 4-13-1），中心存在空腔现象，其他部位如安全阀、进出口接管焊缝也存在中心空腔、内外侧焊缝缺陷问题。

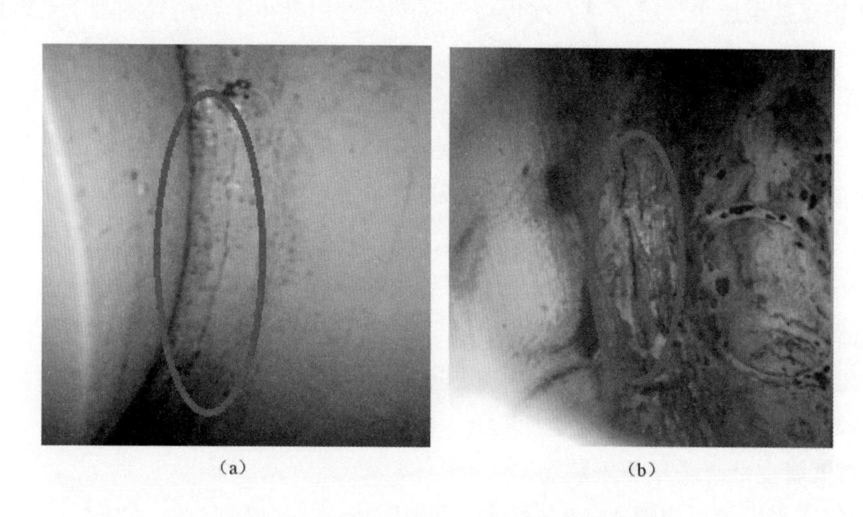

图 4-13-1　人孔门与罐体焊缝磁粉探伤检查

(a) 人孔门与罐体内侧焊缝存在裂纹；(b) 人孔门与罐体内侧焊缝存在裂纹

具体处理过程如下：

(1) 压水气罐选材下限温度值不满足压水气罐连续压水 2 次的工况可能到达的温度下限值。同时，参考目前同类型电站对压水气罐选材的技术要求，将压水气罐材料更换为能承受更低温度的材料 09MnNiDR。

(2) 处理前的准备工作。确认要更换压力容器后，该电站办理了压力容器改造维修告知，并前往当地质量技术监督局进行专题汇报，得到许可后方可开始施工。

压力容器维修改造需准备如下资料：

1) 压力容器制造许可证。

2) 施工合同或协议书。

3) 施工方案。

4) 压力容器产品质量证明书及竣工图样。

5) 压力容器焊工证原件。

6) 特种设备安装改造维修告知书。

（3）气罐拆除。压水气罐尺寸大、质量大，气罐周边附属设备多，整体拆除难度极大。为方便施工，经过多方协商，储气罐采取分割拆除方式，沿环形焊缝将气罐分割为三部分，然后分段运出。在拆除前施工单位编制了专项方案，明确了组织措施、技术措施及安全措施，并经各级审批。

拆除方案如下：

1）清除压水气罐基脚混凝土，拆除压水气罐基脚固定螺栓，及时清理清除的混凝土。

2）在压水气罐上方吊点处挂装 2 个 10t 手拉葫芦，将压水气罐整体起升 150mm，再将转运推车推至压水气罐底部，缓慢将气罐降到专用推车上，用气割割下气罐的下部封头，吊起压水气罐，将底部下部封头拖出。

3）在专用推车上的气罐底部加焊 4 块止动挡块防止倾斜倒塌，下部封头顶部加焊两个 5t 吊耳便于起吊。压水气罐转运时，地面铺设不锈钢板，利用手拉葫芦拉动推车至主进水阀吊物孔，再用主厂房桥机将下部封头从水轮机层吊至安装场，如果起重时主吊钩倾斜太大，可采用手拉葫芦斜拉配合起吊。再将专用下车推至气罐正下方，缓慢将气罐剩余部分降至小车上，用气割分开上部封头和筒体，吊起压水气罐上部封头，然后用小车将筒体拖出。

4）在专用推车底部加焊 4 块止动挡块防止倾斜倒塌，在气罐筒体加焊吊耳，利用主厂房桥机将筒体从水轮机层吊至安装场。

5）将气罐上部封头吊至安装场。

压水气罐起吊示意如图 4-13-2 所示。

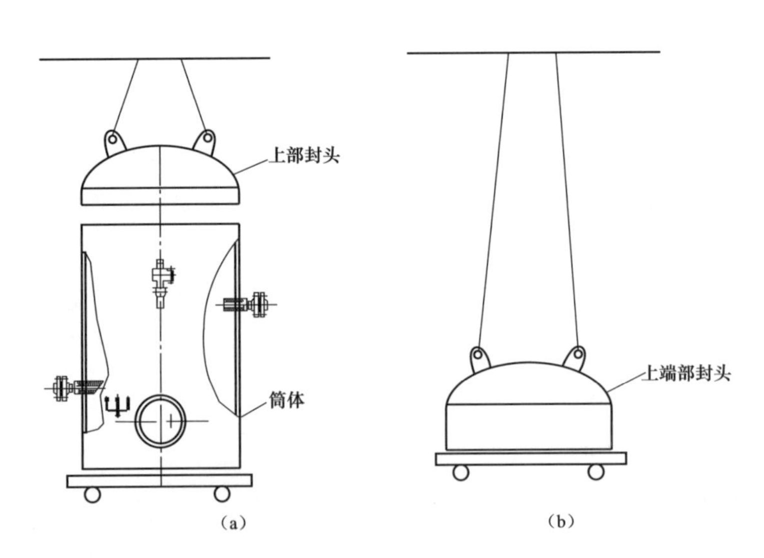

图 4-13-2　压水气罐起吊示意

(a) 压水气罐筒体与封头分离；(b) 压水气罐封头拆除

（4）气罐回装。使用主厂房桥式起重机将压水气罐从安装场运输车卸车后转运至水轮机层吊物孔，利用自制专用小车、承重吊点、手拉葫芦及钢丝绳将气罐转运至安装地点，再使用原安装吊点及手拉葫芦将气罐立起。立起过程中要特别注意多个葫芦之间的相互配合，由起重专业人员统一指挥。

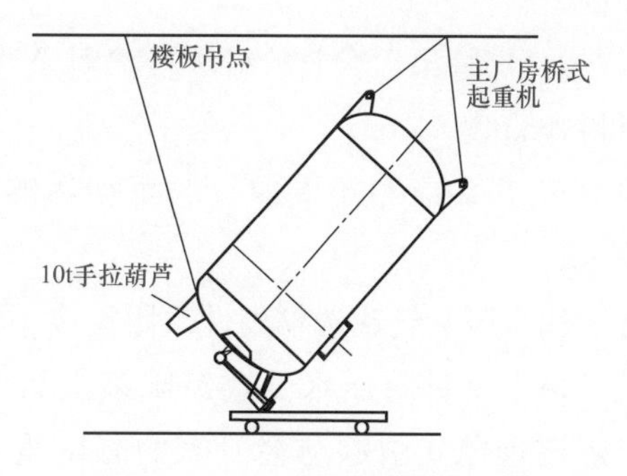

图 4-13-3　压水气罐回装示意

回装步骤（见图 4-13-3）如下：

1）使用主厂房桥机将压水气罐从安装场运输车卸车后转运至水轮机层吊物孔。

2）在水轮机层的承重楼板吊点挂 10t 手拉葫芦，再用 $\phi16$ 钢丝绳捆绑在压水气罐支撑脚上，钢丝绳绳头与手拉葫芦吊钩连接。

3）在转运小车平面上放置 2 根 2000mm×200mm×200mm 枕木，并推移至压水气罐正下方，然后同时操作楼板上 10t 手拉葫芦和桥式起重机副钩气罐整体倾斜慢慢下降，将压水气罐放置在专用推车上。

4）利用吊点手拉葫芦将压水气罐拖运至压水气罐安装位置。

5）在压水气罐上方外吊点处分别挂装 2 个 10t 手拉葫芦，内吊点挂装 1 个 20t 手拉葫芦，用 3 根 10t 吊带分别捆绑在压水气罐上（10t 吊带与压水气罐必须捆绑锁定牢固）。

6）将 3 个手拉葫芦吊钩分别与 10t 吊带绳头连接牢固，同时操作 3 个手拉葫芦上升，当吊带受力后，停止上升操作（检查手拉葫芦链条、吊钩及吊带的连接受力情况和受力吊点的变形情况）。

7）将压水气罐慢慢吊起，注意 3 个葫芦之间的配合，由起重人员统一指挥。

8）将压水气罐直立使其恢复到原位置，安装好基脚螺栓并电焊连接基脚螺栓与基脚板，浇筑混凝土。

9）恢复压水气罐各管路阀门及电缆桥架，恢复前检查管路内无异物，阀门灵活、可靠，电缆无破损、断裂。

二、原因分析

该电站组织各参建单位召开专题会议，分析认为压力容器人孔门与罐体焊缝裂纹缺陷主要有以下原因：

（1）现场磁粉探伤检查发现，筒体与人孔门的 D 类焊接接头发生沿人孔门周向裂纹，并发现焊缝中间存在未焊透（空腔）现象。经分析，未焊透现象形成原因为：

1）焊缝焊脚高度不够，即焊缝的有效截面小、焊缝强度低于抗拉强度的一定值时，在长期应力作用下产生了微小裂纹，致使裂纹逐步环形延伸。

2）厂家设计要求全焊透，但未提出验收标准和要求。厂内焊工施焊时未按设计要求施焊，导致焊缝内部存在空腔现象并扩大内部空腔，是导致焊脚不够的直接原因。

3）焊缝出厂验收检验人员只对A类焊缝和B类焊缝进行了检查，未对D类焊缝进行检查验收。

4）厂内对D类焊缝检验重视不够，放松了D类焊缝质量控制和验收程序的相关要求。

（2）压水气罐选材设计下限温度不满足压水气罐连续2次压水的工况要求。

该电站针对压水气罐缺陷多次组织召开专题会，分析发现所有压水气罐均存在未焊透现象，引起与会专家的高度重视，经过计算及设计确认，认为该电站压水气罐材质不符合抽水蓄能电站压水气罐连续压水2次的工况要求。根据技术计算咨询意见：压水气罐气体初始状态按照两只气罐24m^3，压力为8MPa，温度为27℃计算，机组压水气罐一次压水后，气罐内的气体温度降低值达到约－1.38℃，温度下降值变化为28.38℃，两次压水后，气罐内的气体温度降低值达到－18.79℃，温度下降值变化为45.79℃。计算过程中，气罐压气过程中压力和温度均按照绝热工况进行计算，未考虑压气过程中与外界的热交换问题。根据设计提供的气象资料计算分析，压水气罐一次压水实际温度可能达到并超出－20℃，连续压水2次实际温度可能接近并超过－40℃。最低温度极有可能超过原气罐材料（16MnR）所允许的最低温度。

三、防治对策

（1）高度重视特种设备特别是压力容器的定期检验工作，及时发现隐患及时治理。

（2）重视设备选型、布置、材质及技术参数的要求。

（3）重视设计图纸审查工作，依据相应的规范、标准，提出验收要求，严格把控质量控制过程中的关键点，以确保设备制造质量，同时可保证设计、制造进度。

（4）派出技术监督对设备制造过程中进行过程监造。该电站的新压水气罐制造过程中，派技术人员到厂监造，同时外聘专业探伤技术人员进行到厂检查验收，确保压水气罐焊缝质量。经验表明：外聘探伤检验人员到厂检查对厂家焊接质量控制有很好的督促监督作用。厂内完成焊缝焊接后，外聘探伤技术人员复查时发现焊缝未焊透现象，及时向厂家提出并督促厂家进行处理。

四、案例点评

由本案例可见，各电站压力容器及其附件、人孔门螺栓应按规定定期检验。压力容器的定期检验项目，以宏观检验、壁厚测定、表面缺陷检测、安全附件检验为主，必要时增加埋藏缺陷检测、材料分析、密封紧固件检验、强度校核、耐压试验、泄漏试验等项目。设计文件对压力容器定期检验项目、方法和要求有专门规定的，还应符合相关规定。

此外，压力容器的使用工况较多，不同工况对压力容器的安全稳定运行影响较大。设计时应按最苛刻的工况压力和温度进行设计，并应在设计文件中注明各工况操作条件和设计条件下的参数值。尤其在储气罐连续两次压水的情况下，储气罐可能达到的最低温度值应满足 GB 150—2011《压力容器》和相关设计规范的要求。

案例 4-14　某抽水蓄能电站中压气机一级安全阀动作*

一、事件经过及处理

某电站 6 号中压气机开机加载时会出现一级安全阀动作现象，一级压力表显示 0.44MPa（正常压力 0.35MPa 左右），安全阀设定 0.455MPa，卸载和排污时一级安全阀动作。

故障发生后，现场人员对 6 号中压气机进行检查：

（1）一级卸放阀和二级卸放阀检查，一级卸放阀有些许堵塞，二级卸放阀无问题。对卸放阀清理后试机，故障依然存在。

（2）将两个二级进气阀拆出检查，未发现问题，更换两个新的二级进气阀后试机，故障依然存在。

（3）排除卸放阀和二级进气阀问题，原因应该是二级、三级活塞环有磨损，中压气窜至一级气缸导致一级压力升高。对活塞环进行拆除检查，发现活塞环实际确实磨损过大（见图 4-14-1 和图 4-14-2），活塞环厚度已磨损至 11.9mm，全新活塞环厚度为 13mm，更换二级、三级活塞环后试验正常，故障消除。

图 4-14-1　旧的活塞环

图 4-14-2　新的活塞环

* 案例采集及起草人：孙逊、陈勇（华东桐柏抽水蓄能发电有限责任公司）。

二、原因分析

一级安全阀动作，主要可能是安全阀故障或实际气压确实过高导致。根据上述事件的经过，可以排除安全阀故障的可能。而一级气缸压力增大的原因如下：

（1）卸放阀堵塞，卸载时二级中压气窜至一级气缸导致一级压力升高。

（2）二级进气阀故障，导致二级气缸的中压气窜至一级气缸导致一级压力升高。

（3）二级、三级活塞环有磨损，中压气窜至一级气缸导致一级压力升高。

三、防治对策

（1）根据设备说明书要求和运行时长对中压气机进行大修，更换活塞环。

（2）定期对卸放阀及时进行清扫，防止堵塞。

（3）每年对安全阀、压力表进行校验，确保正确动作。

（4）定期对其他气机部件进行检查维护。

四、案例点评

本案例暴露出的问题：设备保养不及时，未定期对活塞环等部件进行检修。

对策：设备需要参照设备说明书进行维护检修，确保设备零部件在寿命到期前提前进行更换；并需要定期对相关设备进行维护保养工作，保证设备能够正常运行。

第五章 金 属 结 构

案例 5-1 某抽水蓄能电站机组蜗壳至尾水平压管破裂*

一、事件经过及处理

2015 年 8 月 5 日，某抽水蓄能电站 1 号机组由抽水调相转抽水工况过程中，监控报警“蜗壳层 1 号机水淹厂房浮子高水位报警”。监盘人员通过工业电视检查发现，蜗壳层 1 号机主进水阀下游侧某一位置向外喷水，随即与调度沟通申请停机，立即进行事故处理。

组织人员对 1 号机进行排水隔离，待蜗壳层积水排净后，运维人员现地初步检查故障情况为：1 号机蜗壳至尾水平压管预埋露出段管径膨大变形破裂漏水，该管路原直径为 220mm，膨胀后直径约为 270mm，设计壁厚为 3.76mm，膨胀后壁厚约为 3mm，撕裂管路最大尺寸 230mm（见图 5-1-1～图 5-1-5）。

图 5-1-1 1 号机蜗壳至尾水平压管破裂位置

图 5-1-2 1 号机蜗壳至尾水平压管破裂位置

---

* 案例采集及起草人：贾瑞卿（河南国网宝泉抽水蓄能有限公司）。

图 5-1-3　1 号机蜗壳至尾水平压管膨胀后周长

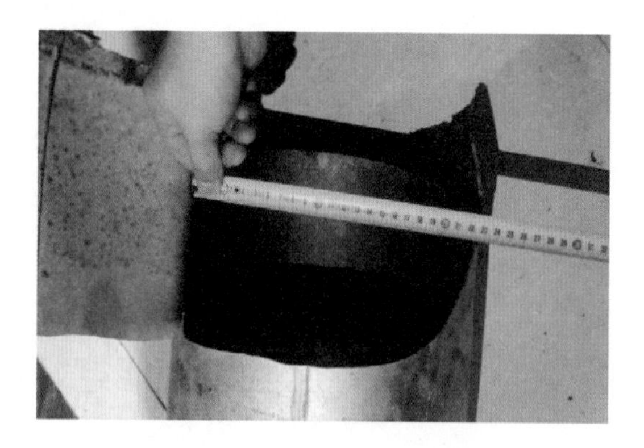

图 5-1-4　1 号机蜗壳至尾水平压管破裂后直径

电站同时组织人员对 2、3、4 号机组相同部位检查，发现 4 号机该段管路也存在鼓胀变形（见图 5-1-6），2、3 号机未发现明显异常。

电站组织厂家、设计院等技术人员召开了专题分析会，最终根据现场实际情况确定了临时处理措施和最终处理措施。

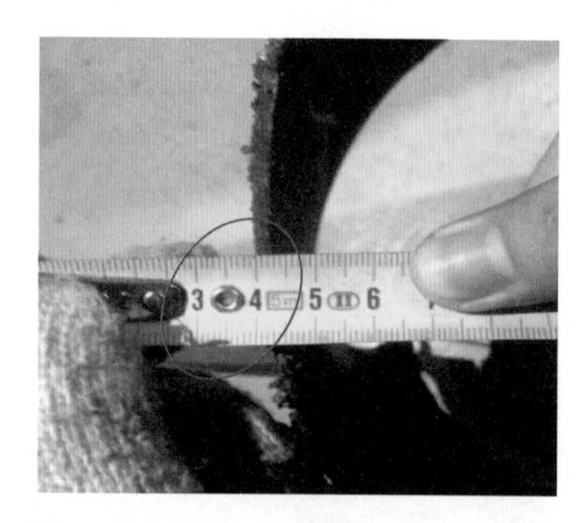

图 5-1-5　1 号机蜗壳至尾水平压管膨胀后壁厚

图 5-1-6　4 号机蜗壳至尾水平压管鼓胀

1. 临时处理措施

（1）1、4 号机蜗壳至尾平压预埋管露出段更换不锈钢管及碳钢法兰。由于时间限制及现场条件，1、4 号机采取临时措施，见图 5-1-7。将预埋管的混凝土向墙内打掉 20cm 左右露出钢筋（目的是切除膨胀部分便于焊接及后期混凝土浇筑），对预埋管路外端采用不锈钢法兰进行焊接转换，法兰套在预埋管路（3.76mm），并在内部进行焊接（见图 5-1-8），法兰与配管进行外部焊接（见图 5-1-9）。配管采用厚度为 6mm 的同材质钢管，焊接工艺采用氩弧焊打底，多层盖面，保证全焊透。配管外焊接加筋板连接至混凝土钢筋，焊接完成后进行渗透检测探伤，并进行充水渗漏试验后浇筑混凝土，见效果图 5-1-10。

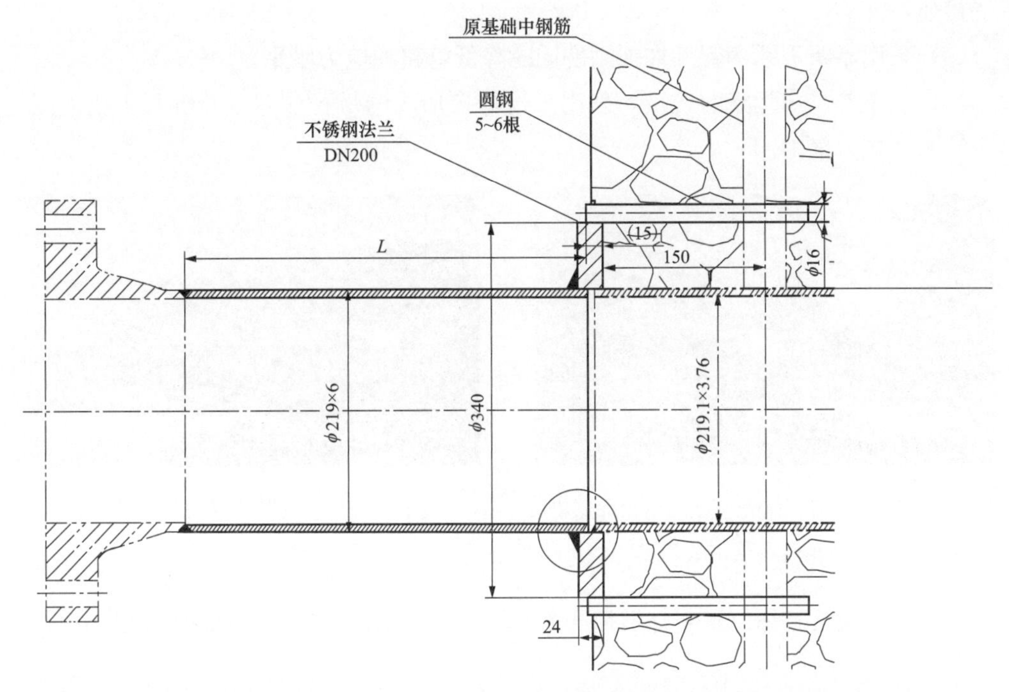

图 5-1-7　1、4 号机蜗壳至尾平压预埋露出段更换不锈钢管及碳钢法兰设计图（单位：mm）

图 5-1-8　转接法兰套在埋管端部在内侧进行焊接

图 5-1-9　配管插入法兰在外侧进行焊接

（2）管路的保护及补强。为保护管路的安全运行，在现有的管路外侧焊接两瓣由 10mm 不锈钢压制的保护套管，保护现有的不锈钢管，见图 5-1-11。

2. 最终处理措施

为保证机组安全稳定运行，考虑从以下五方面进行处理：

（1）增加管路水平与垂直方向的支架及固定，减少管路因冲击产生的振动。

（2）替换全部管路部件碳钢材料为不锈钢材料，提高管路部件材质耐气蚀能力并提高焊接质量。

（3）采用厚壁不锈钢管件加强刚度同时降低管路的应力水平。

（4）改善厚、薄管路的连接，采用工地焊接形成的带径法兰（与混凝土锚筋固定）减少管路的应力集中。

图 5-1-10　1、4 号机蜗壳至尾平压预埋露出段更换不锈钢管及碳钢法兰效果

图 5-1-11　管路的保护及补强效果

（5）在原碳钢破坏位置附件增加一个测压接头，以便于需要时现场对管路中的实际压力监测。

二、原因分析

根据现场调查，分析认为：

（1）蜗壳至尾水平压管的预埋管路，设计管径 DN200，设计壁厚 3.76mm，设计强度 PN50。预埋管路外露部分（长 400mm）不能满足运行工况下长期的压力冲击。

（2）预埋管路与明管段的连接法兰材质为低合金钢，与设计图纸不一致（设计为 1Cr18Ni9Ti），且预埋管厚度与法兰焊接处厚度（11mm）差值大，在焊接过中采用套焊方式，使得焊接部位应力集中，在特殊情况下受压力冲击导致管路从焊缝附近区域撕裂漏水。

厂家对引起该段钢管（DN200）破裂可能因素进行了分析计算如下：

1）管道内部压力因素。DN200（219mm×3.76mm）不锈钢管路内部压力：

a. 依据电站调保计算报告，水泵运行甩负荷工况水压力约为 2MPa。

b. 其他正常运行工况压力由尾水位产生的水压力最大为 1.15MPa。

由于最大的水压力（2MPa）在管路产生的应力为 56.25MPa，小于材料的 1/3 屈服应力（205MPa×1/3=68.3MPa），因此是可以接受的，故钢管内的压力不是产生破裂的原因。

2）压力脉动引起的管道的震动及变形因素。当主进水阀工作密封开启时充水并蜗壳至尾水管平压阀开启瞬间会产生垂直方向比较大的 17.5t 垂直方向水推力和脉动造成水平管段的振动：

考虑阀门开启时最大水头（H_{max}=565m）作用在水平钢管的力为 175640N，该垂直方向力产生的弯矩对碳钢法兰与不锈钢钢管焊接截面处产生的弯矩及弯曲应力（假设法兰间的螺栓连接为刚性连接）。

焊缝断面的弯矩为74228N·m，该弯矩产生的弯矩应力为725.5MPa。

从目前膨胀后的1号机的219mm×3.76mm外露管段的外径测量结果：膨胀后管的外径周长约840mm，理论周长668mm。根据应力与变形关系，可以推导膨胀后钢管的综合应力为455MPa。

可见钢管的膨胀变形与其内部的应力水平存在很大关系，尤其是冲击载荷产生的振动及变形部分传递到薄弱断面处是疲劳破坏的重要原因。

2、3号机该段DN200管路外径的圆周长度小于700mm，与理论值688mm很接近，证明2、3号机不存在管路膨胀即钢管的高应力问题。

考虑4台机组的运行工况（运行时间、出力、管路的压力、荷载等）相近而不同可能主要存在于管路的支撑固定，因此考虑水平管路的支撑、固定及焊接质量是影响钢管的应力水平及产生破坏的主要因素。

3）管路与法兰间焊接质量因素。带径焊接法兰末端与不锈钢焊缝：DN200带径焊接法兰末端厚度9mm，而钢管壁厚3.76mm容易产生应力集中，该区域的焊缝为非熔透焊缝，可能存在质量缺陷。

水平管段的DN200、PN100带径焊接法兰为碳钢而管路为不锈钢，异种钢焊接质量缺陷的产生可能性加大。

从图5-1-12可见，DN200法兰与不锈钢钢管间的焊缝附近区域已经腐蚀并由此产生了撕裂，因此焊缝的质量缺陷（应力集中及焊接质量）及碳钢法兰材质的锈蚀是钢管破裂的主要原因。

4）装配产生的变形应力因素。在钢管的焊接、装配可能存在由于焊接变形及法兰螺栓把合过程中产生的附加弯矩，附加弯矩会在管路中产生附加弯曲应力。考虑到法兰间以前没有出现漏水现象，暂时排除此因素。

（3）为了防止管路结露，电站对厂房蜗壳层的水管路均包裹了保温层，导致运维人员巡检设备时不能及时发现该处管路的鼓胀变形，管路变形逐渐增大直至破裂漏水，是故障发生的间接原因。

三、防治对策

（1）增加管路水平与垂直方向的支架及固定，减少管路因冲击产生的振动。

（2）替换全部管路部件碳钢材料为不锈钢材料，提高管路部件材质耐气蚀能力并提高焊接质量。

（3）采用厚壁不锈钢管件加强刚度同时降低管路的应力水平。

（4）改善厚、薄管路的连接，采用工地焊接形成的带径法兰（与混凝土锚筋固定）减少管路的应力集中。

图 5-1-12　1 号机蜗壳至尾水平压管破裂焊缝

（5）在原碳钢破坏位置附件增加一个测压接头，以便于需要时现场对管路中的实际压力监测。

（6）日常巡检过程中，加强对该管路及类似管路的巡视检查，发现问题及时处理。

四、案例点评

由本案例可知，水电行业在设计阶段，应特别注意预埋管露出混凝土段的管路壁厚与强度，确保预埋管露出段满足设备安全稳定运行要求。在预埋管与明管连接时，应尽量避免不同材质、不同厚度的管路进行拼装焊接，若必须焊接时应提高焊接工艺，加强焊接质量把控。设备运行阶段应严格按照相关要求对管路焊缝进行定期检测，对管路应力集中部位的焊缝以及焊接工艺复杂的焊缝，应提高检测频次；对于压力管道应力集中的部位，应做好管路加固及支撑措施，减小管路振动。

案例 5-2　某抽水蓄能电站机组顶盖平压管焊缝漏水（一）*

一、事件经过及处理

2019 年 4 月 10 日，某抽水蓄能机组定检期间发现水车室内 $-X$ 方向排气管焊缝渗水（见图 5-2-1），焊缝中部有一条长约 100mm 的裂纹。该管路规格为 $\phi219\times8$mm，材料为奥氏体不锈钢 1Cr18Ni9Ti，与转轮室直接相连，若该焊缝进一步开裂，可能导致

* 案例采集及起草人：付晓月、王考考（安徽响水涧抽水蓄能有限公司）。

水淹厂房事故发生，管路位置见图 5-2-2。发现缺陷后运维人员立即将 1 号机组尾水排空，对渗水焊缝重新打磨焊接。但由于顶盖内部空间狭小，焊缝位置离导叶套筒距离较近，焊接难度较大，无法保证焊接质量，决定结合检修对均压管进行更换。

图 5-2-1　渗水焊缝

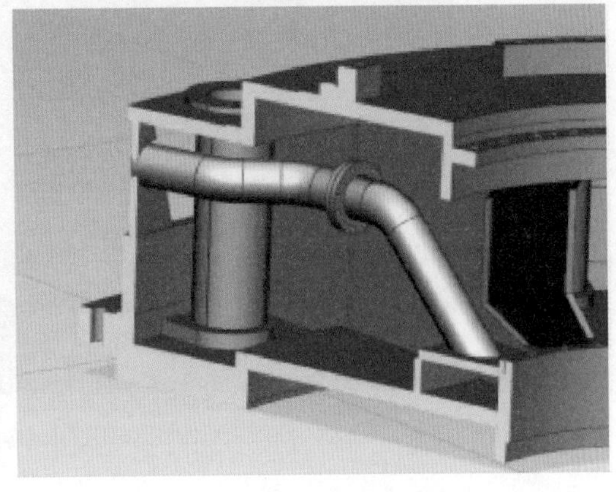
图 5-2-2　管路布局

1. 方案确定

运维人员在顶盖内部进行现地测绘，确定管路的进出路线及内顶盖焊接焊缝位置，并绘制比例为 1∶100 的管路布局图（见图 5-2-3），为保证焊接质量，确保预留焊缝准确，方便焊接，将对焊处放置在顶盖外部焊接。

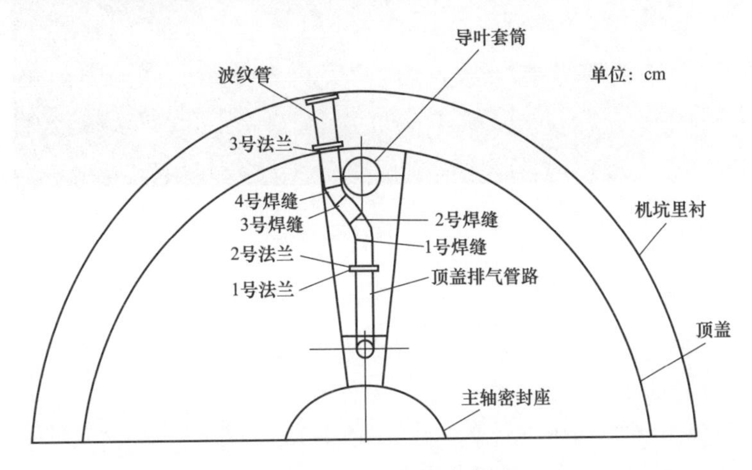

图 5-2-3　绘制管路布局

图 5-2-3 中 1 号焊缝需在内顶盖中焊接，1 号焊缝至 3 号法兰之间管路可在顶盖外焊好之后放入内顶盖。

2. 施工步骤

（1）拆除主轴密封水箱（见图 5-2-4）。

（2）拆除波纹管及导叶套筒（见图 5-2-5）。

（3）拆除原始管路。

（4）配管。

图 5-2-4　内顶盖布置

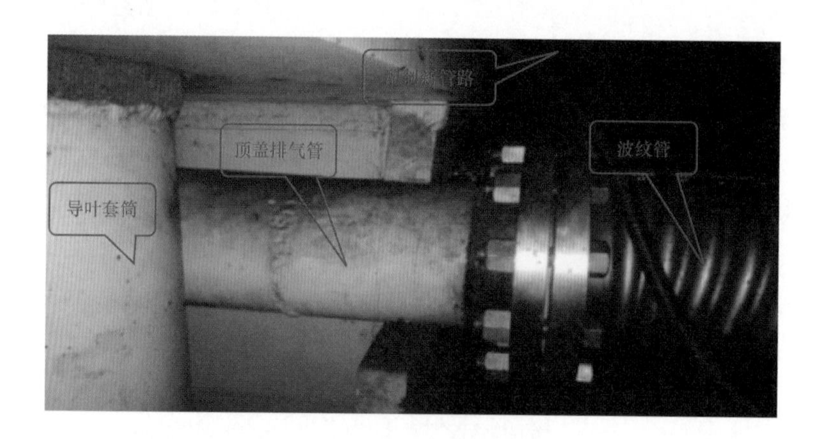

图 5-2-5　波纹管及套筒

（5）确定焊缝位置并使用砂轮机打磨坡口，焊接前清理去除焊接区域及其 10mm 范围内的油、锈、水、油漆、探伤剂等有害杂质；焊接位置打磨出金属表面光泽再进行焊接处理。

（6）管路焊接采用钨极氩弧焊接方式，焊接材料为 ϕ2.0 的 ER316L 焊丝，保护气体为 99.99%氩气，气体流量 12～20L/min。

（7）工艺控制。单面焊接双面成型，最低预热温度 16℃，层间温度不超过 150℃。焊接工艺参数见表 5-2-1。

表 5-2-1　　焊 接 工 艺 参 数

焊接方法	焊材规格	电压（V）	电流（A）				焊接速度（mm/min）
			1 平 & 横焊	$n-1$ 平 & 横焊	1 立 & 仰焊	$n-1$ 立 & 仰焊	
钨极氩弧焊	ϕ2.0	220	150～170	160～200	100～150	120～160	50～100

(8) 采用逐层渗透监测探伤的方式控制焊接质量，探伤合格后需清除探伤液方可继续施焊。

(9) 回装管路及附件。

图 5-2-6 氩气保护焊

二、原因分析

(1) 机组工况转换过程中顶盖振动较大，导致管路产生裂纹。通过振摆数据查询发现 4 台机组的运行环境基本相同，该机组顶盖振摆数据正常，未发现异常增大，且相比于其他机组振动较小，说明运行环境非主因。

(2) 管路焊缝存在隐形缺陷，安装时的焊接工艺不佳，焊接时焊缝清根过程处理不净。

经检查渗水焊缝为原始焊缝，打磨补焊时发现原始焊缝多处未焊透、焊缝处焊渣未清理、焊缝处管路未打磨坡口情况。若焊接工艺不佳，杂质处理不干净，焊缝中会出现气孔及裂纹，长时间运行后内部缺陷向外延展出现裂纹。

渗水原因确认为原始焊缝焊接工艺不良，裂纹为内部缺陷向外延伸所致。

三、防治对策

(1) 每周对 4 台机组顶盖排气管路巡检 1 次并做好巡检记录。

(2) 结合机组 C 级及以上检修对顶盖排气管路进行超声波和渗透检测，发现缺陷及时处理。

(3) 将该缺陷反馈至制造单位，责令其提高管路焊接技术要求，优化焊接工艺。

(4) 修改、补充和完善水泵水轮机运检规程，将顶盖排气管路的检查维护工作列入设备主人点检项目。

四、案例点评

由本案例可见，安全质量管控需从基本建设时期抓起。工程交接验收时，隐性的施工安装质量问题让运行单位束手无策，无从排查，无从防范，一旦出现问题，后果严重，危害性也极大。本案例中，顶盖排气管焊缝渗水，消缺难度大，机组运行期间发生渗水，受条件限制，无法彻底消除缺陷，但缺陷扩大极易引发水淹厂房事故。因此，建立并严格执行一套完善的责任追究制度，强化建设、施工、监理以及运维单位各层级责任追溯还是十分必要的。

案例5-3 某抽水蓄能电站机组顶盖平压管焊缝漏水（二）*

一、事件经过及处理

2016年8月29日17时02分，巡检人员在对机组进行巡检时听见顶盖内有漏水的声音，到顶盖内检查发现2号水泵水轮机－X、＋X方向顶盖底环平压管靠近筋板内侧处焊缝漏水（见图5-3-1，平压管结构见图5-3-2），运维负责人立即通知中控室值班人员向调度申请2号机组临时进行抢修。

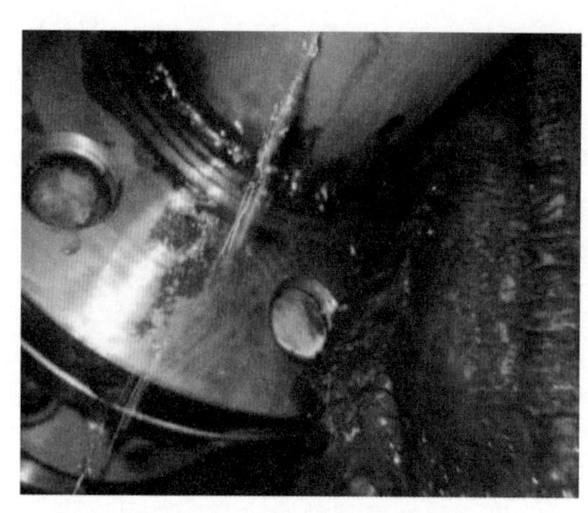

图5-3-1 平压管焊缝漏水

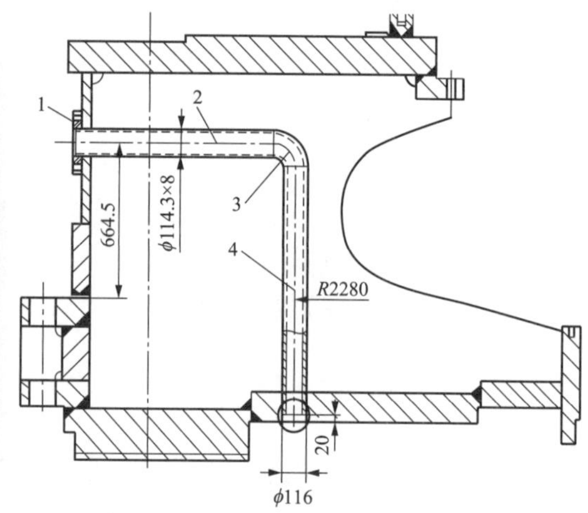

图5-3-2 平压管结构

1—法兰；2—水平段；3—弯头；4—竖直段

为避免开裂处焊缝扩大，2号机组申请临时抢修，现场对开裂焊缝进行补焊，补焊后无漏水现象。

鉴于该电站顶盖内空间狭小，原整体式平压管焊接质量无法保证，为解决机组顶盖底环平压管焊缝反复漏水问题，制造厂家经研究更换该管路。将平压管由焊接式连接改为法兰连接结构，采用高颈法兰结构；所有与平压管相关的焊缝在外部焊接，同时采用严格的无损探伤；并采取增加顶盖内过渡法兰厚度，优化顶盖内过渡法兰焊缝形式，严格控制顶盖内过渡法兰与顶盖之间的焊缝质量等措施。具体方案如下：

（1）将平压管分为水平段（见图5-3-3）及竖直段（见图5-3-4）两部分，法兰采

* 案例采集及起草人：张亮（浙江仙居抽水蓄能电站）。

用高颈法兰结构（耐高压重型法兰），现场进行配装焊接，焊缝做渗透检测、X 射线探伤检测，并做压力试验。

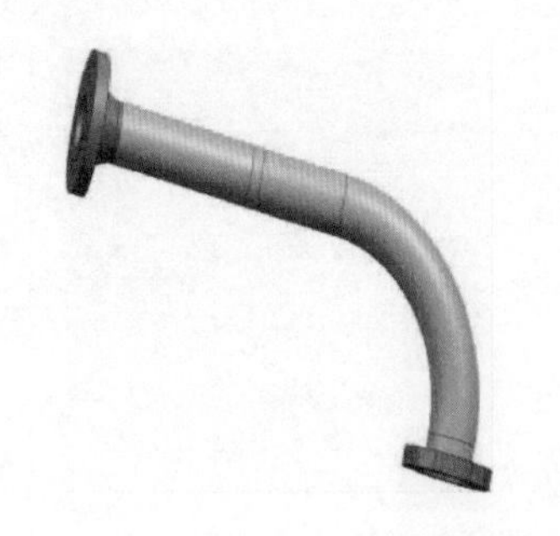

图 5-3-3　水平段结构示意

图 5-3-4　竖直段结构示意

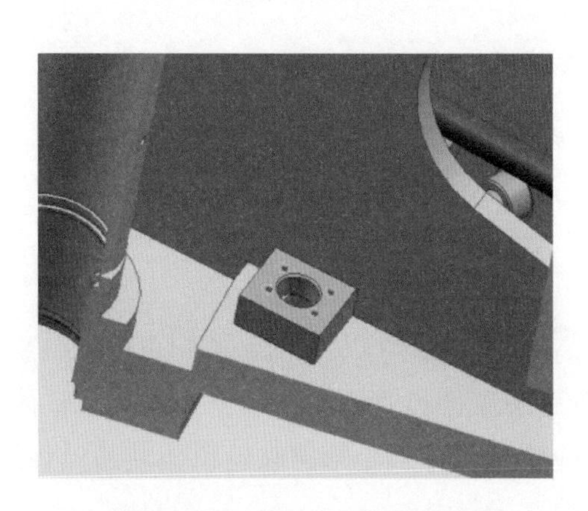

图 5-3-5　偏心法兰结构示意

（2）平压管与顶盖本体安装连接位置增设过渡法兰（偏心法兰结构见图 5-3-5），增加平压管与加强筋之间的位置距离，方便安装维护。

（3）顶盖内过渡法兰与顶盖焊缝采用逐层渗透探伤的方式，分三次做渗透探伤，控制焊缝质量。

（4）将管路从顶盖外圈梯形板的孔装入顶盖内，就位，装入法兰密封，把紧法兰。

现场安装步骤见图 5-3-6。

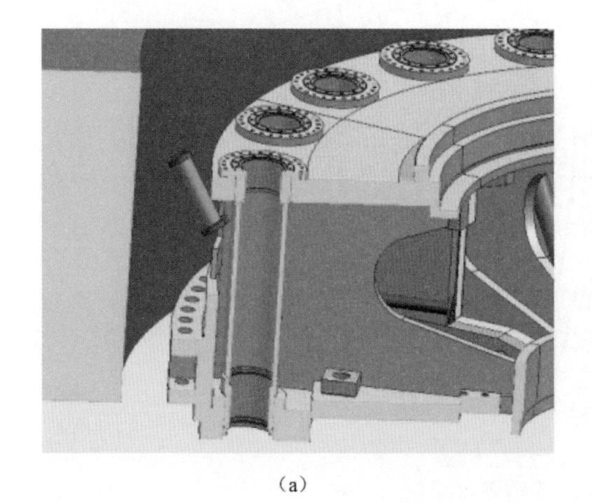

（a）

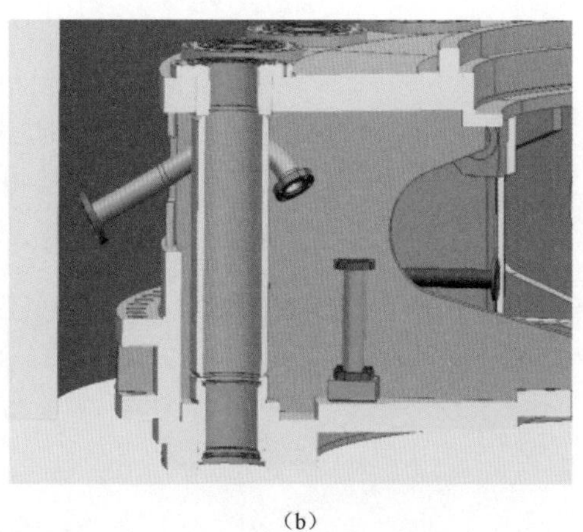

（b）

图 5-3-6　现场安装步骤示意（一）

（a）竖直段安装示意；（b）水平段安装示意

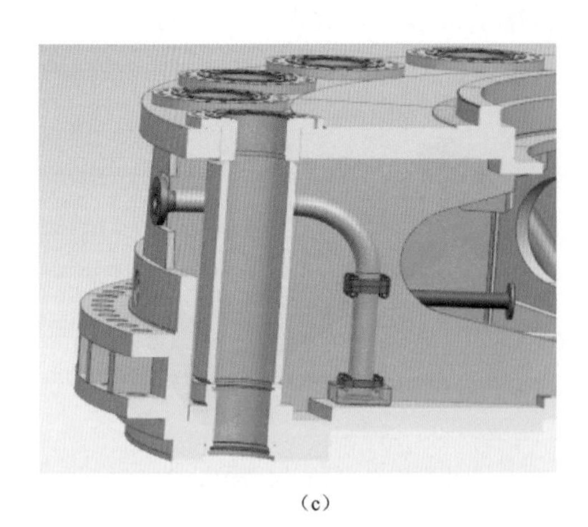
（c）

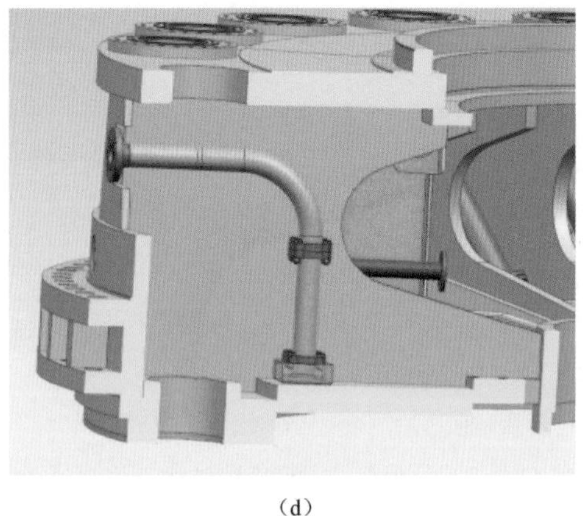
（d）

图 5-3-6　现场安装步骤示意（二）

（c）水平段与竖直段把合示意；（d）水平段与机坑侧管路对接把合示意

上述方案在实施后彻底解决了该电站顶盖平压管焊缝反复开裂漏水问题。

二、原因分析

该电站顶盖底环平压管长期在顶盖内部高振动区域运行（见图 5-3-7），但管路悬空安装（与顶盖底部距离近 1m 高度）；而从管路布置图可见管路安装空间狭小，整体式平压管靠近顶盖立筋，焊接施工难度大，焊缝质量（特别是管路靠近顶盖立筋处焊缝）无法保证，是导致管路薄弱处焊缝反复开裂的直接原因。

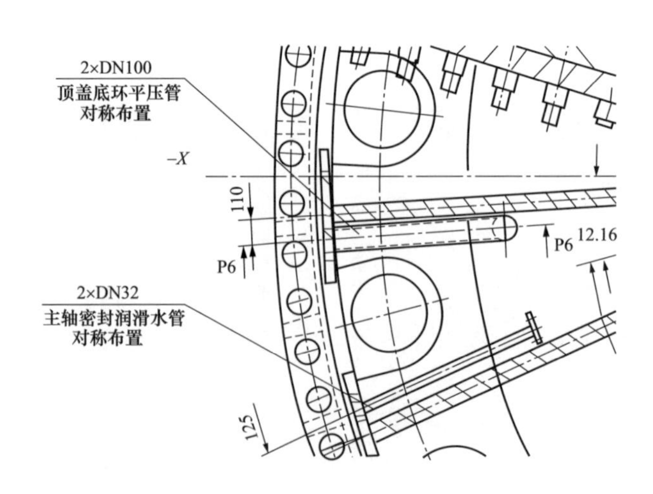

图 5-3-7　顶盖底环平压管布置（单位：mm）

该顶盖底环平压管属于顶盖内隐蔽部位，特别是靠近顶盖立筋处，焊缝验收难度大，质量管理困难，是该处焊缝反复开裂的间接原因。

三、防治对策

(1) 对顶盖其他相似易发生漏水结构也进行排查，必要时进行无损探伤，查看焊缝有无开裂现象。

(2) 结合检修将其他机组的顶盖底环平压管进行改造，改造中严格把控焊缝焊接质量。

(3) 加强顶盖水位监视，现地巡检时注意顶盖内部有无异常漏水声，机坑水位有无异常上升。

四、案例点评

由本案例可见，机组安全运行应从设计选型时期抓起，设计要充分考虑设备运行后的环境和条件，如果设计不合理会严重影响设备投运后的安全稳定。因此，在设计选型时做好充分的调查和可行性研究是十分必要的。

同时，高振区、应力集中区管路焊接质量应加强监管和验收，推荐在焊接后对管路焊缝进行X射线检测，对整体管路进行保压试验等以确保焊接质量。

案例5-4 某抽水蓄能电站机组尾水锥管与调相压水管连接法兰裂纹*

一、事件经过及处理

某抽水蓄能电站在2015年12月～2017年3月机组检修期间，通过金属技术监督检查，发现机组尾水锥管与调相压水管连接处法兰存在缺陷。

(1) 1、2、4号机尾水锥管与调相压水管连接处法兰（该法兰位于锥管上）本体上存在裂纹（见图5-4-1）。

(2) 1～4号机尾水锥管与调相压水管连接处法兰焊缝上存在裂纹（见图5-4-2）。

该法兰处的焊缝为K形焊缝（见图5-4-3），两侧焊接。发现表面裂纹后，电站决定沿着裂纹继续打磨，查明裂纹深度和长度。经过彻底打磨发现，焊缝裂纹深度达到焊缝深度的1/2，位于K形焊缝的根部；裂纹长度几乎等于焊缝的全长；K形焊缝的根部有空隙，空隙深度2～7mm，且内部有大量焊渣未清理（见图5-4-4），说明出厂焊接时

* 案例采集及起草人：王大强、张雷（华东琅琊山抽水蓄能有限责任公司）。

未按设计工艺焊接，焊接质量失控。法兰本体上局部有裂纹（见图 5-4-1），最深处的裂纹达到板厚的 1/2，且裂纹数量较多。

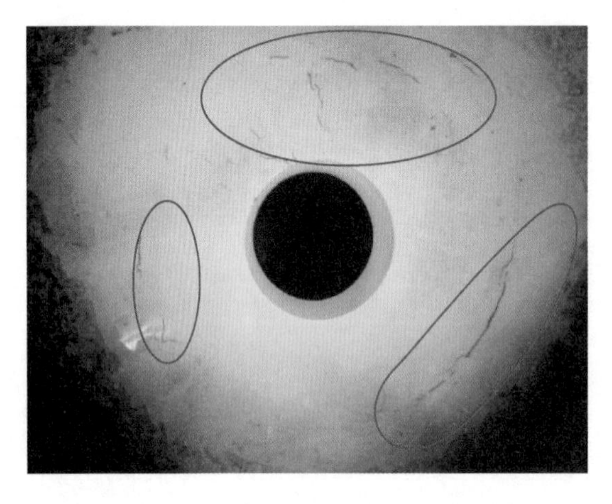

图 5-4-1　法兰裂纹（图中为渗透探伤显示的缺陷）

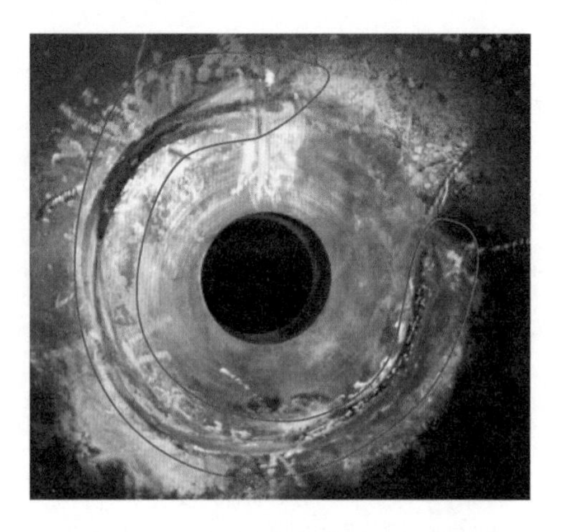

图 5-4-2　法兰裂纹打磨后（打磨沟槽部位均有裂纹）

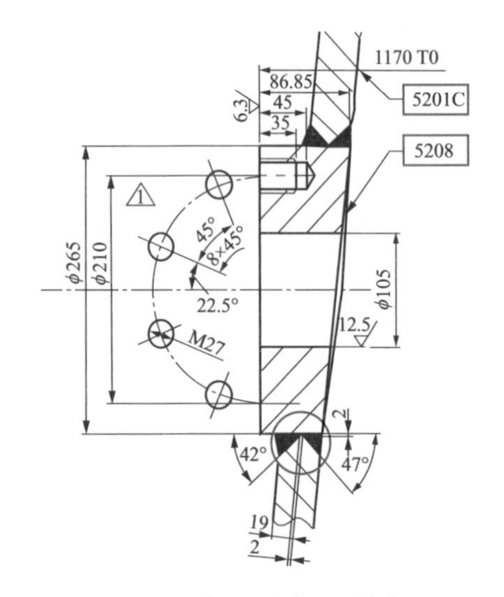

图 5-4-3　法兰焊缝设计图（单位：mm）

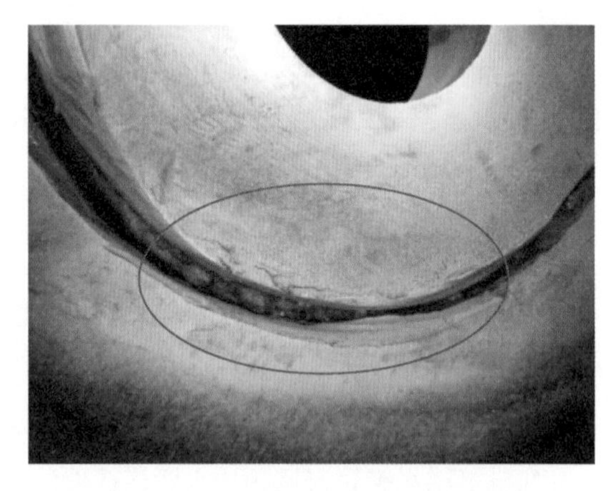

图 5-4-4　法兰焊缝打开后内部的焊渣

按照 NB/T 47013—2015《承压设备无损检测》的要求，这些部位的法兰及焊缝可以判废。同时，由于焊缝内部出现大量焊渣、空腔，说明制造过程中这些部位的质量基本失控，因此该电站决定将 4 台机组该部位的法兰全部割掉，采购新的法兰进行焊接。为了确保本次焊接一次成功，电站制定了以下质量控制措施：

1）新购法兰时对供应商说明质量要求，要求出厂时全面探伤，厂家必须提供完整的检测报告和工艺质量证明，到电站现场后重新探伤检查，确保新法兰无质量问题。

2）扩大法兰焊接区域周围的探伤范围，将周围的热影响区域同样进行超声探伤和渗透探伤检查，确保母材无质量问题。

3）由于焊接容易产生热应力，而采用304不锈钢在热应力集中时又容易产生裂纹，甚至热影响区的原有小裂纹也会进一步扩展，为了控制焊接可能产生的裂纹，在焊接时采用小电流焊接，焊接一道后必须采取相应措施方可继续焊接。同时，每焊接到一定厚度必须探伤合格后方才进行下一道焊接。

4）控制探伤工艺，防止漏检。由于裂纹的产生有一定的延时，即焊接后立刻探伤可能并无裂纹，延时一段时间后才裂纹产生。为了防止漏检，电站要求严格按照规程要求，焊接结束后必须等到规定的时间方可进行无损检测。

处理过程见图5-4-5。

由于本次焊接质量控制要求较为严格，因此焊接周期较长，平均每台机组该法兰焊接时间长达10天左右。处理完成后通过超声和渗透检测正常，未发现裂纹，同时最长运行3年后也未再检出裂纹，说明处理效果较好。

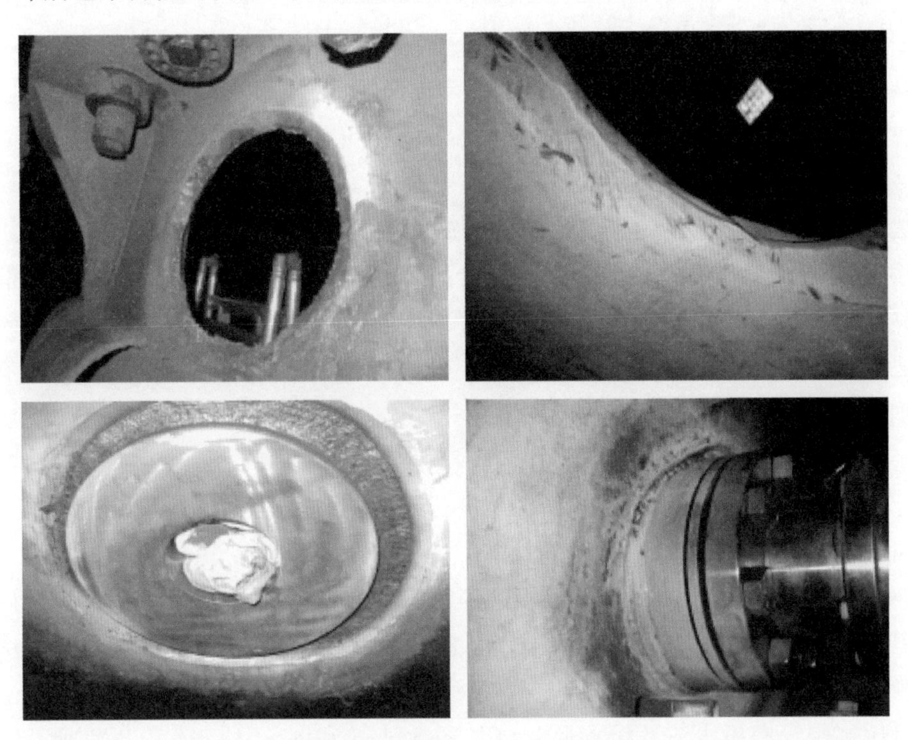

图5-4-5　处理过程（切割-探伤-焊接完成-再次探伤）

二、原因分析

该故障存在的缺陷法兰焊缝裂纹和法兰本体裂纹。

1. 焊缝裂纹的原因分析

焊缝产生裂纹的原因较简单，该焊缝设计为K形焊缝，但在实际的焊接中，中间部位存在大量的空腔且焊渣并未清理，焊接质量较差。机组投产后，此处法兰处于高压气体的出口，在气体冲击振动的长期作用下，焊缝逐渐开裂延展，由初始的小裂纹逐渐生长为大裂纹，并从内部延伸到外部。

2. 法兰本体裂纹的原因分析

为查明本体裂纹的原因，电站对法兰本体进行了化学成分分析和金相检测，并按照GB/T 20878—2007《不锈钢和耐热钢牌号和化学成分》对标准成分和有裂纹的法兰本体和法兰备件进行对比，如表5-4-1所示。

表5-4-1　试块材质化学成分表

试块	化学成分（质量分数，%）									
	C	Si	Mn	P	S	Ni	Cr	Mo	Cu	N	其他
标准成分	0.08	1.00	2.00	0.045	0.030	8.0～11.0	18.0～20.0	—	—	—	—
法兰本体	0.12	0.57	1.88	0.040	0.015	7.271	16.97	0.29	0.65	—	—
法兰备件	0.046	0.64	1.22	0.016	0.011	8.16	18.5	—	—	—	—

从表5-4-1可见，有裂纹的压水法兰C含量过高，Cr、Ni含量较低。从金属材料学的角度分析，奥氏体不锈钢中的碳化物可能会导致晶间腐蚀，从而产生裂纹。

法兰本体为奥氏体不锈钢，组织中的碳化物向晶界聚集，形成晶间腐蚀。产生晶间腐蚀的不锈钢受到应力作用时，会沿晶界断裂，强度几乎完全消失，这是奥氏体不锈钢的一种最危险的破坏形式。

法兰本体存在严重的晶界碳化物聚集，有晶间腐蚀倾向，本体上开裂的原因有以下3种可能：

（1）法兰本体自身晶间腐蚀较为严重，自身开裂。

（2）法兰本身有晶间腐蚀的倾向，焊接后热影响区在敏化温度停留加剧了晶界腐蚀的倾向，从而引起开裂。

（3）焊缝的热影响区在敏化温度区间停留的时间不长，并未加剧法兰的晶间腐蚀程度，但由于焊缝本身存在较为严重的危害性缺陷，强度较低。焊缝裂纹延伸至法兰本体，撕裂法兰。

对比尾水管和压水法兰金相照片（见图5-4-6和图5-4-7）可以发现，尾水管晶粒度较为粗大（6级），晶界无碳化物聚集，即不存在晶间腐蚀的倾向，而压水法兰本体晶粒度8级，碳化物在晶界聚集。加上2号机压水法兰更换时压水法兰孔口附近有网状裂纹，因此可排除焊缝裂纹延伸至法兰本体的可能。通过对压水法兰焊接时的温度监测，测量氩弧焊接时弧点温度高达620℃以上，但在焊缝收弧后，焊缝的温度迅速下降至300℃以下，比敏化温度低，因此焊接后热影响区在敏化温度停留加剧了晶界腐蚀倾向的可能也可排除。法兰本体开裂的根本原因是法兰本体存在晶间腐蚀的倾向。

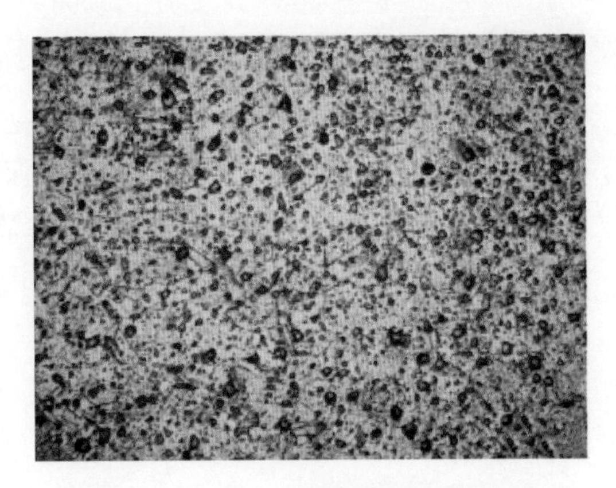

图 5-4-6　4 号机压水法兰本体金相检测图片

图 5-4-7　4 号机尾水管金相检测图片

本次故障产生的直接原因是法兰质量不良存在晶间腐蚀导致本体裂纹，焊接质量不良导致焊缝裂纹。

尾水锥管制造商质量把控不严，主机厂家也未监管到位，到电站现场后对尾水管的主要焊缝进行了无损探伤检查，但未抽检到该部位，导致设备一直带问题运行，直到金属技术监督工作时发现。

同时，客观而言，在当时的历史条件下，缺乏有针对性和实际操作价值的水电行业金属技术监督规程也是造成该故障的背景原因。

三、防治对策

（1）作为设备运维单位的电站，应熟悉自身设备的特点，在没有行业标准的情况下应该有适合自身情况且具有可操作性的技术标准。

（2）电站应有一定的金属专业技术人员，这些人员不仅应掌握一定的金属技术监督知识，同时还应了解行业内的一些背景知识。

（3）重视设备制造阶段的质量把控，尤其是多次分包设备的质量把控，在没有自身技术力量的时候可以借助外脑进行质量管控。

（4）设备零部件应做好全寿命周期的管控，除了运维阶段，还应包括采购、验收、安装等各个环节。在自身没有检测手段时候可借助外部资源，防止不合格零部件流入电站。

（5）由于焊接作业人员的素质参差不齐、责任心不同，所在单位的管理也不同，因此对于焊接作业不仅应检查相关人员和公司的资质业绩，还必须做到全过程把控，并辅以必要的奖惩措施。

（6）用好黑名单制度，让不负责任的零部件制造商、设备总包商受到一定的惩罚，形成外部压力。

四、案例点评

本案例是一起典型的设备零部件进场把控不严、设备制造工艺把控不严造成的质量事故，直接原因较为简单，间接原因令人深思。

作为背景原因的行业制造水平低下、某些制造商不重视质量控制是电站无法掌控的，但电站在自己能够把握的环节应做到并做好，如设备的驻厂监造、到站验收、到站设备的质量检验、安装质量的把控等。

案例 5-5　某抽水蓄能电站机组转轮内平衡管漏水*

一、事件经过及处理

1. 设备情况描述

某电站水泵水轮机设计有内外平衡管，内平衡管的主要作用是平衡转轮上、下侧水压力，用于保证转轮稳定运行。内平衡管路设计共四根，其中两根预埋在机墩混凝土内，直接连接尾水管；另两根为预埋管路和外露管路，外露管路由两根 125A（内径 131mm，壁厚 4.5mm）管路汇至一根 150A（内径 158mm，壁厚 5mm）管路连通至尾水管，管路材质为 304 不锈钢。内平衡管正常运行压力范围为 1～1.5MPa。

2. 发现过程

2017 年 9 月 13 日，3 号机组发电并网，有功负荷 300MW，无功负荷 25Mvar。水车室顶盖水平方向、垂直方向振动正常，各参数正常，设备无异常。16 时 45 分巡检发现 3 号机组内平衡管焊缝漏水，紧急向调度申请停机。

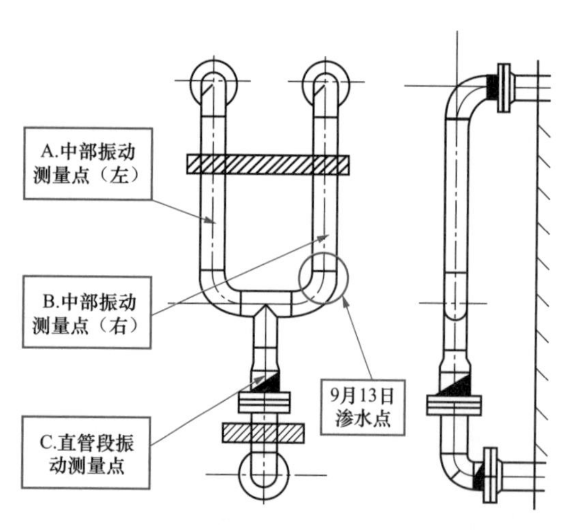

图 5-5-1　平衡管布置

漏水位置为内平衡管直管段与弯头焊缝处（从上游往下游看右侧位置），处理过程中发现一条裂纹，裂纹垂直于焊缝且正好位于弯管部位，长度约 17mm，见图 5-5-1。

地面漏水面积约 18m²，根据焊缝漏水量可推断漏水发生时间约 20min。

* 案例采集及起草人：胡爱军（山西西龙池抽水蓄能电站）。

3. 问题排查

3 号机组内平衡管长期在水流水激振动作用下高频振动，使得管路和焊缝产生疲劳破坏是造成焊缝损伤的直接原因。

4. 确定故障点

管路安装不合理，机组运行时该管路振动严重，导致焊缝疲劳损伤开裂出现渗水，焊缝处为故障点。

5. 处理步骤

将上端部出墙管路延长，同时在延长管路与弯头之间加装法兰，目的是缓冲水流引起的振动；管路、弯头等选用厚壁管（6mm），新管路进行配管组焊，每道焊缝采用氩弧打底、氩弧盖面的焊接工艺，增加抗振强度；管路支架采用塑胶材质柔性连接，在管路振动时起到缓冲作用。

控制工艺标准如下：配管所用钢管、弯头、法兰及变径接头全部使用 304 不锈钢，为保证质量，选用厚度为 6mm 的管材。

（1）坡口打磨。

（2）管路水平、垂直测量，准确配管。配管要求管路对口良好，无错位形变，在焊接之前，使用螺栓预安装管路无误后方可焊接，见图 5-8-3。

（3）焊接工艺。每道焊缝采用氩弧焊丝（标号 ER308）焊接，打底一遍，盖面两遍。

（4）组焊完毕后，对 3 号机组内平衡管焊缝进行了打压试验，试验合格。并对所有焊缝进行射线探伤和渗漏探伤，检测合格。

（5）焊接完成后回装，充水试验正常。

6. 改造后振动数据测量分析

改造后，3 号机组平衡管振动加速度明显降低，见图 5-5-2。改造后，该电站应继续做好巡视检查，定期进行数据测量、分析。

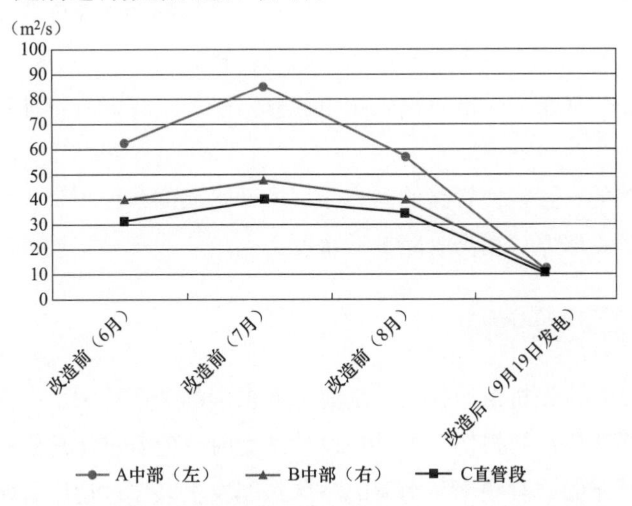

图 5-5-2　3 号机组平衡管振动情况（改造前-后）

二、原因分析

（1）自 2016 年以来，电站机组运行频次和时长急剧增长，每天每台机组运行时长 20h 左右，机组运行时平衡管在水流水激振动的交变应力作用下高频振动，虽然平衡管所承受的应力低于其屈服点，但长时间交变应力使得管路和焊缝疲劳破坏，这是造成焊缝损伤的直接原因。

（2）结构不合理。1、2、3 号机组当初安装时未按照原设计图纸施工（可能受空间限制），4 号机按原设计图施工。2016 年 2 号机改造前，4 台机组内平衡管振动值从大到小次序为 2-3-1-4；改造后，4 台机组内平衡管振动值从大到小次序为 3-1-2-4。3 号机组内平衡管路离机墩墙体间隙为 34mm，1、2、4 号机组内平衡管路外露部分中心离墙间隙分别为 24、18mm（2 号机改造后 56mm）和 68mm，3 号机组离墙较近，机组运行时管路振动较大，也是造成焊缝开裂的原因。虽然 1 号机组离墙也较近，但目前实际运行中测量振动数据并不大。

（3）施工工艺不良。3 号机内平衡管缺陷处理时，下部法兰密封垫安装后仍有 5mm 间隙（2 号机内平衡管改造时，发现上下法兰面中心水平距离相差 12mm）。分析判断为安装时强行将法兰连接，管路承受应力，在这种情况下机组持续高频次运行，导致内平衡管经常开裂。

（4）选型不合理。内平衡管路壁厚 4.5mm，承压能力满足要求，但在承压及振动运行条件下，从实际运行情况分析认为可能存在抗振裕度不足的问题。

三、防治对策

为预防和控制同类缺陷再次发生，采取以下技术措施、管理措施及排查和防控措施等。

（1）目前改造已完成，定期对平衡管路各部位进行振动加速度测量，加强机组开机平衡管振动监测巡检频次，并记录相应数据整理分析。

（2）规范管路焊接工艺标准，结合机组检修对平衡管焊缝进行抽检探伤，发现缺陷及时处理。

（3）改变管路的布置，使管路的固有频率避开水流的激振频率，防止发生共振；同时，选材时增加管路壁厚，提高管路抗振裕度。

四、案例点评

由本案例可见，首先机组运行时在水流水激振动的长期作用下，使得管路和焊缝产生疲劳破坏，从而造成焊缝损伤。可见在设计选型时，应着重注意管路的抗振裕度，布置管路时应避开管路的固有频率与水流的激振频率发生共振，造成管路破坏。

其次，安全质量管控需从基建时期抓起。工程交接验收时，隐性的施工安装质量问题让运行单位束手无策，无从排查和防范，一旦出现问题，后果严重，危害性也极大。因此，建立并严格执行一套完善的责任追究制度，强化建设、施工、监理以及运维单位各层级责任追溯十分必要。

再次，机组调试时应针对管路振动进行测量，测量数据应分析后形成报告。

最后，机组投运后应加强对振动较大管路的定期巡视和振动测量工作，建立相应管路振动台账并定期分析，对存在问题的管路及时采取措施，防止管路破裂发生水淹厂房事故。

案例 5-6　某抽水蓄能电站机组尾水事故闸门反向支承脱落*

一、事件经过及处理

2017 年 9 月 1 日 7 时 50 分，某抽水蓄能电站 1 号机组尾水事故闸门闭门操作后，尾水闸门开度降至 0.89mm，不再下落。操作人员按操作票步骤继续执行操作，当操作执行到开启 1 号机尾水管 1 号排水阀时，操作人员发现阀门开启较以往操作困难，认为尾闸未全关。8 时 25 分，操作人员尝试对 1 号尾闸进行提门操作，发现提门至 3.55mm 后不再上升，而后进行多次启闭操作，闸门开度最大仍为 3.55mm。

运维人员到达现场后，对闸门再次进行启门操作，闸门有杆腔压力表显示 15.5MPa，压力值正常，启门电磁阀上电正确，闸门开度由 0.89mm 上升至 3.55mm 后，闸门有杆腔压力超过溢流阀设定值（16.8MPa），溢流阀正确动作，闸门启门停止。对闸门进行闭门操作时，闸门无杆腔压力表显示 15.5MPa，压力值正常，闭门电磁阀上电正确，闸门开度由 3.55mm 降至 0.89mm 后，压力超过溢流阀设定值，溢流阀正确动作，闸门闭门停止。

运维人员检查闸门两侧平压信号正常，显示值为－4.33kPa（闸门允许操作的平压信号为－15～15kPa）。为确保闸门两侧已平压，运维人员将蜗壳排气阀打开，通过公用技术供水对闸门两侧进行平压，阀门开启约 5min 后，运维人员发现蜗壳排气阀有过水声音后，关闭公用技术供水隔离阀，现场闸门控制屏显示闸门两侧压差为－3.94kPa，再次对闸门进行启门操作，结果闸门仍只上升至 3.55mm。初步排除闸门两侧未平压。

对闸门启闭程序逻辑进行试验，程序流程执行正确，对二次回路进行检查，端子接线紧固，信号反馈正确，排除此种原因。

对现场油回路进行分析得出，能够造成油回路堵塞的设备只有电磁阀和缸旁阀组，见图 5-6-1。对原电磁阀进行更换后，再次对闸门进行启闭试验，试验结果和之前一致，说

---

* 案例采集及起草人：蒋旭帆（辽宁蒲石河抽水蓄能有限公司）。

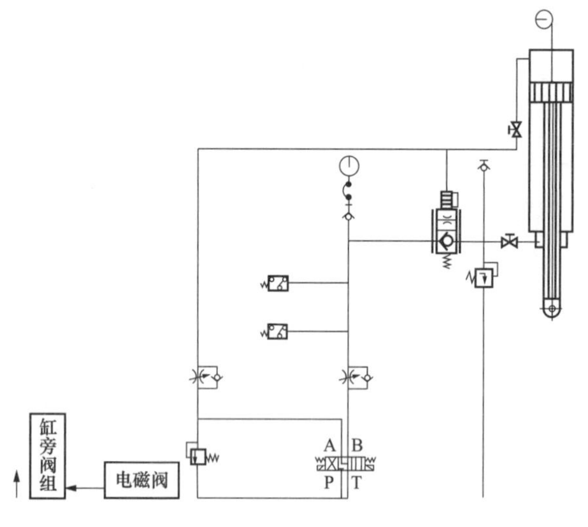

图 5-6-1　尾水事故闸门油回路

明电磁阀无卡塞。对油回路中缸旁阀组进行更换，更换后现场进行启闭试验，试验结果保持一致，说明缸旁阀组无堵塞。为进一步确认油回路无堵塞，现场对缸旁阀组与闸门本体连接法兰进行拆除，现场启泵试验，缸旁阀组过油正常，排除油回路堵塞原因。

由于缺陷发生前曾在尾水流道中发现尾水闸门反向支承脱落的碎块，怀疑闸门本体被异物或脱落的反向支承卡塞，导致闸门无法启闭操作。因反向支承在尾水隧洞，无法进行现场排查。但考虑尾水管排空后，下水库水压作用会对闸门发生一定的位移量，使闸门本体与轨道产生间隙，致使异物脱落。于是将 1 号尾水管排空，人员进入尾水管检查，发现闸门机组侧本体完好，水封密封性良好。对尾水管进行充水时，考虑到闸门振动可能会对卡塞起到缓解作用，决定通过尾闸旁通管进行充水，使尾水闸门两侧充分平压，保持尾闸旁通管充水阀全开启。同时利用 2～4 号机组夜间抽水工况，通过水流流动作用对闸门起到振动效果，消除闸门异物卡塞。上述操作完毕后，对 1 号尾水事故闸门再次提门操作，闸门正确动作，运行流畅。通过上述原因的排除和分析，判定由于闸门本体有异物卡塞，导致尾水闸门无法启闭。

二、原因分析

闸门反向支承见图 5-6-2。

在水利水电工程中，考虑闸门运行平稳的需要，在闸门反向需设置支承装置进行限位，支撑装置主要采用铰式弹性滑块和弹性钢板两种结构。该电厂采用的是弹性钢板结构，钢板一端通过螺栓固定在闸门上，另一端插入固定在闸门上的 U 形口内，即保证了反向支承的固定，又能起到弹性作用。脱落的尾闸反向支承见图 5-6-3。

图 5-6-2　尾闸反向支承

在尾水隧洞内发现的反向支承碎片都是断裂情况，未发现整根脱落情况，说明反向支承整体固定方式是可靠的，而其本身强度不满足设备运行要求发生断裂。

导致闸门无法启闭操作的直接原因是闸门反向支承断裂脱落，反向支承的碎片卡塞在门槽内，致使闸门无法正常动作。但其根本原因是反向支承材料和材质不满足设计强度要求，反向支承长期在水中浸泡出现锈蚀，同时受到水流长期较大的压力脉动冲击和闸门数次启闭操作，超出材质本身屈服强度，最终发生疲劳断裂。

图 5-6-3　脱落的尾闸反向支承

三、防治对策

联系生产厂家及设计院，对尾水闸门反向支承的选型和材料进行重新研究和设计，使用满足强度要求的反向支承，待尾水隧洞排空后进行更换。

结合尾水隧洞排空，对尾闸的闸门门叶、反向支承、闸门吊耳等承重部件进行仔细检查，必要时进行无损检测。

结合机组检修时的尾闸启闭操作，对尾闸的启、落门时间进行记录，并建立台账。定期对启、落门时间进行分析对比，发现异常立即结合检修进行处理。

四、案例点评

由本案例可见，设备上任何一个零件的损坏，都会影响设备的安全运行。建议发生同类型的闸门反向支承脱落时，应先查明原因，如果与反向支承的材料和设计有关，应立即联系厂家和设计院，对尾闸反向支承的材料和选型进行重新研究设计，并结合尾水隧洞排空对反向支承进行全面更换，以彻底消除缺陷。

加强对同类型设备的排查，建立详细的设备台账（包括运行情况、金属检测周期、备件更换周期等），定期对数据进行分析对比。

加强人员专业技术学习，增强人员技术水平，同时多了解和引进一些新技术和新工艺，从根本上消除缺陷，提高设备运行的安全稳定性。

案例 5-7　某抽水蓄能电站机组尾水事故闸门异常下滑*

一、事件经过及处理

2018 年 8 月 26 日，某电站运维人员结合 2 号机定检开展 2 号尾闸的定期启闭试验，

* 案例采集及起草人：陈裕文、李哲（华东宜兴抽水蓄能有限公司）。

将尾闸落下又重新提起后，检查 2 号尾闸开度显示时发现闸门开度在变小，怀疑闸门在下滑，现地检查 2 号尾闸吊轴监测装置，确认了闸门本体存在下滑的情况。当闸门从全开 6000mm 下落到开度 5850mm 时（闸门下滑 150mm），尾闸液压系统油泵自动启动，将 2 号尾闸自动提至全开位置，然后又开始下滑，如此反复。运维人员对尾闸进行排查后，判断尾闸油压系统出现问题。操作人员将 2 号尾闸有杆腔、无杆腔进口隔离阀关闭后，尾闸停止下滑，通知设备主人进行检查处理。

图 5-7-1 所示为该电站 2 号尾闸液压系统。

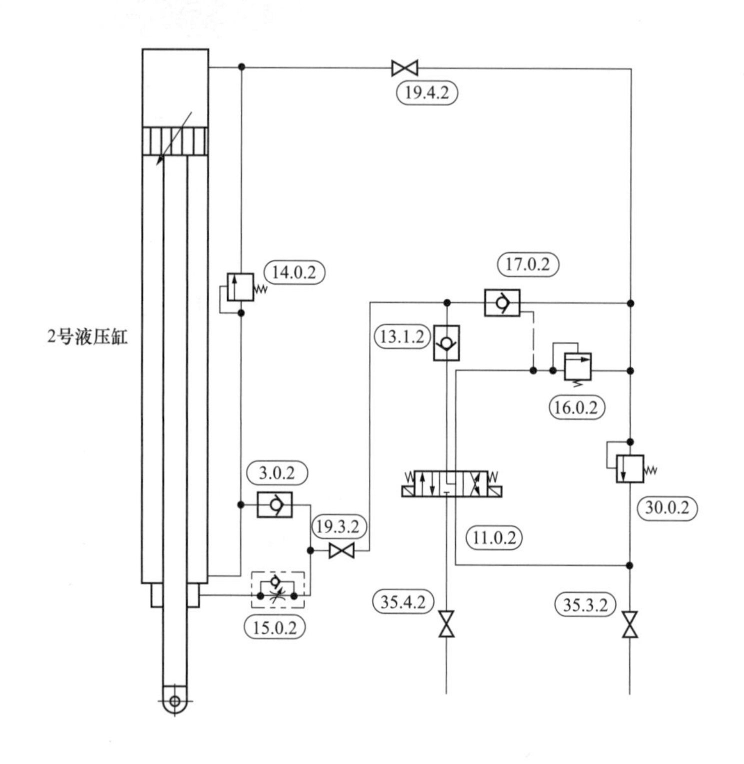

图 5-7-1　2 号尾水事故闸门液压系统

14.0.2—溢流阀；17.0.2—可控单向阀；13.1.2—单向阀

1. 可疑故障点

（1）尾闸有杆腔供油管路漏油导致有杆腔油压下降，使得闸门下滑。

（2）尾闸有杆腔和无杆腔之间的溢流阀 14.0.2 损坏，导致有杆腔的油通过溢流阀进入无杆腔，无杆腔油压增大，使得闸门向下位移。

（3）尾闸本体有杆腔与无杆腔之间的密封损坏，有杆腔的油窜进无杆腔，无杆腔油压增大，使得闸门向下位移。

（4）可控单向阀 17.0.2 损坏，导致双向导通，有杆腔压力油通过单向阀流向油箱。

（5）单向阀 13.1.2 损坏，导致双向导通，有杆腔压力油通过单向阀流向油箱。

2. 确定故障点

（1）对尾闸有杆腔油管路进行全面仔细的巡查，未发现漏油点，初步排除。

（2）对尾闸有杆腔和无杆腔之间的溢流阀 14.0.2 及管路进行检查，未听到有油流的声音，初步排除。

（3）将闸门提升至全开位置，关闭 2 号尾闸无杆腔供油隔离阀和 2 号尾闸有杆腔供油隔离阀，发现闸门不再下滑，排除尾闸有杆腔与无杆腔之间的密封损坏的可能。

（4）根据闸门异常下滑时有杆腔、无杆腔的压力显示，如可控单向阀 17.0.2 损坏，导致有杆腔压力油通过可控单向阀 17.0.2 到无杆腔，由于溢流阀 30.0.2 的存在，有杆腔及无杆腔都会有一定的压力（≤1.5bar，1bar=0.1MPa）。

（5）如单向阀 13.1.2 损坏，导致无杆腔通过该单向阀直接排至油箱，但是无杆腔没有供油，无杆腔压力将为 0bar。

根据现场情况检查，闸门下滑时有杆腔压力为 6bar，无杆腔压力为 8bar，因此初步判断为可控单向阀 17.0.2 损坏。

3. 故障处理

（1）将旧的可控单向阀 17.0.2 自阀组上拆除并进行检查，发现其内部阀芯部位有一个米粒大小的黑色颗粒物（见图 5-7-2），怀疑该颗粒物卡阻阀芯的正常开启或关闭功能，导致其双向导通，使有杆腔通过溢流阀 30.0.2 接通排油。

（2）将整个 2 号尾闸液压阀组从油箱上拆除，并将阀组上其他阀块拆下，使用清洗剂对其内部进行彻底清洗（见图 5-7-3）。

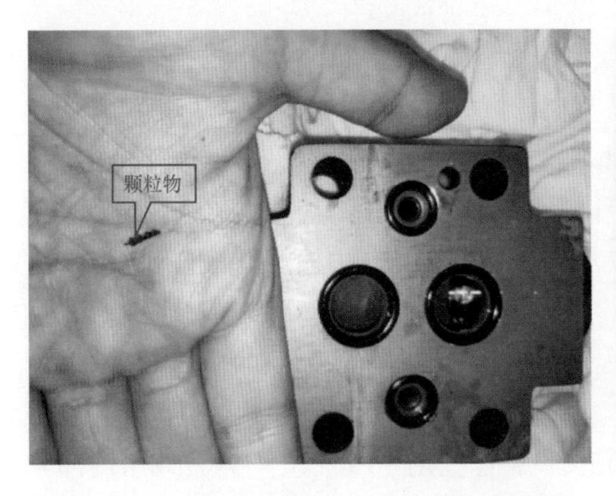

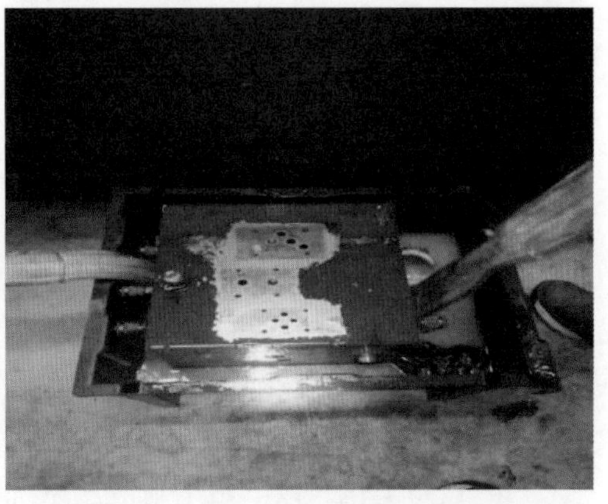

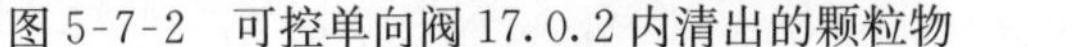

图 5-7-2　可控单向阀 17.0.2 内清出的颗粒物

图 5-7-3　2 号尾闸阀组的清洗情况

（3）为防止可控单向阀 17.0.2 内还存在未清理干净的颗粒物，更换新的可控单向阀（见图 5-7-4 和图 5-7-5）。

（4）使用滤油机对尾闸液压系统油箱内液压油进行在线滤油（见图 5-7-6）。

图 5-7-4　旧的单向阀

图 5-7-5　更换后的单向阀

二、原因分析

1. 直接原因

正常情况下，尾闸液压系统在油泵未启动建压的情况下，可控单向阀 17.0.2 从左往右是无法导通的，即尾闸有杆腔的液压油不会排至油箱，闸门不会下落。由于 2 号尾闸液压阀组内部密封圈碎片进入可控单向阀 17.0.2 阀芯，使其无法有效逆止，2 号尾闸有杆腔的压力油经过可控单向阀 17.0.2、溢流阀 30.0.2 排至油箱，从而导致有杆腔压力不足，闸门下滑。密封圈破损主要是由于阀组内部密封圈老化严重导致。

图 5-7-6　尾闸油箱在线滤油情况

2. 间接原因

设备管理人员未制定密封圈更换周期，未在密封圈老化、失效前提前进行更换。

三、防治对策

1. 暴露问题

(1) 设备老化。该电站尾闸液压系统相关设备已投用 10 年以上，液压阀组内部分密封圈老化严重，容易断裂导致碎片进入液压油内部，从而造成阀块故障。

2) 阀组内部及液压缸内颗粒物无法有效过滤。该电站尾闸油箱内液压油每年都进行过滤、校验，但仍无法保证液压缸内及阀组内部的颗粒物得到有效清理。

2. 防治对策

(1) 对尾闸液压系统所有阀组进行排查，确保阀组内部密封圈等工作正常。

(2) 策划项目每 3 年对尾闸所有液压缸、管路、油箱、阀组进行一次全面的清洗。

四、案例点评

由本案例可见，由于以前该阀组未出现过问题，所以并未全面解体检查过该阀组上所有阀。实际情况是随着阀组使用的年限加长，其密封圈等橡胶部件逐渐老化失效，必然导致阀组故障，从而影响设备稳定运行，凸显了定期解体检查、检修、更换、试验的重要性。尾闸液压系统内的阀块直接决定闸门能否可靠提落，对于投运多年的电站来说，阀块内部的密封圈大多都已老化严重，影响设备的可靠运行，建议采用类似形式闸门液压系统的单位对阀组内部的密封圈进行全面排查，对老化严重的进行更换。

案例 5-8 某抽水蓄能电站机组尾水事故闸门吊轴监测装置脱落*

一、事件经过及处理

2016 年 11 月 12 日 21 时 30 分，某抽水蓄能电站运行人员执行 3、4 号尾闸落门操作，21 时 46 分发现 3 号尾闸吊轴监测装置处漏水，现场检查 3 号尾闸吊轴监测装置中心轴脱落，立即告知运维负责人。运维负责人现场判断尾闸吊轴监测装置与尾水隧洞相连，为避免事故扩大，通知运行操作人员与 ON-CALL 运维人员立即落下下水库进出水口 2 号检修闸门。

1. 故障发生后临时措施

(1) 启动 4 号机组检修排水系统对 2 号尾水隧洞进行排空。

(2) 在 1～4 号尾闸吊轴监测装置中心轴顶部安装防撞块，如图 5-8-1 和图 5-8-2 所示。

经过分析，临时措施仍存在如下安全隐患：

1) 中心吊轴装置防撞块长期受水下部件运动撞击影响，存在装置整体脱落，导致吊轴孔跑水引发水淹厂房，且水下部分零部件脱落对机组安全稳定运行产生隐患。

2) 因尾闸吊轴监测装置卡涩，不能与闸门本体联动，影响闸门位置开关正常动作。当闸门下滑时，因闸门开度指示信号动作不正确而无法重提门或保护出口跳机，存在机组跳机及闸门损伤隐患。

---

* 案例采集及起草人：章志平、熊涛、王康生、散齐国、彭绪意（江西洪屏抽水蓄能有限公司）。

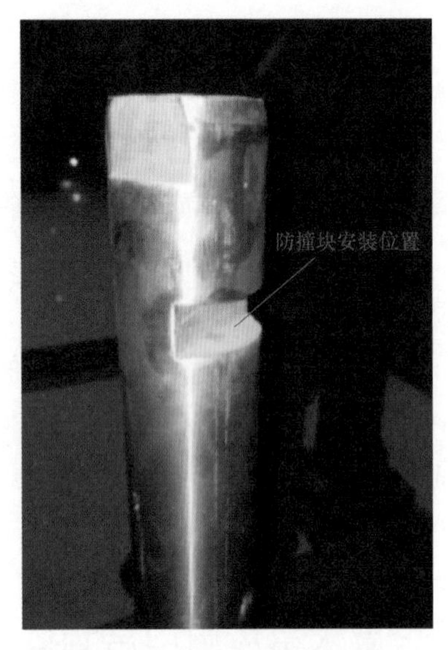

图 5-8-1　防撞块安装位置

图 5-8-2　改造前尾闸吊轴装置

2. 尾闸吊轴监测装置永久措施

2018 年 1 月，该电站组织设备厂家召开尾闸吊轴监测装置改造方案专题会，审查了新型吊轴监测装置设计修改方案，确定将吊轴监测装置零部件由闸门顶盖以下调整至顶盖以上。改造后尾闸吊轴装置实物如图 5-8-3 所示。

图 5-8-3　改造后尾闸吊轴装置实物

具体实施方案如下：

（1）将吊轴装置配重块的位置由水下更改为水上。改造吊轴监测装置水下零部件仅保留支架 2。

（2）更改杆 2 形式。缩短了杆 2 的长度，在杆 2 顶部设置环板。杆 2、环板与衬套。

（3）将衬套的密封形由 V 形密封圈改为 U 形密封圈，增加了杆 2 运动灵活性。

（4）将吊轴监测装置的导向点由衬套一处增加为衬套和支架 1 连接板导向套两处。

（5）将支架 2 基础板更换为更大直径的基础板，立柱壁厚增长。新支架的结构强度更高，确保装置动作过程更为平稳。

（6）在衬套与杆 2 环板之间设置橡胶缓冲垫块（见图 5-8-4），避免硬接触。

（7）优化闸门下滑位置开关动作导向。新式导向由导向杆、滚动轮和导轨组成，如图 5-8-5 所示。

图 5-8-4　橡胶缓冲垫块

图 5-8-5　改造后新式导向

（8）安装位置开关保护罩，防止误动。保护罩的前、后面采用有机玻璃板，可以目视观察到行程开关位置。

3. 改造效果

（1）该抽水蓄能电站尾闸液压启闭机吊轴监测装置，经本次改造、更换、施工后，除固定在闸门上的支架 2 外，其他零部件从设计结构上杜绝了掉落流道内的隐患。

（2）经过现场试验调整，吊轴监测装置中心轴与支架垂直度、中心度良好，装置整体动作平稳，无卡涩现象，各位置开关动作点已调定在正确位置上。

二、原因分析

该抽水蓄能电站尾水事故闸门设置一套吊轴监测装置，安装在闸门顶盖上预留的孔洞处。装置由中心轴、导向杆、撞板、配重块（串在中心轴上）、衬套、支架等组成，并设有闸门全开、下滑 280mm、下滑 340mm 各三个位置开关，具有监测尾闸下滑的作用。

（1）造成本次事故的直接原因为：厂家在厂内组装时，未将防撞块安装在吊轴监测装置的中心轴端部，厂内装配不到位；厂家未将防撞块发货至现场安装，导致尾闸全关状态下，中心轴无法承受配重块重量而脱落，从而发生中心轴安装孔跑水事件；设计仅复核计算了中心轴下滑需要的重量，未考虑过流部件掉落的风险；衬套密封选型不正确，导致现场操作闸门，尾闸中心轴上下移动多次发卡。

（2）产生的间接原因为：基建安装质量验收不严格，施工参建人员设备安装竣工验收时未核实设备图纸情况下就通过验收；中心轴发生多次发卡情况下，未引起设备主人重视和纳入设备隐患，并做好设备防坠落的防范措施；运行人员未做好相关事故预想，确保在操作过程中设备安全运行。

三、防治对策

（1）在设备图纸上需标明采取焊接等固定方式防尾闸吊轴装置脱落措施，且设计厂内的联动试验要求。

（2）设备出厂前厂家应对设备进行组合装配，并按要求配装试验，并将齐全的设备装箱发货，且现场接货人员按照材料清单认真逐一核对。

（3）设备竣工验收，严格按照三级验收程序，对现场设备安装质量、工序等严格把关，严防错装、漏装设备的现象。

（4）运维人员定期进行尾闸启闭试验，观察闸门开关下滑位置动作情况，检查中心轴是否卡涩现象，同时，运行人员加强对尾闸吊轴装置监测装置的监视，若有异常情况，及时通知设备主人现场检查处理。

四、案例点评

本案例暴露出的主要问题是现场施工质量把关不严和厂家未按设计图纸发货。厂家对出厂设备装配试验和设备齐全性把关不要，且现场施工人员针对零部件缺失未提出疑问，未按图纸施工，监理工程师旁站监督不到位，质量把关不严。同时，新投产电站运维人员设备管理经验缺乏，对设备异常情况重视程度不够。

案例5-9　某抽水蓄能电站机组主轴密封缓冲气罐调节阀故障*

一、事件经过及处理

2017年5月1日7时53分03秒，某电站机组依据负荷计划由停机启动转抽水调相，2min后监控出现“下迷宫环冷却水流量低”“上迷宫环冷却水流量低”“机组机械跳机”等一系列报警信息。

机组抽水调相启动过程中，7时54分24秒转速10%时，调相压水系统启动。正常情况下，机组45s左右出现尾水水位低信号，但是机组60s后仍未出现。尾水管水位高高（HH）、水位高（H）未消失，水位低（L）一直未收到，其中主压气阀动作正常（开启后延时20s关闭），补气阀动作正常（正常应由尾水管水位低信号触发关闭，最长延时60s关闭）。7时55分26秒监控同时出现上、下迷宫环流量低报警，查看流量趋势确实在持续下降，延时20s后保护正确动作，机组机械跳

* 案例采集及起草人：莫亚波（华东宜兴抽水蓄能有限公司）。

机，最高转速 37.8%。

通过分析故障原因为主轴密封缓冲气罐调节阀故障，故处理过程如下：

(1) 更换新的缓冲气罐调节阀，安装完成后调节主轴密封缓冲气罐压力在 3.2bar，主轴密封缓冲气罐工作正常，压力稳定。

(2) 机组进行抽水调相试运行，主轴密封运行正常，机组正常并网。

(3) 对故障缓冲气罐调节阀进行解体，检查发现内部调节机构有一橡胶垫破损翘起，造成调节阀进口管路堵塞，从而导致调节阀出口压力降低，如图 5-9-1～图 5-9-3 所示。

图 5-9-1 缓冲气罐调节阀内部结构

图 5-9-2 调节机构橡胶垫破损翘起

缓冲气罐调节阀调节原理：在调节阀内部调节机构的密封槽安装有一个橡胶垫，当调节阀进口无压力时，内部调节机构受上部弹簧向上拉力，橡胶垫与进口管路贴住，密闭住进口管路；当调节阀进口带压后，内部调节机构在调节阀进口管路向下气体压力和上部弹簧向上拉力的合力下，调节机构橡胶垫与进口管路形成一定间隙，进口管路的气压经过此间隙后降压至出口管路，所以通过调节上部弹簧的拉力即可调节出口管路的压力。

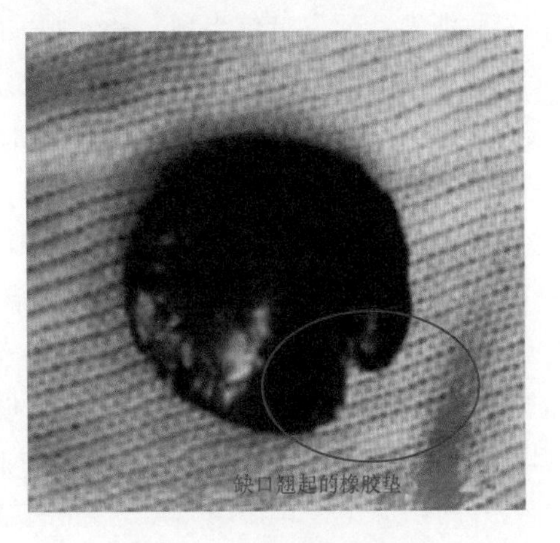

图 5-9-3 破损的橡胶垫

橡胶垫损坏原因分析：此橡胶垫尺寸为 $\phi12\times3$mm，材质为丁腈橡胶，满足正常运行需求。由于机组主轴密封系统自 2008 年机组投产后运行至今，机组检修期间根据 GB/T 32574—2016《抽水蓄能电站检修导则》进行项目设置，没有缓冲气罐调节阀解体检修，所以调节阀已有 10 年未进行解体检查检修，内部调节机构的橡胶垫由于长时间运行老化、机组检修时泄压、建压磨损和日常性的压力调节磨损最终导致橡胶垫破损而翘起，堵住了调节阀的进口管路，导致调节机构橡胶垫与进口管路形成的间隙变小，造成主轴密封缓冲气罐压力只有0.8bar（1bar=0.1MPa），最后导致主轴密封轻微抬起。

二、原因分析

1. 事件梳理

（1）调相压水系统异常，三个尾水水位（HH、H、L）均未发生变位。若尾水水位指示浮球异常（如连通管卡塞）可能会出现该情况。

（2）查看监控趋势，显示转轮与导叶之间随着转速上升压力有异常上升，从0.8MPa上升至最高1.2MPa左右，对比正常拖动时压力变化较小，基本维持0.8MPa左右，初步判断尾水未被完全压下，转轮较接近尾水，带动形成水汽旋转。

（3）根据机组转速上升曲线分析对比，机组转速到达32%时曲线上升不够平滑，进一步佐证尾水水位未被压下，随着转速上升克服水汽阻力变大，从而导致转速上升变慢。

（4）迷宫环流量监控显示确实在持续下降，延时20s后保护正确动作，机组机械跳机。

2. 问题排查

（1）查看调相压水气罐压力下降趋势，确认系统压力下降与正常启动时压力无明显差异，证明调相压水气罐气已输出。

（2）现地再次启动调相压水系统，尾水管水位下降正常，“HH”高高位和“H”高位先后消失，“L”低位出现，补气阀关闭，静态压气用时37s，确认调相压水系统水位反馈无异常。由此可见发生故障时气已从调相压水气罐输出，可能未到达转轮室（或压入气体不够），又或者到达转轮室但在水位高高消失前发生溢出。

（3）首先检查机组调相压水排气阀0*-XV-04516，确认是否存在该阀门关闭不严，导致进入达转轮室气量不够。该阀为双向操作型液压控制主进水阀，制造厂家为意大利ALFA，通过现场试验动作，阀开启关闭均正常，无漏气、漏水现象。

（4）然后查找气进入转轮，但发生溢出的情况，重点检查主轴密封是否发生抬升。查看监控系统SOE记录，有两条二类报警，指示主轴密封面压力报警的触发和复归，其时间点与流量的增减较吻合。报警如下：

7：54.37.608　04PS01030　U*　SHAFT SEAL FACE INLET PRESS LOW　　RN；

7：55.29.357　04PS01030　U*　SHAFT SEAL FACE INLET PRESS LOW　　AL。

查看发生故障时主轴密封面流量趋势上升较大，由最低0.71L/s上升至1.08L/s，而正常运行时流量较为稳定，初步判断主轴密封发生抬起现象，技术供水从主轴密封泄出。

（5）查看水车室，顶盖附近未见明显异常，未见明显积水。怀疑主轴密封抬起，气体溢出，但机组跳机后尾水水位上升后，主轴密封重新平衡恢复密封效果，因此并无大量水溢出。

3. 确定故障点

现地水车室查看主轴密封封水效果良好，未见其他异常现象，但检查至蜗壳层发现主轴密封缓冲气罐压力只有 0.8bar，低于正常运行的 3～5bar，怀疑主轴密封辅助气缸管路漏气或主轴密封缓冲气罐调节阀故障。全面检查水车室，排查主轴密封所有水、气管路，确认管路、接头未见异常，确认水车室主轴密封没有漏气现象。全面排查蜗壳层主轴密封所有水、气管路，确认管路、接头未见异常，未见漏气。

由此可以确认机组主轴密封缓冲气罐调节阀出现故障，缓冲气罐调节阀故障导致主轴密封操作环上 8 个辅助气缸压力降低，作用于主轴密封操作环向下的压力降低，而事发时机组处于调相压水工况，主轴密封腔内水、气共存，水力脉动较为复杂，向下压力降低导致主轴密封操作环轻微抬起，主轴密封封气封水能力下降，转轮室内气体从密封环处溢出至顶盖，尾水水位上升，技术供水从主轴密封泄出，而迷宫环流量相应逐渐下降，到达流量低跳机值后延时机械跳机，最终导致机组启动失败。

4. 确认故障原因

（1）故障直接原因为运行 10 年之久未进行过检修的机组主轴密封缓冲气罐调节阀出现故障，导致主轴密封轻微抬起，转轮室气体溢出，技术供水泄流，最后迷宫环流量由于分流而导致流量低出口机械跳机。

（2）故障间接原因为开机前巡视时未能及时发现主轴密封缓冲气罐气压低缺陷。

三、防治对策

（1）通过机组定检和日常维护对其他三台机组的主轴密封缓冲气罐调节阀进行解体清扫检查，解决类似问题。

（2）加强机组开机前巡视，确保各个系统（压力、流量、温度等）都运行正常。

（3）将主轴密封缓冲气罐调节阀的解体清扫纳入机组 C 修标准项目中，每年进行清扫检查，并更换缓冲气罐调节阀橡胶垫。

（4）查询新型调节阀，完成更新改造，有效杜绝此类缺陷再次发生。

四、案例点评

由本案例可见，一个小小的橡胶垫片破损经过叠加放大就能导致机组工况转换失败，所以在调节阀选型时应尽量少采用存在易磨损件的设备，减少因为易磨损件的破损造成设备损坏。在运维检修阶段，因根据厂家要求和设备运行情况仔细梳理机组检修项目，防止缺项漏项，及时处理设备可能存在的缺陷。同时，对运行多年的设备还应策划技改更新，保证设备健康稳定运行。

案例5-10　某抽水蓄能电站机组尾水管排水阀拦污栅脱落（一）*

一、事件经过及处理

2015年1月18日，某抽水蓄能电站2号机组抽水调相并网，2时43分06秒水导摆度高报警，2时46分37秒2号机组水导瓦温（压力式温度计）高报警，2时46分46秒，水导瓦电阻型温度计B001、B007、B009、B008、B005、B010六块瓦均达到80℃，立即向调度申请停机，经调度许可后执行停机，2时51分14秒机组进入停机状态。停机前，水导轴承瓦温分布如图5-10-1所示，所有水导瓦温度均高于正常运行温度20℃以上。机组振摆装置（本特利3500系统）显示水导摆度突然升高。水导x方向摆度由229μm增加到996μm，水导y方向摆度由140μm增加到911μm，自摆度突变至停机期间，机组各部导轴承摆度值维持高位运行，后期略有下降，如图5-10-2所示。机组各部轴承振动无明显变化。检查机组状态监测系统运行数据，与机组振摆装置显示一致，频谱分析为1倍机组转频，期间的摆度相位维持恒定。经检查振摆装置、温度测量元件工作正常，各部导瓦冷却水系统、润滑油系统工作正常。

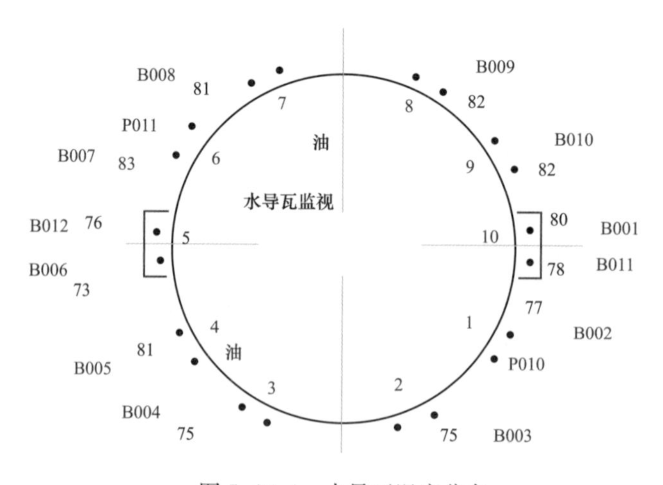

图5-10-1　水导瓦温度分布

事故发生后，电厂立即组织人员进行现场检查。

1. 水导轴承室检查

1月18日，检查水导轴承室内10块水导瓦，巴氏合金瓦出油边均有明显均匀的摩擦痕迹，瓦面存在毛刺，但轴承室内无明显异物，瓦面无异物碾压痕迹。水导瓦磨损情

* 案例采集及起草人：刘殿兴、李贺宝（国网新源控股有限公司北京十三陵蓄能电厂）。

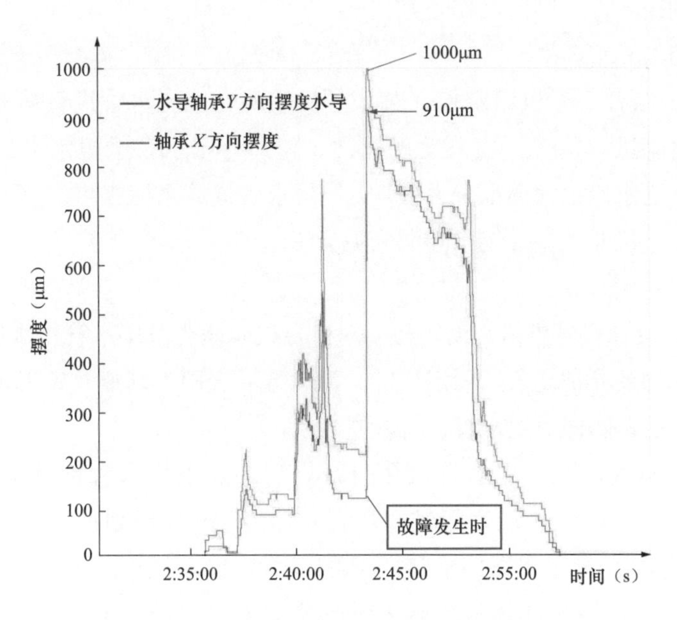

图 5-10-2　事故发生时 2 号机组水导轴承摆度突变

况如图 5-10-3 所示。

图 5-10-3　水导瓦磨损情况

2．2 号机组技术供水泵滤水器检查

1 月 19 日，对 2 号机组技术供水泵滤过器检查，排查是否有异物从 2 号机组尾水管经技术供水管路进入技术供水主滤过器，经检查未发现异物。

3．1 号尾水隧洞及 2 号机组尾水事故闸门检查

1 月 21 日，借助水下机器人对 1 号尾水调压井至 2 号机组尾水事故闸门区域进行检查。机器人从 1 号尾水调压井进入检查，1 号尾水调压井至 2 号机组尾水事故闸门区域内相关设施未见异常。机器人到达 2 号尾水事故闸门进行检查，闸门水封正常，门槽及闸门底板没有发现明显异物，然后通过水下机器人对门槽及底板进行清理，未发现异物。清理完成后，对 2 号尾水事故闸门进行升降门试验，闸门恢复正常可降至全关位

置，反复起落闸门 3 次，闸门动作正常。

4. 1 号机组尾水管检查

1 月 21 日，结合 1 号机组定检，对 1 号机组蜗壳及尾水管进行检查。尾水管排水后，对蜗壳及转轮进行检查，均未发现异常。随即对尾水管至尾水事故闸门段进行检查，发现盘型阀进水口拦污栅部分丢失，1 号尾水管锥管至尾水事故闸门段未见丢失的拦污栅，利用水下机器人检查尾水隧洞未见异常。

5. 2 号机组尾水管检查

1 月 23 日，结合 2 号机组月度定检，对 2 号机组蜗壳及尾水管排水检查，2 号机组蜗壳内未发现异物及异常现象，固定导叶、活动导叶表面无划痕及破损现象，利用潜水泵将尾水管排空后，随即对尾水管进行检查。

（1）尾水管检查情况。尾水管人孔门开启后，发现尾水管锥管段上有明显螺旋上升划痕（见图 5-10-4），尾水管锥管段进口有 30cm 环形划痕（见图 5-10-5），转轮叶片泵工况进水边均存在摩擦痕迹（见图 5-10-6），同时转轮泄水锥上有摩擦痕迹（见图 5-10-7），转轮叶片流道内未见异常。对 2 号机组转轮受损部位进行抛光打磨处理。

图 5-10-4 尾水管锥管段内螺旋上升划痕

图 5-10-5 尾水管锥管段入口环状划痕

图 5-10-6 转轮泄水锥上撞击痕迹

图 5-10-7 转轮泵工况进水边受损情况

（2）尾水管至事故闸门段检查。对尾水管至事故闸门段进行检查，在 2 号尾水事故闸门内侧附近，发现 1 号机组盘型阀进水口拦污栅缺失部分（长 1.4m，宽 0.75m），并从尾水管中取出。

经检查，脱落的拦污栅有轻微变形、三个边角磨损严重，但形态完整，无碎块脱落，如图 5-10-8 所示。

(a)

(b)

图 5-10-8　1 号机组缺失拦污栅

(a) 尾水事故闸门附近发现拦污栅；(b) 拦污栅取出后外观检查

(3) 补焊加固处理。对 2 号机组盘型阀拦污栅及技术供水泵取水口拦污栅固定螺栓进行检查，螺栓紧固良好，螺栓点焊防动焊点未见开焊现象，随后对拦污栅与尾水管肘管段钢衬接触面进行段焊加固处理。

6. 事件还原

经检查和分析，还原事件经过大致如下：

(1) 2015 年 1 月 17 日 21 时 01 分（1 号机组发电停机时间），1 号机组盘形阀上部拦污栅脱落，随发电水流将脱落的拦污栅冲到 1 号尾水道岔管下游侧。

(2) 2015 年 1 月 17 日 23 时 41 分，1 号机组抽水运行，因单机抽水水流流速较小，脱落的拦污栅未冲回到 1 号机组尾水管。2 时 41 分，2 号机组抽水运行，两台机组抽水水流增大，脱落的拦污栅随水流冲到 2 号机组尾水管。2 时 43 分，脱落的拦污栅随水流吸附到 2 号机组转轮下端部，随机组同步旋转。2 时 47 分，机组停机，拦污栅受自重回落到 2 号机组尾水管肘管底部。因 2 号机组尾水事故闸门底部有异物，无法关闭进行检查。1 月 18～23 日，2 号机组发电运行共计 6 小时 20 分，未进行抽水运行。脱落的拦污栅随发电水流冲到 2 号尾水事故闸门附近。

二、原因分析

1. 直接原因

1 号机组盘形阀上部拦污栅固定螺栓长期运行后失效，导致拦污栅本体脱落。脱落的拦污栅随水流进入 2 号机组尾水隧道，2 号机组抽水运行约 2min 后，拦污栅被吸入转轮下方，使得机组水导轴承受力异常，瓦温随即升高并达到报警值，摆度出现明显升高，最终导致 2 号机组被迫停运。

2. 间接原因

检修维护存在盲区。未能对过流通道中设备设施进行细致检查及维护，导致拦污栅固定螺栓失效而未被发现。

关键部位设备设计存在缺陷。对过流通道内部设备设施未设计成焊接固定结构，仅使用固定螺栓对重要部件进行固定，安全性能上存在隐患。

三、防治对策

（1）对盘型阀拦污栅和技术供水泵取水口拦污栅进行段焊加固处理，防止因固定螺栓断裂造成拦污栅脱落。

（2）利用机组定检机会，对其他机组尾水管盘型阀拦污栅及技术供水泵取水口拦污栅进行段焊加固处理。

（3）利用机组C级检修机会，对尾水管盘型阀拦污栅及技术供水泵取水口拦污栅进行修复。

（4）利用水道放空的机会，对上池进水口栏污栅和下池出水口拦污栅进行检查。

（5）积极与原设计单位沟通，采用新技术、新工艺对拦污栅进行技术改造。

四、案例点评

由本案例可见，水泵水轮机组流道内部部件安装是否牢固将会影响水泵水轮机稳定运行。查阅GB/T 32574—2016《抽水蓄能电站检修导则》等规范中未涉及尾水管内相关拦污栅检查相关要求。因此，各电站应结合年度检修对过流通道内重要部件的固定形式进行检查，并实施加固措施，从根源上杜绝此类事故再次发生。同时，结合每年检修，对过流通道内各部件进行检查，及时发现并处理缺陷，将事故扼杀在萌芽状态。

案例5-11 某抽水蓄能电站机组尾水管排水阀拦污栅脱落（二）*

一、事件经过及处理

2011年7月25日1时50分，某电站4号机组进入抽水工况（PU）稳态运行约2min后，监控系统报4号机组振摆保护动作，机组由抽水稳态转机械故障停机。专业

* 案例采集及起草人：张成华、徐帅（湖北白莲河抽水蓄能有限公司）。

人员停机后对发电机及水车室内设备进行检查未发现异常部件脱落，通过排查历史记录，判断振摆保护为正确动作，初步分析机组在运行过程中转轮或其他水下部件受到某种不平衡力冲击导致振摆异常。

故障发生后，排水对尾水段、蜗壳段及主进水阀下游侧相关部位进行检查，内部检查确认为尾水管排水盘型阀前格栅脱落随水流撞击转轮及导叶部位造成振摆异常，确认转轮、导叶及流道受损部位，清理相关脱落部件。检查导叶、转轮损坏情况如图 5-11-1～图 5-11-4 所示。

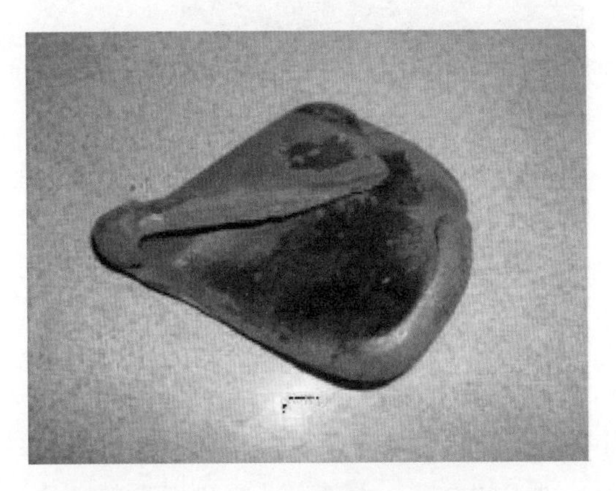

图 5-11-1 下抗磨板上发现的钢板

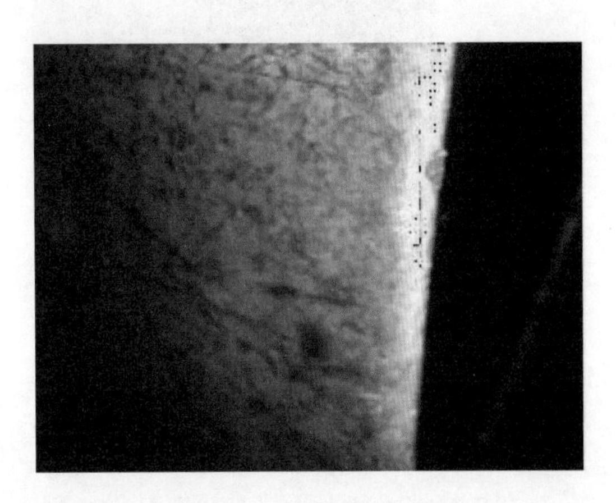

图 5-11-2 活动导叶伤口

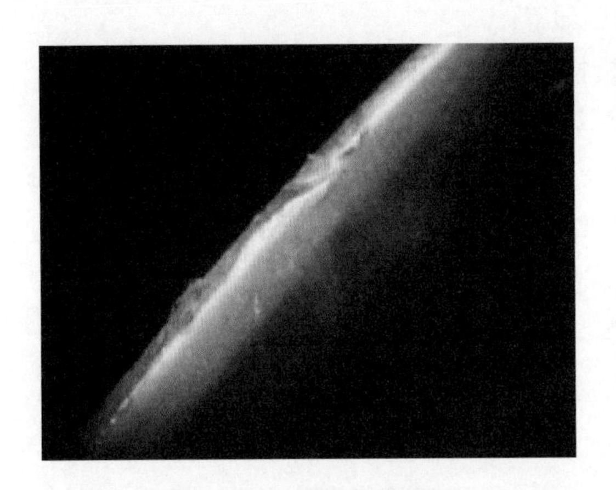

图 5-11-3 转轮下缘伤口

图 5-11-4 扭断的格栅及散件

重新加工尾水盘型阀格栅，增设螺栓连接部位数量，进一步改进连接固定方式，安装螺栓紧固后在相应部位加焊锁板，检测确保焊缝无异常，如图 5-11-5 和图 5-11-6 所示。

对转轮、导叶及流道受损部位进行修复打磨及防腐处理。

机组充水整体启动试验后检查机组运行正常，振摆相关数据正常。

图 5-11-5　修复后的格栅 1

图 5-11-6　修复后的格栅 2

二、原因分析

（1）通过现场检查确定此次振摆保护动作的直接原因为 4 号机组尾水盘型阀格栅脱落，在机组抽水状况下，被吸至转轮下部，部分进入转轮叶片内部，此时机组发生异常声响，并导致水导摆度过大而跳机。

（2）造成尾水盘型阀格栅脱落的根本原因如下：

1）结构设计存在不足。未充分考虑分析格栅在双向水流方向下的复杂受力，格栅与连接把合块结合不紧密，6 个把合螺栓（M20×130mm）受力不均衡，致使格栅在长期水力波动下松动并逐个脱落。

2）定期检查力度不严。对该部位的定期检查不够深入细致，对格栅部位长期受水流冲击振动带来的隐患分析不足，未能提前发现螺栓松动问题。

3）格栅连接设计不完善。仅靠螺栓紧固，未考虑其他锁止措施。

三、防治对策

（1）加强危险点源分析和隐患排查治理力度，对流道存在类似隐患的格栅部件进行检查，结合机组检修排水通过敲击、目视、渗透等手段确保连接可靠，及时发现并消除设备隐患，开展合理的优化整改，确保格栅稳固可靠。

（2）加强尾水排水阀格栅连接强度。将连接螺栓更换为高强螺栓，连接部位加焊锁板等方式提升格栅连接的稳定性。

（3）加强定期检查检测。将格栅的例行检查纳入检修标准项，完善检修作业指导书并在检修过程中严格落实工艺要求。

四、案例点评

抽水蓄能机组过流部件本身没有特殊性，但因其兼具发电及抽水功能，流道水流方向多变，过流部件在不同工况下的受力更为复杂，对涉及水流冲击的相关部件运行稳定性要求更为严格。近年来，随着抽水蓄能机组运行强度的增加，加之本身的高速双向旋转特性，诸如尾水泄水环板、闸门支撑环等部件脱落事件时有发生，凸显出对相关过流部件的疲劳分析的重要性。

建议从以下几方面强化设备稳定性。

（1）设计阶段优化固定方式，采取更为优质的连接件，优化加固方式，在尽可能的情况下采取整体制造方式等措施避免后期的脱落问题。

（2）制造阶段选用更为可靠的材质加工制造，提升强度，避免受振动产生裂纹等问题。

（3）加强过程工艺管控，对水下重要连接部位的安装应有完善的工艺指导，严格落实安装过程质量管控。

（4）完善监测手段，除结合机组检修开展完备的检查外，应考虑结合智能传感技术的研究实现该类部件的在线监测，确保其状态实时在控。